化学工业出版社"十四五"普通高等教育规划教材

大学化学实验基础

DAXUE HUAXUE

SHIYAN

JICHU

陈丽琼　王吕阳　苏静韵　主编

化学工业出版社

·北京·

内容简介

　　《大学化学实验基础》以"化学实验室素养和认可能力要求—基础能力—综合能力"为主线，分层次设置教学内容，主要包含实验室安全、分析数据处理与结果表示、实验室 4M1E 要素管理、实验室 6S 管理、常用玻璃仪器的功能与使用、常用仪器的功能与使用、常用有机溶剂的性质与使用、实验部分等 8 章。其中，实验部分，精编 30 个实验，包括 5 个基础验证性实验、5 个趣味性实验和 20 个体现专业特色的综合性实验，涵盖能源、材料、光学、集成电路、环境、食品等专业领域，每个实验附有思考题。系统给出化学实验室安全要求及安全应急预案、分析数据处理与结果表述方法；同时，引入"人、机、料、法、环"等五要素（4M1E）及 6S 管理等先进质量理念用于化学实验室管理，提高实验室安全与素养，培养学生的综合素养和能力，满足科研深造及就业用人单位对卓越工程师的需求。

　　本书可作为高等院校非化学化工类各专业的大学化学（或普通化学、工程化学）实验课程教材，也可作为工科院校卓越工程师等新工科复合人才培养平台化学实验教材。

图书在版编目（CIP）数据

　　大学化学实验基础 / 陈丽琼，王吕阳，苏静韵主编.
北京 ：化学工业出版社，2025. 6. --（化学工业出版社
"十四五"普通高等教育规划教材）. -- ISBN 978-7
-122-47713-2

　　Ⅰ. O6-3

　　中国国家版本馆 CIP 数据核字第 2025X93U79 号

责任编辑：袁海燕
文字编辑：张瑞霞
责任校对：田睿涵
装帧设计：史利平

出版发行：化学工业出版社（北京市东城区青年湖南街 13 号　邮政编码 100011）
印　　装：北京建宏印刷有限公司
787mm×1092mm　1/16　印张 16　彩插 4　字数 392 千字　2025 年 7 月北京第 1 版第 1 次印刷

购书咨询：010-64518888　　　　　　　　　售后服务：010-64518899
网　　址：http://www.cip.com.cn
凡购买本书，如有缺损质量问题，本社销售中心负责调换。

定　　价：58.00 元　　　　　　　　　　　　　　　　版权所有　违者必究

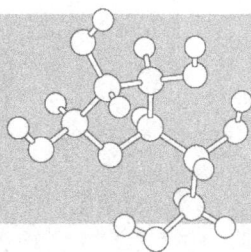

本书著作权归深圳技术大学所有，是"大学化学"课程教学团队在多年教学实践与积累的基础上，结合新工科"大学化学"课程特点、应用型卓越工程师人才培养的要求及"高级项目研究""质量管理及控制"等特色课程成果，借鉴国内外优秀教材，整合、优化编写而成。

《大学化学实验基础》是"大学化学"课程的实验教学环节，不仅是理论教学的重要补充，同时也是激发学生学习兴趣，提高学生实践动手能力、解决实际化学问题能力、科学素养、综合素质和培养创新创业思维的重要途径和手段，是培养应用型人才，尤其是卓越工程师不可或缺的环节。全书以"化学实验室素养和认可能力要求—基础能力—综合能力"为主线，按照学生的认知层次设置教学内容，包含实验室安全、分析数据处理与结果表示、实验室4M1E（人、机、料、法、环）要素管理、实验室6S（整理、整顿、清扫、清洁、安全、素养）管理、常用玻璃仪器的功能与使用、常用仪器的功能与使用、常用有机溶剂的性质与使用、实验部分等8章。其中的实验部分，精选30个实验，包括5个基础验证性实验、5个趣味性实验和20个体现专业特色的综合性实验，涵盖能源、材料、光学、集成电路、环境、食品等专业领域，并在每个实验最后附思考题，以巩固实验学习效果。全书系统给出分析数据处理及结果表述方法；同时，引入"人、机、料、法、环"等五要素(4M1E)及6S管理等先进质量理念用于化学实验室管理，提高实验室安全与素养，培养学生的综合素养和能力，满足科研深造及就业用人单位对卓越工程师的需求。

本书第1章实验室安全由苏静韵老师负责编写；第2章分析数据处理与结果表示和第3章实验室4M1E要素管理由陈丽琼老师负责编写；第4章实验室6S管理由陈丽琼老师、苏静韵老师负责编写；第5章常用玻璃仪器的功能与使用由王亚萍老师负责编写；第6章常用仪器的功能与使用由李波波老师负责编写；第7章常用有机溶剂的性质与使用由王吕阳老师负责编写；第8章实验部分由王吕阳、苏静韵、柏青、林立宇、周双、张光烨、孟爱云等老师负责编写。全书内容由陈丽琼老师统稿。

鉴于时间和水平的限制，《大学化学实验基础》教材在编写过程中几经修改，但由于编者能力所限，难免存在不足之处，我们诚恳地希望广大师生给我们提出宝贵意见和建议，我们将及时予以修订。同时非常感谢每一位教材编写者所付出的心智与辛劳。

编者
2024年12月

目录

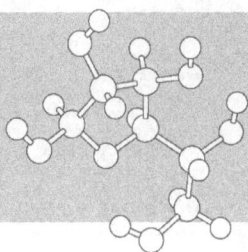

第3章 \ 实验室 4M1E 要素管理 052

第6章 \ 常用仪器的功能与使用 108

第 8 章　实验部分　　156

实验室不仅是进行实验教学的关键场所，也是进行科研的重要实践基地，实验室的安全是保障实验工作正常开展的重要前提。随着交叉学科的蓬勃发展，实验室情况日渐复杂，管理难度骤增，因此实验室安全工作不能停留于表面，需要落地于实际。2023 年由教育部印发的《高等学校实验室安全规范》指出：高校实验室安全工作应坚持"安全第一、预防为主、综合治理"的方针，实现规范化、专业化、常态化管理体制，重点落实安全责任体系、管理制度、教育培训、安全准入、条件保障以及危险化学品等危险源的安全管理内容。由此可见，实验室安全工作应以人为本，重在预防，敢于治理，由点及面覆盖至各项细节。本章节以化学实验室为例子，重点讨论化学实验室的安全管理等相关内容。

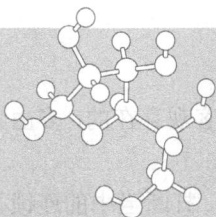

1.1　化学实验室安全

化学是一门特殊的学科，除了使用仪器设备进行分析测试之外，化学学科另一重要的实验内容是利用设备、化学试剂和器皿进行各种化学反应，部分化学反应还需要升高温度来打破反应壁垒，甚至通入气体使其参与反应或进行反应保护，而在化学反应进行的过程中可能伴随着发光、发热、变色、生成沉淀物等现象。当化学反应进行得特别快或者现象特别剧烈时，就容易发生事故，一旦化学反应失去控制，后果将不堪设想。

以下将从实验室事故原因分析、化学实验室规范要求、危险化学品的使用安全、化学品的废弃处理、实验室用电及用水安全等方面全方位深入剖析、讲解及深化化学实验室的安全管理等相关问题，希望能加深读者对实验室安全的了解与认识，并把安全意识植根于心中。

1.1.1　实验室事故原因分析

近年来国内外实验室事故频繁发生，这些事故包括火灾、爆炸、中毒、触电等等，其影响范围之大，事故结果之惨痛引起了社会的极大关注，同时也引发我们深思：这些事故是偶然发生的吗？

我们可以从美国安全工程专家海因里希总结出的"海因里希安全法则"得到启发。海因里希通过对 5000 例工业事故的统计，提出了 1∶29∶300 的伤亡事故发生的规律，即每 330 起生产安全事件中，会发生 1 起重伤或死亡事故，29 起轻伤事故及 300 起未遂事故。结合国内外发生的实验室事故来分析，我们得出结论：伤亡事故的发生并不是一个孤立的事件，而是具有一定因果关系的事件相继发生并累计叠加的结果。

因此我们可演绎推理出伤亡事故发生的原因及全过程：

① 结果：发生了重大人员伤亡事故。

② 原因：由自然人的不安全行为或物品的不安全状态引起。

③ 自然人的不安全行为、物品的不安全状态均属于可见的隐患，是客观存在的，多由人为因素"培养"的，如安全意识薄弱、缺乏专业性、存在侥幸心理等等。

上述过程描述了事故的因果连锁关系，如果能把其中某一事件消除，打断当中的连锁关系，那么就能把事故扼杀在摇篮中。

化学实验室中常见的不安全的行为，总结出以下四点：

1. 安全意识薄弱

学生的安全意识起于本科专业基础实验课，但高校的极致安全措施反而把学生保护得太好，步骤烦琐的实验不开展，使用到危险化学品的实验不开展，气味难闻的实验不开展，让学生无法从实验操作中体会到实验安全的重要性。且老师的过度准备工作也让学生产生了误区，认为在实验室开展的实验都是安全的，从而产生了麻痹大意的思想。

2. 缺乏专业性

化学实验室在高校是一个特殊存在的地方，由于化学学科的复杂性，化学实验室内使用的设备众多，也有不同级别的危险化学品，故而化学实验室应设置安全培训及准入考核，只有通过了考核才能进入实验室开始实验工作。然而大部分的实验室奉行"以老带小"的传统，高年级的学生会把前辈教给自己的知识技能结合自身的经验，倾囊授予新生，如此一来，那些不专业甚至是错误的做法也被"传承"下去。此外，部分实验室的培训一般只是涉及常规的知识，对于专业的设备和小众的危险化学品，大部分学生/助理并不具备相关的知识，盲目使用无疑是增加了事故发生的概率。

3. 熟视无睹

因研究课题不同，学生在实验室内一般只专注于自己的实验内容，很少关注其他人的工作或实验室的环境。有时候即使看见了实验室存在事故隐患，也选择无视或置之不理，或者等待其他人去反馈处理。

4. 明知故犯

这是实验室内最常见的不安全行为。如实验室安全条例要求进入实验室内必须穿实验服、处理腐蚀性或者有机试剂时要求佩戴专业手套、实验结束后需整理实验台面等等，但总有学生嫌麻烦而不按要求操作。因为心存侥幸心理，知道有风险却要顶风作案，明知故犯是化学实验室最危险的行为之一。

事实上实验室中物品的不安全状态大都是由于人的不安全行为造成的。如试剂瓶缺少化学品信息标签、配伍禁忌的试剂混放、电线跨越通道、油泵漏油、地面湿滑、电插头长期通电等等，都是由于人为的疏忽、安全意识薄弱、懒惰、侥幸等心理促使。若化学实验室中的物品长期处于不安全的状态，容易演变成事故。为了提高实验室的安全系数，归根结底还是要改变和杜绝实验室中不安全的行为，才能真正杜绝事故隐患。

在实验室内应该怎么做才是安全的行为呢？

（1）严格遵守实验室的安全守则和要求　学生在初次进入实验室之前，必须掌握该实验室的安全信息（如了解实验室负责人、管理员及其联系方式、校园紧急联系电话等等）。在开展实验之前应对该实验室有全面的了解，包括化学实验室的安全守则、应急设施的具体位置、消防设施的使用范围和方法、危险化学品的存放位置及实验室危险废物的暂存位置等。了解了实验室的基本情况之后须严格遵守操作守则及安全要求，杜绝危险行为。

（2）学会识别危险源　学生在日常学习生活中应努力提高自身识别危险源的能力，如请教导师、听取安全培训报告或者查阅 MSDS（化学品安全技术说明书）。只有看得见危险源，心中有敬畏，才能更好地规避风险及事故。

（3）降低风险　开展化学实验往往伴随着风险，如需使用危险化学品或进行温度压力条件比较苛刻的反应，则风险指数会大大地提高。为了自身安全，我们需设法把风险降到最低。如在使用浓硫酸时，须按要求做好个人防护（在通风橱内操作，穿好实验服，佩戴防腐蚀的手套，必要时佩戴防护面具），如开展新的实验可从中低温开始摸索最佳反应条件等。

（4）提前做好应急预案　在开展实验之前，应提前了解实验风险，如所用设备的功率大小，危险化学品的物理化学性质，反应的温度、压力等。了解后需制订完整的应急预案，如设备着火了应如何处理、使用什么灭火器灭火、反应压力过大发生爆炸该如何自救、若被强酸强碱腐蚀皮肤第一时间该怎么处理等等。提前了解并认真做好应急预案，可能在千钧一发之际发挥最大的作用，避免造成更大的伤害。

化学实验室既是科研创新的基地，也是安全事故的多发地，只有把实验风险控制在合理的范围内，化学实验室才能更好地为师生服务，创造更多价值。

1.1.2　化学实验室安全要求

1.1.2.1　整体要求

（1）安全信息牌　化学实验室的门上应张贴相关的安全信息，包括危险源、严禁行为、防护要求、负责老师及联系方式，方便学生了解实验室的整体情况，若学生遇到突发情况时可及时求助。

此外，每层楼的墙上应张贴该楼层的平面布局图，标注消火栓、实验室、电梯、安全疏散楼梯的位置及安全疏散路线指示等内容，方便人员了解楼层的整体情况。

（2）应急设施　化学实验室一般会存放和使用液体溶剂（包括有机溶剂和酸碱溶液），会有洒落、飞溅或腐蚀皮肤的风险，因此化学实验室门口应设有紧急喷淋装置和洗眼器。若在做实验的过程中不小心把液体试剂洒落到衣服或皮肤上，且面积较大，应第一时间把外衣脱掉，开启紧急喷淋装置冲洗沾染溶剂的地方；若溶剂飞溅到眼睛里，应立刻打开洗眼器，睁大双眼让水流冲洗眼睛。此外，实验室应配有医药箱，包含创口贴、消毒药水、烫伤膏、纱布等普通医药用品，可以应对简单的外伤和紧急处理。

（3）消防设施　灭火器、灭火毯、消防沙是化学实验室比较常见的消防设施，可以用于扑救初期火灾，而灭火器因为携带方便、适用范围广而使用频率最高。但不同的实验室会根据实验室的功用和内容配备不同的灭火器，学生需掌握不同种类的灭火器的使用方法和适用范围。

化学实验室常用的灭火器有干粉灭火器和二氧化碳灭火器，不同类型的灭火器适用范围不同。干粉灭火器适用于扑救油类、可燃气体引起的初期火灾，二氧化碳灭火器适用于扑救实验室贵重设备、精密仪器仪表、珍贵档案资料的初期火灾。

值得注意的是，若火灾是由化学实验室含有的钠、钾等金属性物质引起的，需选择粉体为石墨、氯化钠等物质的特殊干粉灭火器，或选择用沙子扑灭火苗，切忌用水或者泡沫灭火器灭火。

1.1.2.2　化学实验室规范须知

（1）实验室要求　化学实验室内放置了各种设备、化学试剂和器皿，因此化学实验室的安全要求比其他实验室更高，除了满足水、电、消防设施的基本要求之外，还需满足以下要求：

实验室不可用作办公场所。实验室是师生开展教研实验的场所，可短暂停留或者临时处理实验数据，但不可用作办公场所而长时间逗留。因实验室或多或少会残留着化学试剂或者气味，长时间逗留可能会引起不适。

设备、化学试剂需合理放置。设备避免放置于靠近门窗的位置堵塞通道，且需远离水源及热源；化学试剂的存放地需阴凉通风，远离水源、电源及热源，不可直接放置于地上，亦不可放在比人高的位置，若是危险化学品则需放置于专用的试剂柜内，带锁保存，防止丢失。

实验室通道保持畅通。实验室通道除了日常的通行功能，在紧急情况下还可作为逃生通道，因此实验室的通道不可堆放杂物，必须时刻保持畅通。

（2）实验人员要求　化学实验室安全守则规定，进入化学实验室的人员的着装必须符合要求：①衣物不可裸露大面积的皮肤，如拖鞋、凉鞋等裸露脚面的鞋子，短裤、裙子、紧身织物等下装都是禁止的；②长头发不可松散地披挂在肩上，需用夹子或者帽子固定好；③实验过程中不宜佩戴隐形眼镜或者美瞳。

进入实验室之后，实验人员应遵守以下要求：

①　穿实验服。化学实验室安全守则严格要求，凡是进入化学实验室的人员应穿上长袖修口的实验服，实验过程中不可把袖子翻卷，亦不可随意脱换。

②　佩戴手套。若在实验过程中需接触酸碱试剂、氧化剂或者有机溶剂等化学品需佩戴对应的防护手套保护双手免受腐蚀、灼烧、浸透等侵害。

③　佩戴护目镜。个体佩戴的眼镜对眼睛有一定的保护作用，但因空隙太多并不能全方位对眼睛进行保护，当实验中需进行加热、旋蒸、回流、研磨等操作时需佩戴专业的护目镜以防止发生暴沸、飞溅或者炸裂等事故。

④　佩戴防毒面具。防毒面具不是必须佩戴的，但若要处理具有强挥发性、刺激性气味的试剂或者有毒气体，防毒面具能有效地隔绝有毒有害气体，保护个体安全。

此外，实验室是进行科研教学实验的场所，实验人员不得将实验室当成生活场所，进行与实验无关的活动，如在实验室内饮食、娱乐、睡觉、办公等。

（3）实验操作要求　每个化学实验操作都有相关的要求、要领，我们在开展实验的时候，须严格按照要求操作，如减压过滤结束后应先断开油泵与抽滤瓶的连接，再关闭油泵，若顺序调换则容易发生倒吸现象。掌握这些基础操作要领固然重要，但开展实验前的这些准备工作同样十分必要。

①　避免单独一人在实验室做危险实验。如果要进行一个比较复杂的操作或者开展一个新的实验反应，实验室最好有两人以上，一旦发生突发事故可以相互提醒或者帮助，提高自救的概率。

②　进行实验反应前应该熟悉该实验的原理、所需的试剂及其浓度、仪器的操作注意事项等内容，切不可贸然开展实验。

③　使用化学试剂前必须熟读该物质的化学品安全技术说明书（MSDS），了解该物质的理化性质、操作处置与储存、危险性、急救措施等信息，做到心中有数。

④ 使用仪器前需仔细检查仪器是否处于良好的工作状态，并熟读仪器的操作规程，初次使用时最好有老师在场指导。

⑤ 在实验进行的过程中如需短暂离开实验室（如上洗手间），可请实验室同行人员帮忙看顾，但需简要告知可能突发的紧急情况及应对措施；如需长时间离开实验室，应立刻中止反应，断开电路与气路后方可离开，切不可擅自离开实验岗位，以免酿成事故。

⑥ 原则上已拆封包装或没有包装的试剂、化学品（如拆封后未用完的乙醇或自行合成的样品）是不可通过电梯运送的，但如今大部分化学实验楼楼层较高，如仅依靠人员通过攀登楼梯的方式运送，难度较大且可能会增加摔碰的风险。因此对于已拆封的试剂瓶，可用封口膜等将瓶口重新塑封，对于自行合成的样品，可将其装在密封的袋子或盒子里，确保不会发生泄漏。

重新封装的试剂、化学品应用牢固的容器（如试剂瓶搬运篮）盛装，如重量较大，可借助推车小心将其运送至货梯内。注意：①运送化学试剂最好选择货梯，避开客梯或人群密集处；②运送化学试剂时不可与普通群众同乘一个轿厢；③不可戴着手套接触电梯按钮。

1.1.3　化学品的使用安全

化学品按成分可分为纯净物和混合物，包括天然的和合成的。据相关统计，全世界现有的化学品已超过 700 万种，当中有超过 10 万种常用的化学品流通于市场上，使用频率较高的有 7 万多种，每年还会有 1000 多种化学品面世。如此庞大的化学品数量，若按照危险等级和管制要求可按图 1-1 进行分类。

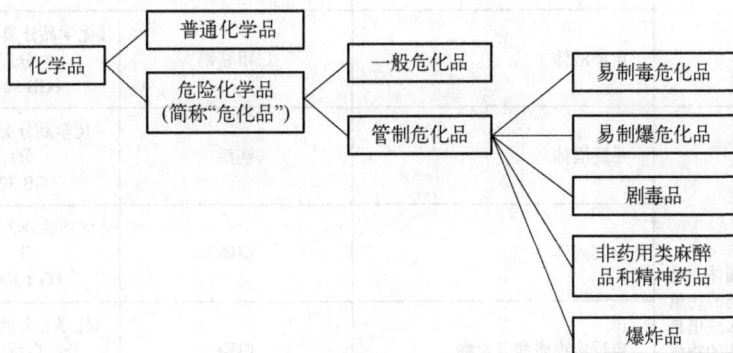

图 1-1　化学品的分类

1.1.3.1　危险化学品的分类

普通化学品是指对人体、设施、环境等没有毒害的化学品，如氯化钠、碳酸钠等，与之相对的便是危险化学品。根据中华人民共和国国务院发布的《危险化学品安全管理条例》（2011年版）第一章第三条规定，危险化学品（以下简称"危化品"）是指具有毒害、腐蚀、爆炸、燃烧、助燃等性质，对人体、设施、环境具有危害的剧毒化学品和其他化学品。

危化品又分为一般危化品和管制危化品。简单来说一般危化品就是具有一定的危险性，且对人体、设施、环境具有一定毒害的化学品，但其销售和使用不受相关部门监督管制；而管制危化品的危害性较大，若大量流通容易对社会产生不良影响，故受有关部门严格管控，包括生产、销售、购买、废弃回收全程监督管制，每一个环节都需具备资质才能执行。

化学实验室中危险化学品的使用十分普遍。《危险化学品目录》（2025 版）中收录了 2800 多种危化品，种类繁多，常用危险化学品按危险特性分为 8 类，结合《化学品分类和标签规范 第 1 部分：通则》（GB 30000.1—2024），总结出常用危险化学品的分类、范围等，如表 1-1 所示。

表 1-1 常用危险化学品的分类、范围及举例

类别	危化品分类	范围	危化品举例	参考
第 1 类	爆炸品	爆炸物质（或混合物） 烟火物质（或混合物） 爆炸品 烟火制品	三硝基萘	《化学品分类和标签规范 第 2 部分：爆炸物》（GB 30000.2—2013）
第 2 类	压缩气体和液化气体	易燃气体	氢气、甲烷等	《化学品分类和标签规范 第 3 部分：易燃气体》（GB 30000.3—2013）
		加压气体： 压缩气体、液化气体、冷冻液化气体、溶解气体	氮气、液氮等	《化学品分类和标签规范 第 6 部分：加压气体》（GB 30000.6—2013）
		氧化性气体	氧气等	《化学品分类和标签规范 第 5 部分：氧化性气体》（GB 30000.5—2013）
第 3 类	易燃液体	易燃液体： ①闪点<23℃且初沸点≤35℃； ②闪点<23℃且初沸点>35℃； ③闪点≥23℃且闪点≤60℃； ④闪点>60℃且闪点≤93℃	乙醚、丙酮、乙醇、甲苯等	《化学品分类和标签规范 第 7 部分：易燃液体》（GB 30000.7—2013）
		自燃液体	三甲基铝	《化学品分类和标签规范 第 10 部分：自燃液体》（GB 30000.10—2013）
第 4 类	易燃固体、易于自燃的物质和遇水放出易燃气体的物质	易燃固体	镁粉	《化学品分类和标签规范 第 8 部分：易燃固体》（GB 30000.8—2013）
		自燃固体	黄磷	《化学品分类和标签规范 第 11 部分：自燃固体》（GB 30000.11—2013）
		自反应物质和混合物	白磷	《化学品分类和标签规范 第 9 部分：自反应物质和混合物》（GB 30000.9—2013）
		遇水放出易燃气体的物质	钠、钾等	《化学品分类和标签规范 第 13 部分：遇水放出易燃气体的物质和混合物》（GB 30000.13—2013）
第 5 类	氧化剂和有机过氧化物	氧化性液体	双氧水等	《化学品分类和标签规范 第 14 部分：氧化性液体》（GB 30000.14—2013）
		氧化性固体	重铬酸钾、高锰酸钾等	《化学品分类和标签规范 第 15 部分：氧化性固体》（GB 30000.15—2013）
		有机过氧化物	过氧化二苯甲酰（BPO）	《化学品分类和标签规范 第 16 部分：有机过氧化物》（GB 30000.16—2013）

类别	危化品分类	范围	危化品举例	参考
第 6 类	有毒物质	特异性靶器官毒性一次接触、特异性靶器官毒性反复接触	氰化钾、溴等	《化学品分类和标签规范 第 25 部分：特异性靶器官毒性 一次接触》（GB 30000.25—2013）、《化学品分类和标签规范 第 26 部分：特异性靶器官毒性 反复接触》（GB 30000.26—2013）
第 7 类	腐蚀性物质	金属腐蚀物	酸类：盐酸、硫酸等 碱类：氢氧化钠、乙二胺、氨水等	《化学品分类和标签规范 第 17 部分：金属腐蚀物》（GB 30000.17—2013）
第 8 类	放射性物质	放射性物质	铀	《化学品分类和标签规范 第 22 部分：生殖细胞致突变性》（GB 30000.22—2013）

与企业不同的是，高校化学实验室危化品的使用特点是使用量较少，但使用种类多，使用频率高。师生在使用前应提前了解不同种类危化品的物化性质，并按要求进行相应的个体防护。

1.1.3.2　固体、液体的使用安全

化学实验室内使用固体/液体化学品时常见的问题：因长时间使用，试剂瓶的信息标签脱落或被腐蚀；瓶子重复利用导致标签信息与内容物不一致；没有按要求存放导致化学品变质或失效；因使用频繁瓶盖破裂造成泄漏等等。以上问题属于物的不安全状态，是潜在的隐患，需及时消除。

固体、液体化学品在销售时一般是盛装在玻璃瓶或塑料瓶里，按要求瓶身会粘贴该化学品的信息标签，包括名称、规格、CAS 号、产品成分、注意事项、纯度、生产商等，如果是危化品，还需印上对应的危化品标志。信息标签一般是纸质材质，频繁抓握摸碰容易破坏标签或造成脱落，故应经常检查试剂瓶的标签是否完好。此外，试剂瓶都是一瓶一物，不可重复利用旧瓶装"新液"。

师生在使用危化品前应仔细研读化学品生产商提供的化学品安全技术说明书（MSDS），了解所用危化品的理化性质、毒性、对人体的伤害及防护措施等。

使用过程中，应穿戴合适的个人防护装备，严格按照操作要求，认真观察和记录现象，不得擅自离岗。若使用强挥发性或具有特殊气味的危化品或者开展反应期间会产生毒气的实验，应在通风橱中进行。

使用后的废弃物应按规定分类收集，贴上相应的标签，学校没有条件自行处理的应移交专门的具有资质的机构处理。离开实验室前应做好自身清洁，不带污染物离开。

1.1.3.3　压缩气体的使用安全

压缩气体或液化气体在化学实验室的使用频率颇高，部分化学反应因其反应原料独特的化学性质或者苛刻的反应条件，需要使用气体进行一定程度的保护或者隔离，有的化学反应直接使用气体作为反应原料之一，因此气体的使用安全十分重要。

气体一般压缩充装在气体钢瓶中（以下简称"气瓶"），气瓶按照充装气体的性质分类，可按表 1-2 分为四类。

根据国家标准《气瓶颜色标志》（GB/T 7144—2016）规定，针对气瓶的不同充装介质，按照有关标准对气瓶外表涂敷的涂膜颜色、字样、字色、字环等内容进行规定的组合，作为识别瓶装气体的标志。表 1-3 列举了化学实验室比较常用的气体的瓶色、字样和字色。

表 1-2　气体的分类及危害性

种类	充装气体举例	充装气体的危害性
助燃性气瓶	氧气、压缩空气等	本身不具备可燃性，但能助燃，可使着火物燃烧程度加剧
易燃性气瓶	氢气、乙炔等	遇明火或高温，会发生燃烧或爆炸
窒息性气瓶	氮气、二氧化碳等	被人体吸入后，会阻碍氧的供给、运输及摄取，使得人体的组织细胞无法获取氧而导致组织细胞发生缺氧窒息
刺激性气瓶	氯气、硫化氢等	被人体吸入后会刺激眼睛、呼吸道黏膜等软组织，若吸入的刺激性气体浓度过高，可能诱发急性呼吸功能衰竭等症状

表 1-3　常用气体的瓶色、字样和字色

充装气体名称	瓶色	字样	字色
氧气	淡（酞）蓝	氧	黑
氢气	淡绿	氢	大红
氩气	银灰	氩	深绿
氮气	黑	氮	白
二氧化碳	铝白	液化二氧化碳	黑
空气	黑	空气	白

《中华人民共和国特种设备安全法》（2014 年版）指出，特种设备是指对人身和财产安全有较大危险性的锅炉、压力容器（含气瓶）、压力管道、电梯、起重机械、客运索道、大型游乐设施、场（厂）内专用机动车辆，及法律、行政法规规定适用本法的其他特种设备。气瓶属于特种设备之一，在企业生产及高校实验室中使用频率较高，其中因气瓶使用不当而酿成事故的报道时有发生。根据《中华人民共和国特种设备安全法》（2014 年版）第二章第四节中针对特种设备的使用提出的要求，结合高校实验室气瓶使用常常出现的不安全行为，总结出高校实验人员在使用气瓶时的注意事项：

选择：应当使用取得许可生产并经检验合格的气瓶，禁止使用国家明令淘汰和已经报废的气瓶。

使用：

① 气瓶在投入使用前应当向学校安全管理部门办理入库及使用登记，气瓶上应悬挂气瓶状态卡（如满瓶、使用中或空瓶）。

② 实验人员在使用气瓶前应当经过安全教育和技能培训。

③ 使用单位应对气瓶（包含安全附件、安全保护装置）进行经常性维护和定期检查并做好记录，未经定期检验或者检验不合格的气瓶，禁止继续使用。

④ 对每只气瓶建立"闭环"档案记录，包括入库登记、使用记录、日常检查记录、故障记录及出库回收登记。

因此在选择和使用气瓶的时候需严格按照特种设备的要求，实验室应对供应商提供的气瓶进行验收，验收合格后方可使用。根据《气瓶安全技术规程》（TSG 23—2021）中 1.8 气瓶标志规定，每只气瓶上必须含有气瓶标志，包括制造标志和检验标志，缺少标志的气瓶是不符合使用要求的，必须弃去。

（1）制造标志 是识别气瓶的依据，制造单位应当在每只气瓶（肩部位沿一条或两条圆周线排列）上做出标志，标志的内容包括图1-2的项目。

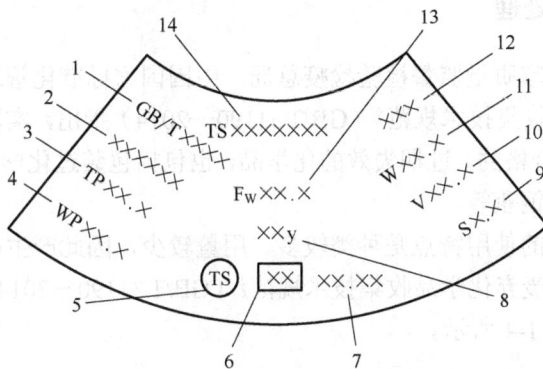

图 1-2 气瓶的制造钢印的项目（溶解乙炔气瓶及低温绝热气瓶除外）

1—产品标准号；2—气瓶编号；3—水压试验压力，MPa；4—公称工作压力，MPa；5—监检标记；6—制造单位代号；7—制造日期；8—设计使用年限，Y；9—瓶体设计壁厚，mm；10—实际容积，L；11—实际重量，kg；12—充装气体名称或化学分子式；13—液化气体最大充装量，kg；14—气瓶制造许可证编号

（2）定期检验标志 气瓶定期检验机构应当在检验合格的气瓶（瓶体、铭牌、护罩或金属检验标志环）上做出永久性的检验合格标志，涂敷检验机构名称和下次检验日期，如图1-3所示。

基于气瓶的特殊性，实验室在放置和使用上应注意以下事项：

① 气瓶瓶身的颜色不得随意涂抹或变更，气瓶钢印不得私自更改。

② 气瓶应直立、固定放置，不可倾斜、倒立或平躺于地上。

③ 一般情况下气瓶是专瓶专用，尤其是盛装单一气体的气瓶，所充装的气体必须与瓶身上的制造标志一致；对于混合气体，不同特性的气体不得充装在同一气瓶内，以免二者发生反应。不得自行改装单一气体或者不同特性的混合气体。

④ 气瓶禁止暴晒或骤冷，应存放在阴凉通风、远离火源热源的地方。

⑤ 充装易燃或者助燃气体的气瓶应放置于气瓶柜内，与明火距离不小于 5m，并安装相应的气体检测及泄漏报警装置。

⑥ 气压表禁止混用。

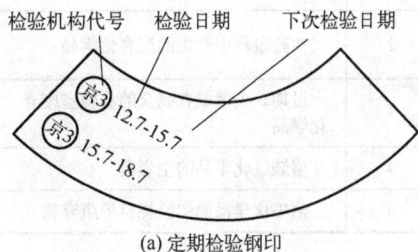

(a) 定期检验钢印

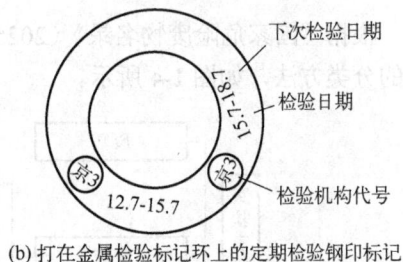

(b) 打在金属检验标记环上的定期检验钢印标记

图 1-3 定期检验钢印标志示例

⑦ 使用前应先观察气压表的总压与分压大小，确保气瓶内有足够的气压以供使用。使用时应先开启总压阀门，再缓慢开启分压阀门直至气压大小符合使用需求。注意禁止将头或身体对准气瓶阀门，以防阀门崩开或气压表冲出伤人。

⑧ 气瓶中的气体严禁用尽，要有余压，一般留 0.05MPa 以上余压。

1.1.4 化学品的废弃处理

中华人民共和国国家质量监督检验检疫总局、中国国家标准化管理委员会发布的国家标准《实验室废弃化学品收集技术规范》（GB/T 31190—2014）指出，实验室废弃化学品是指丢弃的、废弃不用的、不合格的、过期失效的化学品，也包括包装过化学品的容器，如包装袋、包装桶、试剂瓶、气体钢瓶等。

高校实验室化学品的使用特点是种类较多、用量较少，因此产生的废弃化学品的种类比较复杂，根据《实验室废弃化学品收集技术规范》（GB/T 31190—2014）第 4.1 条描述，实验室废弃化学品分类如表 1-4 所示。

表 1-4　实验室废弃化学品的分类

序号	类别	说明
1	优先控制的实验室废弃化学品	指以下实验室废弃化学品： 镉、铅、汞、三氯苯、四氯苯、三氯苯酚、溴苯醚、蒽、苊烯、蒽、苯并芘、氧芴、二噁英/呋喃、硫丹、氟、七氯、环氧七氯、六氯苯、六氯丁二烯、六氯环己烷、六氯乙烷、甲氧氯、卫生球、多环芳香类化合物、二甲戊乐灵、五氯苯、五氯硝基苯、五氯苯酚、菲、芘、氟乐灵、多氯联苯
2	实验过程中产生的废弃化学品	指在教学、科研、分析检测等实验室活动中产生的实验室废弃化学品，其分类要求详见图 1-4
3	过期、失效或者剩余的实验室废弃化学品	指未经使用的报废试剂等
4	盛装过化学品的空容器	指盛装过试剂、药剂的空瓶或其他容器，无明显残留物
5	沾染化学品的实验耗材等废弃物	指实验过程中被污染的实验耗材等

根据《国家危险废物名录》（2025 年版），结合化学实验室常见的废弃物，总结出比较常见的分类方法，如图 1-4 所示。

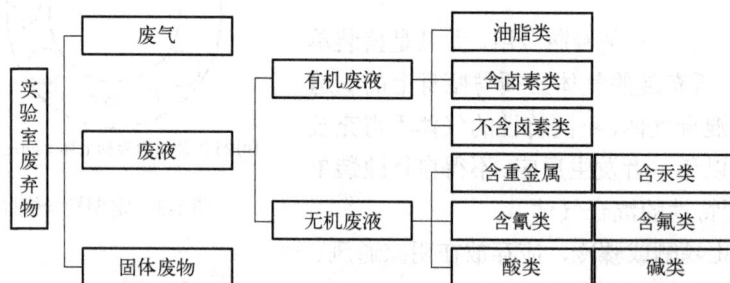

图 1-4　化学实验室废弃物的分类方法

废气一般包括有机废气、无机废气、恶臭废气、粉尘废气、混合废气等。对于可能产生废气的实验一般要求在通风橱内进行，有毒有害的废气通过过滤和排气系统转化成无毒无害气体再排放。

废液的种类较多，一般分为有机废液和无机废液，有机废液可分为油脂类、含卤素类和不含卤素类，无机废液则可分为含重金属、含汞类、含氰类、含氟类、酸类及碱类。当然，因不同的实验室使用的危化品不一样，产生的废液类型也不一样，各实验室应根据实际情况进行废液分类，但分类的首要原则是配伍禁忌的废液不可混放，如酸碱废液不可同时放置于同一容器内，强氧化性废液与强还原性废液不可混放，因二者会发生反应放出热量。师生在对实验室废弃化学品进行分类收集时必须充分了解化学品的相容性，必要时可查询化学品贮存相容性表。

固体废物包括试剂空瓶、废弃针头、手套、纸巾等。需要指出的是，废弃针头须单独使用坚硬的盒子盛装，如含细菌、病毒等生物残留物，还需按医疗废物处理。

分类收集的实验室废弃化学品必须在盛装器皿上贴上危险废物标签（如图 1-5 所示）并且严格包装处理。

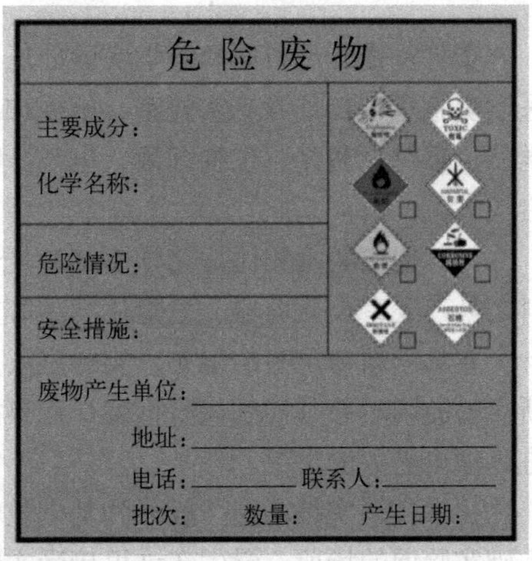

盛装废弃化学品的容器表面需张贴危险废物标签，以示警告和提示，小容器可张贴 10cm×10cm 的尺寸，大容器需张贴 20cm×20cm 的尺寸，方便查看。危险废物标签底色为橘黄色，上面标有主要成分、危险废物类型、废物产生单位及联系人等信息（如图 1-5 所示），使用人需及时如实地填写相关信息，并完成张贴。

图 1-5 危险废物标签（另见文后彩图）

盛放实验室废弃化学品的容器应当符合标准，如密封性好、承重强度大、完整无破损等，最重要的是容器的材质和衬里不得与所盛装的废弃化学品发生反应。如有机溶剂废液和氧化性废液要暂存在耐腐蚀的塑料桶中，而锐器物可放置于结实的塑料箱或者纸箱中。存放废液的容器底部还需增加防渗漏托盘及吸附棉条，以防发生泄漏。所有盛装危险废物的容器都需要严格包装密封保存，防止挥发性气体逸出而污染实验室的环境或发生恶意盗取事件。

实验室废弃化学品的暂存地需保证通风、干燥、凉爽，并且远离水源、热源及电源，还需配备应急消防喷淋装置。根据规定，废弃化学品的贮存时间不能超过一年，需定期进行处理，没有处理条件的单位或者废弃化学品难以处理的，需委托具备资质的机构及时转运及处理。

1.1.5 实验室用电安全

现代化的化学实验室，各类分析设备、制备设备，甚至常用的电子天平、烘箱、磁力搅拌器等都需要电的加持才能运转。但是实验室用电是一把双刃剑，使用得当各类仪器得以正常运作，若使用不当则容易发生事故。实验室常见的用电危险行为包括电线裸露、虚接、超负荷使用插座/插线板、电线跨越通道等，一旦电力失去控制，必然会造成人员伤亡和财产损失。

因此学生在实验室用电前需了解用电基础知识，如电气设备需良好通风，远离水源、热源；对具体的用电要求有清晰的了解，若高压设备接低压电，设备不能运转，低压设备接高压电，会损害设备；高功率设备、高速剪切和离心设备、贵重分析和制备设备需独立供电并且接地线，外加保护电闸。使用设备前还需熟读标准操作流程（SOP），经过培训后才能独立操作。

电是实验室正常运作的最大功劳者，只有安全用电，才能发挥它的最大用处，为科学做贡献。

1.2　化学实验室安全应急预案

实验室是开展科研和教学实验的场所，其特点是体量大、种类多，如化学实验室、生物医学实验室、物理激光实验室、机械加工实验室等。实验室内安全隐患分布广，包括危险化学品、辐射、激光、生物细菌、电气、特种设备等危险源，加上实验人员结构复杂，安全风险较大。

与其他实验室相比，化学实验室是一个特殊的场所，内部除了有仪器设备、常用实验材料之外，还有反应容器、危险化学品等重大危险源，安全风险具有叠加效应。化学实验室是一个兼具创新与风险的地方，实验室人员应该严格按照实验室安全须知开展实验，在进行创新实验的同时必须控制风险程度，让事故远离实验室，让实验室更好地为人所用、为科技的进步做出更大的贡献。

化学实验室按功能一般分为基础教学实验室和科研实验室，前者主要是本科生开展专业基础实验课的场所，学生在这里接受实验方法和实验技能的初级训练。此类实验室涉及的危化品、大型仪器设备比较少，但由于人员集中，容易发生碰撞、践踏等事故。而科研实验室则是研究生、科研人员从事科研实验的地方，此类实验室存放的化学试剂种类较多，大型或特种仪器设备的使用频率高，还可能有一些自制的设备等，且每个人进行的实验内容不尽相同，工作时间也有所差别，因此发生事故的概率陡然增加。

近年来教育系统树立安全发展理念，弘扬生命至上、安全第一的思想，指出安全是教育事业不断发展、学生成长成才的基本保障。为了师生的生命健康和财产安全，秉承"安全第一、预防为主、综合治理"的基本方针，高校应建立规范、安全、健康的实验室环境，确保教学、科研活动有序进行。其中预防为主方针的其中一项工作就是建立健全的安全应急预案。

针对化学实验室的特点，总结了最常见的事故种类，包括火灾事故、触电事故、危险化学品事故及剧毒品中毒事故，并就事故发生的不同程度提出了相应的应急预案，希望给读者一些参考与反思。若实验室发生突发紧急状况，实验室人员千万不能慌张，必须保持镇定，立即采取措施以降低风险。

1.2.1　火灾事故应急预案

化学实验室是师生综合利用仪器设备、化学品和反应容器进行科学实验的场所，其中不乏高温高压设备、危险化学品、实验室废弃物等。当以上因素同时聚集于同一个环境中，发生事故的概率必然增加，最常见的就是火灾事故。

化学实验室常见的火灾隐患包括：①易燃易爆化学品储存或使用不当；②危险废物存放

或运输不当；③加热设备长时间运作导致温度过高；④使用插线板连接过多设备导致超负荷用电；⑤仪器设备老化磨损或操作不当等。

针对以上隐患造成的火灾事故，本节给出了紧急处理程序、火灾逃生方法及火灾预防措施。

1.2.1.1 火灾应急处理程序

当化学实验室发生火灾事故时，应先对火势做出准确判断，当火势较小时，应立刻切断电源、移开易燃易爆物品，在保证个体安全的情况下迅速做出判断，选用适当的方法进行灭火，防止火势蔓延。常用的灭火方法有：

（1）湿布或灭火毯　当火势刚起或只有零星火苗，且燃烧面积不大时，可迅速使用湿布或灭火毯盖住着火点或者燃烧的物质，通过隔绝空气的方法来控制火势。特别注意的是，灭火毯是由玻璃纤维等材料经过特殊处理编织而成，除了起到隔绝空气的作用外，也可披在身上作防护。

（2）干砂土　在火势较小但燃烧面积较大的情况下，可使用干砂土向着火物的上空抛洒，干砂土因重力落下时会覆盖在着火物上，从而隔绝空气与着火物的接触，起到灭火的作用。干砂土对扑救金属起火特别有效。

（3）实验室火灾慎重选择用水灭火　较之其他实验室，化学实验室的特殊之处在于实验室内可能会储存有机溶剂（如乙醇、甲苯、乙醚等）、遇湿反应分解产生可燃气体和热量的物质（如金属钠、钾）。有机溶剂挥发性强、燃点低、流动性极好，密度比水轻，当有机溶剂漂浮在水面上随水流动时极易扩大燃烧面积；如实验室内含有金属钠、钾等遇水易燃的物质，禁止用水灭火，否则产生的可燃气体（如 H_2）可能会迅速扩大燃烧面积或者发生二次爆炸造成更大的伤害。当实验室内电器着火，在没有切断电源的情况下，也不能用水灭火，谨防因水导电造成触电事故。

（4）灭火器　灭火器因其轻便、针对性强的特点，能够精准、快速、有效地控制各类火灾蔓延。化学实验室应根据实验室内电器、试剂的实际情况配备合适的灭火器。化学实验室比较常用的灭火器包括干粉灭火器、二氧化碳灭火器及泡沫灭火器。表 1-5 展示了不同的灭火器的充装成分及其适用范围。

表 1-5　灭火器的分类及适用范围

灭火器种类		充装的灭火剂	适用范围
干粉灭火器	磷酸铵盐	无机盐和少量添加剂混合形成的微小粉体	适用于扑灭可（易）燃液体、气体火灾及普通电气设备引起的初期火灾
	碳酸氢钠		适用于扑灭可（易）燃液体、气体引起的初期火灾
二氧化碳灭火器（注意：使用时需佩戴防冻手套）		液态二氧化碳	适用于扑灭精密、贵重仪器仪表、普通电器、珍贵书籍资料、易燃液体和气体等引起的初期起火
泡沫灭火器		氢氧化钠与发沫剂的混合溶液以及硫酸铝水溶液	适用于扑灭木材、棉布等固体物质引起的火灾；也可扑灭汽油、柴油等液体引起的火灾；但不能扑灭带电类火灾、易燃液体火灾等

当火势变大无法控制时，应按照以下步骤处理：

① 若条件允许，应迅速切断电源气源，防止火情急速恶化。

② 立刻离开火灾现场，同时大声呼喊提醒附近的人员离开。

③ 立即向实验室负责人报告并拨打 119 火警电话。报警时,需报告发生火情的准确地点、当前的火势情况(如物质燃烧的种类及数量)、周围环境情况、人员伤亡情况等,还要报告报警人姓名、电话等详细信息,在确保个体安全的情况下等待消防人员到达。

④ 实验室负责人接到火情报告,应立刻通知学校安全管理部门、学校医疗部门,并一同赶赴火场协助展开疏散、救援、安抚等工作。

⑤ 学校管理部门到达火场后要有计划、有组织地疏散滞留人员,严禁在对火势情况不了解、防护措施不到位、救援计划不周全的情况下盲目进入火场,防止发生二次事故,增加救援难度,加重救援负担。

⑥ 救援时应遵循以人为本的原则,先抢救被困人员,如有条件的话再抢救贵重物资。

⑦ 当被困人员遭遇烫伤、烧伤的情况,若面积较小且无明显创口,可用冷水冲洗,或用毛巾包裹冰块进行冰敷,可起到降温、镇痛的作用;烧伤面积较大且情况严重者,应立即前往医院就医。

1.2.1.2　火灾逃生

当遭遇实验室起火在逃离火场的过程中应注意以下事项:

(1)遭遇火灾时禁止乘坐电梯,应迅速找到安全疏散通道,有序地离开,严禁因为慌张逃生而相互推搡踩踏,造成二次伤害。

(2)用湿毛巾等捂住口鼻,弯腰前行或匍匐前进,在视线不好的情况下应手扶墙面迅速逃生。

(3)逃生过程中如需经过火焰区,先把衣物打湿,包裹头部和身体后再迅速冲出火场。若此过程中衣物不慎着火,切勿慌张奔跑,以免风助火势。如果衣物着火面积较小,可用湿布或灭火毯拍打或裹住,如果衣物着火面积变大,应立即脱除衣物。若无法脱除,可就近用水龙头浇灭,必要时可就地卧倒左右打滚使其熄灭。

(4)若被困室内无法逃生时,切勿开门,因开门加快空气流通可能会助长火势。可用浸湿的湿布或衣物堵住门缝,并不断往门上泼水降温。其间可到窗边或阳台上向外界发送求救信号,如通过挥舞衣物、打手电筒等方式,不建议频繁大声呼喊,谨防吸入过量浓烟。

(5)等待救援的过程中,观察周围是否有阳台或水管,可把实验服、窗帘、布条等连成绳索,固定在窗框、栏杆等位置上,用毛巾布条等物保护手心,慢慢沿着绳索滑下或下到未发生火灾的楼层,切勿盲目跳楼。

注意紧急火灾逃生三大原则:

三要:日常工作时要熟悉实验室的环境、指示牌及紧急疏散通道,遇到紧急情况要保持冷静沉着、遭遇火灾困境要警惕烟雾毒害。

三救:逃生通道自救、向外挥舞自救、结绳下滑自救。

三不:不贪恋财物、不乘坐电梯、不轻易跳楼。

1.2.1.3　火灾预防

由于化学实验室的特殊性,在日常的火灾预防工作方面应当做到全面且细致:

(1)实验室常用的有机溶剂如甲醇、乙醇等,易燃易挥发,实验室内不宜大量存放;像丙酮、苯、乙醚等有机试剂,属于管制危险化学品,其闪点较低,即使存放在较低温的环境中,也可能着火甚至爆炸,故此类试剂需放置于专门的防爆冰箱内。

（2）现代大部分实验室内严禁使用明火，如必须使用明火，实验室内不应放置易燃易爆危化品。

（3）根据安全用电管理规定，实验设备的安装和使用不应超过额定电流，大功率实验设备用电应专线专用，防止因超负荷用电引发火灾。

（4）电气设备和大型仪器应使用空气开关并配备必要的漏电保护器，并接地良好。

（5）定期检查电线、插头和插座，如发现老化破损的应立即更换。

（6）禁止在电源插座、高温设备附近堆放易燃物品，严禁在一个电源插座上通过转接头连接过多的电器。

（7）开展实验前先检查用电设备，确认仪器设备状态完好后，方可接通电源。实验结束后，先关闭仪器设备，再切断电源。

（8）在使用高温/高压等设备的过程中，使用人员不得离开。

1.2.2　触电事故应急预案

现代化学实验室的设备，从电子天平到球磨机等，几乎都离不开电的使用，高功率设备、高速剪切和离心设备、贵重分析和制备设备还需独立供电并且接地线，外加保护电闸。大型设备还有标准操作流程（SOP），只有培训合格后才能独立操作。随着交叉学科的蓬勃发展，越来越多的综合性、大型先进设备进入化学实验室，实验室的用电需求越来越大，这无疑增加了用电事故的发生概率，一旦电路失去控制，轻则损坏仪器、电路，重则造成人员伤亡，其中最常见的用电事故是触电。触电事故的起因包括人体触及漏电的机械外壳或绝缘破损的电缆、线路老化、线路安装不规范等等。

触电对人体造成的危害包括：

① 局部损伤：电流较小时可能会有轻微的麻木感，严重者接触部位的皮肤可能会有烧伤或炭化变黑等现象。

② 心脏/脑组织损伤：电流通过心脏可能会引起心室纤颤，导致猝死；通过脑组织则可能造成个体昏迷、呼吸中枢麻痹，甚至死亡。

③ 全身反应：当较大的电流通过身体后可能出现全身乏力、口唇青紫、皮肤黏膜青紫、全身肌肉抽搐等症状。严重的情况下，患者可能会出现意识障碍、昏迷、心脏骤停、呼吸停止等。

触电事故发生后，应第一时间在现场采取积极措施保护伤员生命，如在实验室内发生触电事故，应按照以下流程进行紧急处理：

① 发现有人员触电，应第一时间抢救触电者，并让在场的人员拨打 120 救援电话，同时向实验室负责人报告请求帮助。

② 触电急救时，首先应切断电源。若无法切断电源，可利用干燥的木棍等绝缘材料使触电者迅速脱离电源。

③ 在医护人员到达现场前，观察触电者的精神状态。若触电者意识清醒且无不良反应，让其就地休息；若触电者心跳呼吸尚可但意识较模糊，应让其平躺并注意保暖，同时疏散人群保持空气流通，继续观察触电者的状态。

④ 若发现触电者呼吸停止，需立即进行人工呼吸，可选择口对口的方式向触电者连续吹气，其间观察其呼吸是否恢复；若触电者心脏停止搏动，需要用心肺复苏术对触电者的心脏

进行有规律的体外人工挤压，使其恢复自主呼吸和血液循环。若呼吸、心脏全停，则两种方法同时进行，其间观察触电者的生命体征，等待医护到达。

1.2.3   危险化学品事故应急预案

化学实验室内使用危险化学品的频率与用量猛增是导致危险化学品事故频繁发生的原因之一。危险化学品事故包括溶液洒落飞溅、化学品灼伤烧伤及吸入或口服毒物等不同程度的伤害，以下就不同情况的事故详解应急预案。

（1）浓酸溶液洒落   浓酸溶液洒落桌面/地上，应先用碳酸钠/碳酸氢钠中和，然后用吸附棉条把液体吸干，再用抹布擦干。注意在处理期间应做好个人防护，穿防护服、佩戴防腐蚀手套、护目镜及防护面具，防止在处理过程中造成二次伤害。

（2）浓碱溶液洒落   浓碱溶液洒落桌面/地上，先用稀醋酸中和，再用吸附棉条把液体吸干并用抹布擦干。在处理期间需根据实际情况做好个体防护，如穿防护服、佩戴防腐蚀手套、护目镜，必要时须佩戴防护面具，防止在处理过程中对人体造成二次伤害。

（3）化学品灼伤

① 酸灼伤：当浓酸溶液粘在皮肤/衣物上，不能直接用水冲洗，应快速用布拭去，然后再用大量的清水或者生理盐水冲洗至少 20min，灼伤的部位可用 1%氨水或者 4%碳酸氢钠溶液洗涤或者湿敷缓解灼痛感，严重者需前往医院就医。若是皮肤上沾上了低浓度的氢氟酸，立即使用大量清水冲洗灼伤部位，并用葡萄糖酸钙凝胶涂于灼伤部位，及时就医。

② 碱灼伤：当浓碱溶液粘在皮肤/衣物上，立即用大量的清水冲洗至少 20min，再涂抹低浓度的硼酸/醋酸缓解灼烧感，严重者需前往医院就医。

（4）不同身体部位遭化学品毒害

① 液体飞溅进入眼睛：应立刻使用洗眼器冲洗双眼，注意冲洗时需把眼睛睁开。若是碱灼伤，可用低浓度的硼酸溶液（2%～4%）反复淋洗；若是酸灼伤，可用低浓度的碳酸氢钠溶液（3%～5%）反复淋洗。发生酸、碱灼伤，皮肤接触处会有灼烧感或痛感，淋洗期间注意观察眼睛的状况，若情况未有好转或灼伤/痛感加剧时需前往医院就医。

② 吸入有毒/刺激性气体：如吸入少量的氯气、氯化氢气体，应立即远离事发场所，到通风良好的地方保持呼吸顺畅，有条件的可进行吸氧并雾化吸入中和剂（如低浓度的碳酸氢钠溶液）；如吸入少量的硫化氢或一氧化碳气体而出现头痛或心跳加速的症状，应立刻离开事发场所，到室外呼吸新鲜空气，严重不适者需前往医院就医。

③ 毒物进入口内：将 5～10mL 稀硫酸铜溶液就温水服下，用手指伸入咽喉根部催吐毒物，然后立即送医治疗。

1.2.4   剧毒药品中毒应急预案

剧毒品属于公安管理部门重点管制危险化学品，主要指少量进入人体，能与肌体组织发生作用，破坏正常生理功能，引起病理状态，甚至死亡的物质，如氰化钾、汞、三氧化二砷等。

（1）氰化物中毒   若吸入性中毒（少量），应尽快离开现场，用大量清水冲洗眼睛、口腔、鼻腔，严重不适者立即送医就诊；若是接触性中毒（少量），应用大量清水冲洗皮肤、黏膜，严重不适者立刻送医就诊；若是口服中毒，应立即抠喉催吐或者大量饮用牛奶、蛋清等食物，保护胃黏膜，减少毒素吸收，严重不适者立即就医。

（2）汞中毒　若吸入性汞中毒（少量），应立即离开现场，到通风良好处保持呼吸顺畅，有条件的可进行吸氧，其间观察伤员的状态；若口服汞中毒（少量），应立即远离汞源，避免继续吸入汞蒸气，转移到通风良好的地方，可服用牛奶、蛋清或者豆浆，使蛋白与汞结合，延缓吸收，严重不适者应立即送医就诊。

（3）三氧化二砷中毒　若口服中毒（少量），可先服用牛奶、蛋清等食物保护胃黏膜，或服用氢氧化铁溶液，严重不适者应立即送医治疗。

1.2.5　烫伤、冻伤应急预案

若烫伤程度较轻，皮肤表层只是局部有轻微红肿且无水泡，可用凉水或毛巾包裹冰块对烫伤部分进行冷却治疗，随后涂上烫伤膏，注意观察烫伤部位状态。若烫伤程度较严重，皮肤出现大面积红肿、起水泡或者剧烈疼痛，则需立即就医。

若轻度冻伤，皮肤有小面积发红但无不适感，注意观察冻伤部位，数小时后可恢复正常状态。若冻伤面积较大程度较严重，需立即把冻伤部分放置于 40℃ 的水中浸泡 20～30min，随后立即就医。

第2章
分析数据处理与结果表示

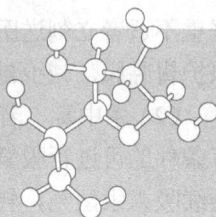

大学化学实验其中一个很重要的任务是要准确测量、正确记录化学变化过程中的各个实验数据，并正确表示实验结果。由于实验过程中往往包含多个实验步骤，每个实验步骤通常会受到"人、机、料、法、环"等要素（简称4M1E要素，详见第三章）的影响，实验结果不可避免会产生误差，同时，在计算过程中，误差也会发生传递。因此，需要对所得分析结果的可靠性进行评估。学生需要正确认识误差及其来源、实验结果准确度与误差、精密度之间的关系，掌握正确分析数据处理方法、不确定度评定与最终实验结果表示方法。本章主要对误差与准确度、准确度与精密度、有效数字与运用规则、分析数据的统计处理与结果判定、不确定度的评定与结果表示等内容进行讨论。

2.1　误差与准确度

测量误差（measurement error）简称误差（error），是指测得的量值（简称测得值，x）与参考量值（μ）之间的差。根据误差的性质和来源，误差可分为系统误差和随机误差。注意不应将误差与过失错误偏差相混淆，同时也要注意误差和测量不确定度的区分。

2.1.1　系统误差

系统误差（systematic error）是测量误差的一个分量，其产生的影响因素是系统性的，在重复测量中保持不变或按可预测的方式变化，具有重复性和单向性。例如，在定量分析中由于没有考虑到试剂空白、试剂不纯或设备准确度变差等因素，按照正确的方式进行分析，总是会导致分析数据偏高或偏低。

系统误差独立于测量次数，不能在相同的测量条件下通过增加测量次数的方法使之减小，但可以通过扣除试剂空白、提高试剂纯度、校正设备等方法来减小。在找到产生系统误差的真正原因后，需要对显著性系统误差进行修正。通常可通过使用测量标准、标准物质等进行调节或校准，以修正系统误差的影响。

2.1.2　随机误差

随机误差（random error）是指在重复测量中按不可预测的方式变化的测量误差的分量。即同一个分析人员在相同的条件下进行测试，每次测量得到的数据不完全一致，有时出现正误差，有时则出现负误差。随机误差产生的原因通常难以被发现，也无法采用校正的方法进行扣除或补偿。通常采用在相同的测量条件下通过"增加测量次数，取平均值"的方法来使之减小。多次重复测量，测量结果平均值（$\bar{x}$）可以通过公式（2-1）进行计算：

$$\bar{x} = \frac{x_1 + x_2 + \cdots + x_n}{n} = \frac{1}{n}\sum_{i=1}^{n}x_i \qquad (2\text{-}1)$$

式中　x_i——第 i 次检测结果，$l = 1,2,3,\cdots,n$；

　　　n——重复测试次数。

当 $n \to \infty$ 时，$\bar{x} \to \mu$（参考值）。

$\bar{x}$ 也可以直接通过 Excel 中 AVERAGE 函数进行计算。

2.1.3　过失错误偏差

测试过程中除了系统误差和随机误差外，还有可能由于工作粗心、不遵守操作规程等人为失误或设备故障等原因造成分析数据有较大的偏差。这类因过失错误造成的偏差与系统误差和随机误差不同，会使测量结果无效，比如数据记录错误、试剂交叉污染、样本搞混等等。此类数据应果断予以剔除，不应进入后续数据分析中。

在数据分析过程中，当发现数据有偏差，出现异常时，应认真对造成数据偏差的原因进行分析，确实是因为过失错误原因造成的，应果断剔除异常数据。然而，过失错误偏差并不总是很明显，应谨慎对待异常数据，一般不能仅根据统计结果就剔除该数据，应通过 2.4 中的分析数据处理方法进行分析，确定是否存在可疑或离群数据。

2.1.4　误差与准确度的关系

误差可通过绝对误差（e）和相对误差（e_r）两种方式进行表示，分别如公式（2-2）和式（2-3）所示：

$$e = x - \mu \qquad (2\text{-}2)$$

$$e_r = \frac{e}{\mu} \times 100\% \qquad (2\text{-}3)$$

式中，x 为测得值；μ 为参考量值。误差有正负之分，正误差表示测得值偏高，负误差表示测得值偏低。

【例 2-1】　某同学对两份参考值分别为 0.2000g、1.5000g 的 $CuSO_4$ 样品进行分析，测得值分别为 0.2010g 和 1.5010g，分别计算此两份样品的绝对误差（e）和相对误差（e_r）。

解：

绝对误差：

$$e_1 = 0.2010 - 0.2000 = 0.0010\text{（g）}$$

$$e_2 = 1.5010 - 1.5000 = 0.0010\text{（g）}$$

相对误差：

$$e_{r1} = \frac{e_1}{\mu_1} \times 100\% = \frac{0.0010}{0.2000} \times 100\% = 0.5\%$$

$$e_{r2} = \frac{e_2}{\mu_2} \times 100\% = \frac{0.0010}{1.5000} \times 100\% = 0.07\%$$

测量准确度是指测得值与其真值之间的一致程度。绝对误差 e 反映了测量结果的准确度，e 越小，测量结果准确度越高，e 越大，测量准确度越小。而 e_r 在 e 的基础上，同时还考虑被测量值（参考量值 μ）的影响。从例 2-1 可以看出，两样品的 e 虽然相等，但 e_r 不同；e_r 和被测量值的大小有关，被测量值越大，e_r 越小，反之，被测量值越小，e_r 则越大。因此，在表述准确度上，相对误差比绝对误差更合理、确切。

在实验中，可以应用准确度要求（化学分析一般要求≤0.1%）来设计实验方案，并选择适当准确度的仪器设备或器具进行测量以减少测量误差。

【例 2-2】 分别使用十万分之一天平、万分之一天平通过减量法称取试样，如果要求分析结果均达到 0.1% 的准确度，计算两种称量方法的最少称样量 m。

解：

采用十万分之一天平：

$$e_{r1} = \frac{2e_1}{m_1} \times 100\% = \frac{2 \times 0.00001\text{g}}{m_1} \times 100\% = 0.1\% \text{（减量法，称取 2 次）}$$

计算得到 $m_1 = 0.02\text{g}$

采用万分之一天平：

$$e_{r2} = \frac{2e_2}{m_2} \times 100\% = \frac{2 \times 0.0001\text{g}}{m_2} \times 100\% = 0.1\% \text{（减量法，称取 2 次）}$$

计算得到 $m_2 = 0.2\text{g}$

【例 2-3】 使用准确度为 0.01mL 的 50mL 滴定管进行滴定分析，要求相对误差不超过 0.1% 时，求消耗标准溶液的体积应控制在多少毫升？

解：

$$e_r = \frac{2e}{V} \times 100\% = \frac{2 \times 0.01\text{mL}}{V} \times 100\% \leqslant 0.1\% \text{（滴定管 2 次读数）}$$

计算得到 $V \geqslant 20\text{mL}$。

2.2 准确度与精密度

2.2.1 精密度与相对标准偏差

精密度是指在规定条件下，对同一或类似被测对象重复测量所得示值或测得值间的一致程度。精密度体现测定数据的重复性和再现性，通常采用标准偏差（S）、相对标准偏差（RSD）来表示。相对标准偏差（RSD）又称变异系数（CV）。S、RSD 或 CV 数值越小，说明精密度越高，随机误差越小。

标准偏差（S）和相对标准偏差（RSD）可通过公式（2-4）和式（2-5）进行计算。

$$S = \sqrt{\frac{\sum_{i=1}^{n}(x_i - \bar{x})^2}{n-1}} \tag{2-4}$$

$$RSD = \frac{S}{\bar{x}} \times 100\% \tag{2-5}$$

式中　x_i——第 i 次检测结果，$l = 1,2,3,\cdots,n$；

　　　$\bar{x}$——n 次重复检测结果的平均值，可通过公式（2-1）进行计算；

　　　n——重复检测次数。

标准偏差 S 也可以直接在 Excel 中通过 STDEV 函数公式进行计算。

【例 2-4】　某实验室工程师对一样品中双酚 A 含量进行 6 次重复测试，测试结果为：100.52mg/kg、99.64mg/kg、98.99mg/kg、100.12mg/kg、101.36mg/kg、101.95mg/kg。请计算该组数据的平均值、标准偏差及相对标准偏差。

解：

$$平均值\ \overline{x} = \frac{100.52 + 99.64 + 98.99 + 100.12 + 101.36 + 101.95}{6} = 100.43(mg/kg)$$

平均值 $\overline{x}$ 也可以在 Excel 中直接通过 AVERAGE 函数公式进行计算。

偏差 $d_i = x_i - \overline{x}$：

$$d_1 = x_1 - \overline{x} = 0.09；\quad d_2 = x_2 - \overline{x} = -0.79；\quad d_3 = x_3 - \overline{x} = -1.44；$$
$$d_4 = x_4 - \overline{x} = -0.31；\quad d_5 = x_5 - \overline{x} = 0.93；\quad d_6 = x_6 - \overline{x} = 1.52。$$

$$标准偏差\ S = \sqrt{\frac{\sum_{i=1}^{n}(x_i - \overline{x})^2}{n-1}} = \sqrt{\frac{(0.09)^2 + (-0.79)^2 + (-1.44)^2 + (-0.31)^2 + (0.93)^2 + (1.52)^2}{6-1}}$$
$$= 1.10$$

$$相对标准偏差\ RSD = \frac{S}{\overline{x}} \times 100\% = \frac{1.10}{100.43} \times 100\% = 1.1\%$$

标准偏差 S 也可以直接在 Excel 中通过 STDEV 函数公式 进行计算。

2.2.2　精密度与准确度的关系

由上述 2.1.4 和 2.2.1 可知，准确度是指测得值与真值（参考值）之间的一致程度；精密度是指在相同测试条件下，多次重复测试结果之间的一致程度，体现结果重复性和重现性。图 2-1 给出了精密度和准确度的关系图，可以看出：①精密度高，表明随机误差小，但其准确度并不一定高，只有在消除系统误差后，随机误差小时的准确度才高；②精密度不高，准确度也一定不高，分析结果一定不可靠；③准确度高，则精密度一定高，精密度是保证准确度的必要条件。

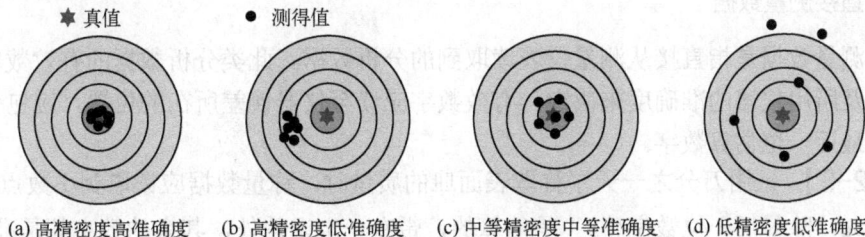

(a) 高精密度高准确度　(b) 高精密度低准确度　(c) 中等精密度中等准确度　(d) 低精密度低准确度

图 2-1　准确度和精密度图（另见文后彩图）

2.3　有效数字与运算规则

有效数字与分析数据的读取、运算、记录、结果表示、合格评定等密切相关。因此，需要掌握有效数字的位数确定、修约及运算规则。

2.3.1　有效数字的位数确定规则

有效数字是指在一个数中，从该数的第一个非零数字起，直到末尾数字止的所有数字。有效数字的个数称为有效数字位数。数字中"0"是否为有效数字，需要根据以下四种具体情况而定：

① 非零数字中间"0"为有效数字，如 16.<u>00</u>5 ，其带下划线的两个"0"均为有效数字，该数的有效数字位数为 5。

② 小数部分的末位"0"为有效数字，如 16.5<u>00</u>，其带下划线的两个"0"均为有效数字，该数的有效数字位数为 5。

③ 非零数字前的"0"不是有效数字，只是起定位作用，如 <u>0.00</u>1605，带下划线的三个"0"均不是有效数字，该数的有效数字位数为 4。

④ 整数部分的末位"0"是否为有效数字则要依据情况而定，宜通过科学记数法进行表示，即记成 $\pm a \times 10^n$，其中 $1 \leqslant a < 10$，n 为整数，有效数字由 a 决定。如 2800，其有效数字位数可能是 2 位、3 位、4 位或其他，可表示为 <u>2.8</u>×10³g（其有效数字位数为 2 位，为带下划线数字），<u>2.80</u>×10³g（其有效数字位数为 3，为带下划线数字）或 <u>2.800</u>×10³g（其有效数字位数为 4，为带下划线数字）。

2.3.1.1　非测量数据

非测量数据的有效数字位数视为无限位，在计算过程中无须考虑有效数字位数。非测量数据包括但不限于以下情形：

① 常数、倍数、分数。如计算公式中的系数，单位换算的倍数，常数 π、e，测定次数 n，自由度 ν 等。

② 单标线移液管、容量瓶等的量值。如 10mL 单标线移液管的量值（10mL）、250mL 容量瓶的量值（250mL）。

③ 标准中规定的限值等，如国家标准《玩具安全　第 4 部分：特定元素的迁移》（GB 6675.4　2014）中规定的造型黏土中的可迁移元素铅、镉的限值分别为 90mg/kg、50mg/kg。

2.3.1.2　直接测量数据

直接测量数据是指直接从测量仪表读取到的分析数据。此类分析数据的有效数字位数由测量方法及所用仪器的准确度来决定，有效数字应读至仪器误差所在的位置，应包含所有准确数字和最后一位估算数字。

【例 2-5】 采用万分之一天平称取表面皿的质量时，称量数据应读取到小数点后 4 位，如 16.1005g，除最后一位数字"5"是估算的，带有一定误差外，其余的数字都是准确的。

【例 2-6】 采用准确至 0.1mL 的 50mL 碱式滴定管读取 NaOH 溶液体积时，液面凹槽约在 20.2mL 刻度线下 0.04mL 处，此时读取的数据应为 20.24mL，数字"20.2"是准确的，数字"4"是估算的（带有一定误差）。

2.3.1.3　间接测量数据

间接测量数据是指通过对一个或多个直接测量数据进行函数计算，得到的测量结果。此类间接测量数据的有效数字位数的确定规则如下：

① 数字在变更单位时，应保持有效数字位数不变或低于原数值（即准确度低于原数值）。

【例 2-7】　数据 0.0500g，有效数字位数为 3 位（为带下划线数字），若单位变更为毫克、微克时，有效数字位数仍然应保持为 3 位，应分别表示为 50.0mg、$5.00 \times 10^4 \mu g$，带下划线数字为有效数字。

② 表示精密度和准确度的数据结果，通常取 1 位或 2 位有效数字，如绝对误差 0.15mg、标准偏差 0.45mg/kg，均为 2 位有效数字；相对误差为 0.06%，为 1 位有效数字；相对标准偏差 1.1%，为 2 位有效数字。

③ 测量不确定度（包括相对测量不确定度）的有效数字位数一般只保留 1 位或 2 位有效数字。在计算过程中，为减小修约误差，有效数字位数可多保留。测量不确定度采用只入不舍的规则（即修约后的数据不应比修约前小），测试结果的最后一位有效数字应与相应不确定度的有效数字位数对齐。

【例 2-8】　某实验室测得一样品的可迁移元素 Pb 含量为 89.0364mg/kg；测量不确定度 U=0.0234mg/kg（k=2）。当测量不确定度 U 保留 1 位有效数字时，则 U=0.03mg/kg（只入不舍），Pb 含量应修约为 89.04mg/kg。当测量不确定度 U 保留 2 位有效数字时，U=0.024mg/kg（只入不舍），Pb 含量应修约为 89.036mg/kg。

④ 对于首位数字是 8 或 9 的数，其有效数字位数可多计 1 位，如 862、0.9 可分别看成是四位和两位有效数字。

⑤ 对于 pH、pOH、p$K_a^\ominus$、p$K_b^\ominus$ 这些对数值，其有效数字位数为小数点后的数字（包括小数点后的 "0"）位数；对应的[H^+]、[OH^-]、$K_a^\ominus$、$K_b^\ominus$ 宜采用科学记数法进行表示，其有效数字的位数与对应的 pH、pOH、p$K_a^\ominus$、p$K_b^\ominus$ 的有效数字位数相同。

【例 2-9】　pH=8.05（有效数字位数为 2 位，为带下划线的数字），对应的[H^+]=8.9×10^{-9}mol/L（有效数字位数也为 2 位，为带下划线的数字）；p$K_a^\ominus$=4.75，（有效数字为 2 位，为带下划线的数字），对应的 $K_a^\ominus$=1.8×10^{-5}（有效数字也为 2 位，为带下划线的数字）。

⑥ 标准溶液浓度的有效数字位数。

——标准滴定溶液浓度的有效数字位数。标准滴定溶液浓度通常通过称取一定质量的基准物质（即一定的物质的量）进行标定得到。其原理是基准物质的物质的量 = 标准滴定溶液的浓度×标准滴定溶液体积（常采用滴定管进行标定）。因此，标准溶液浓度的有效数字位数主要取决于分析天平和滴定管分别获得的质量与体积的有效数字位数。为了减小误差，通常可采用 50mL 滴定管进行标定，控制标定溶液体积在 20～40mL，基准物质称量通常不少于 0.2g。标准滴定溶液浓度的有效数字位数可参照国家标准 GB/T 601—2016《化学试剂　标准滴定溶液的制备》规定执行：当用分析天平称取工作基准试剂的质量≤0.5g 时，按精确至 0.01mg 称量；当质量＞0.5g 时，按精确至 0.1mg 称量。标准溶液浓度最终结果取 4 位有效数字，在运算过程中保留 5 位有效数字。

——标准储备溶液浓度的有效数字位数。其有效数字位数与配制方法相关，配制方法不同，有效数字位数的确定规则也不同。若标准储备溶液是通过称取一定质量标准物质（纯度一定），用溶剂溶解后容量瓶定容的方法进行配制，其浓度的有效数字主要由标准物质的称样量及纯度的有效数字位数决定，与两者中有效数字位数最少者一致；若标准储备溶液是通过有证标准物质原液，采用单标线移液管移取、容量瓶稀释与定容的方法进行配制，其浓度的有效数字位数与标准物质原液的有效数字位数一致。

——标准工作溶液浓度的有效数字位数。标准工作溶液通常使用单标线移液管移取一定体积标准储备溶液，通过容量瓶稀释、定容的方法进行配制，其有效数字位数与标准储备溶液的有效数字位数相同。

2.3.2 有效数字的修约规则

在分析数据处理过程中，经常会涉及有效数字的运算，包括加减运算和乘除运算等，由于有效数字的位数与测量准确度相关，为了保证最终计算结果（即间接测量结果）的准确度与测量过程准确度吻合，需要对有效数字进行修约。有效数字的修约规则如下：

（1）有效数字按"四舍六入五成双"的规则，对被修约数字进行修约。被修约数字为原数值中比需要保留的有效数字位数多一位的数字，如原数字 13.064，若需要保留 3 位有效数字，则原数字中第 4 位数字"6"称为"被修约数字"。"四舍六入五成双"的规则具体如下：

① "四舍"：当被修约数字≤4 时，舍去被修约数字及其后面所有数字；

② "六入"：当被修约数字≥6 时，舍去被修约数字及其后面所有数字，并进位；

③ "五成双"：当被修约数字为 5 时，按以下情况进行处理：

——当被修约数字"5"后面的数字为"0"或无数字，且其前一位数字为奇数时，则舍去被修约数字及其后面所有的数字，并进位，使其前一位数字为偶数（即"成双"）；

——当被修约数字"5"后面的数字为"0"或无数字，且其前一位数字为偶数时，舍去被修约数字及其后面的所有数字，使其前一位数字为偶数（即"成双"）；

——当被修约数字"5"后面还有任何非零数字时，无论其前一位数字为偶数还是奇数，均进位，此时被修约数字近似成大于 5，更接近 6，因此进位。

过去的"四舍五入"规则逢 5 一律进位，由修约引起的误差较大。"四舍六入五成双"规则与"四舍五入"相比，逢 5 有舍有入，由修约引起的误差相对较小，是目前较为常用的有效数字修约规则。此外，国家标准 GB/T 8170—2008《数值修约规则与极限数值的表示和判定》还给出了其他有效数字修约规则，读者可参照使用。

【例 2-10】 将 4.42650、1.25500、3.05000、3.275 等数字分别修约到 2 位和 3 位有效数字，在原数值中通过用下划线表示的方式指出被修约数字并说明应用的修约规则。

解：被修约数字、修约结果及应用的规则说明如表 2-1 所示。

表 2-1 修约结果及应用的规则说明

原数值	保留有效数字位数	被修约数字（带下划线）	修约值	应用的规则说明
4.42650	2	4.42650	4.4	四舍
4.42650	3	4.42650	4.43	六入
1.25500	2	1.25500	1.3	六入，被修约数字 5 后面有非零数字，更接近 6，进位
1.25500	3	1.25500	1.26	五成双，被修约数字 5 后面数字为 0，且其前一位数字为奇数，进位
3.05000	2	3.05000	3.0	五成双，被修约数字 5 后面数字为 0，且其前一位数字为偶数，舍去
3.05000	3	3.05000	3.05	四舍
3.275	2	3.275	3.3	六入
3.275	3	3.275	3.28	五成双，被修约数字 5 后面无数字，且其前一位数字为奇数，进位

（2）值得注意的是，有效数字的修约应通过一次修约获得修约值，不能连续进行修约。

连续修约可能会产生较大的修约误差。

【例 2-11】 将 5.5465 修约至 2 位有效数字。

正确的做法：5.5465→5.5；

不正确的做法：5.5465→5.546→5.55→5.6。

【例 2-12】 将 7.4556 修约至 1 位有效数字。

正确的做法：7.4556→7；

不正确的做法：7.4556→7.456→7.46→7.5→8。

在具体实施过程中，实验室有时会先将得到的实验数据多报一位或几位有效数字（即报出值），供其他部门或单位判定。为避免因连续修约带来的误差，若报出值最右边的非零数字为 5，应在该报出值右上角加"+"或"−"符号，"+"表示该报出值比实际数值小，实际数值经过"舍"修约得到；在该报出值右上角加"−"符号，表示该报出值比实际数值大，实际数值经过"进位"修约得到。

【例 2-13】 简述 18.5^{+}、18.5^{-} 报出值与实际数值的关系。

解：报出值 18.5^{+} 表示实际数值大于 18.5，经实际数值舍弃修约得到；报出值 18.5^{-} 表示实际数值小于 18.5，经实际数值进位修约得到。

若需要对报出值进行进一步修约，当被修约数字为 5，且其后面的数字为"0"或无数字时，报出值右上角有"+"者进位，有"−"者舍去，其他仍按本章所述的"四舍六入五成双"的修约规则进行。

【例 2-14】 将实测值 18.5368、−18.5368、15.4536、−15.4536、19.5000、18.5000 修约到 2 位有效数字，同时给出 3 位有效数字的报出值。

解：修约值和报出值如表 2-2 所示。

表 2-2　修约值和报出值

实测值	修约值	报出值
18.5368	19	18.5^{+}
−18.5368	−19	−18.5^{+}
15.4536	15	15.5^{-}
−15.4536	−15	−15.5^{-}
19.5000	20	19.5
18.5000	18	18.5

（3）在数据运算过程中，为了减少误差的累计，参加运算的所有数据可先多保留一位有效数字，运算后再将结果修约至应有的有效数字位数。

（4）在修约不确定度、标准偏差等表示准确度和精密度的数值时，修约应使数值变大，即使得修约后的准确度和精密度变差（即只入不舍的原则）。如标准偏差 $S=0.213mg$，修约成 2 位有效数字时，宜修约为 0.22mg，若修约成 1 位有效数字时，应修约为 0.3mg。

2.3.3　有效数字运算规则

通过函数计算得到的间接测量结果，每个测试数据的误差都会传递到计算结果中，为了不影响计算结果的准确性，需要根据误差的传递规律，遵循以下有效数字运算规则。

2.3.3.1　加法和减法

当多个数据进行加法和（或）减法运算时，最终计算结果保留的小数位数应与这些数据中小数点后位数最少的数据相同。这是因为这些数据在进行加法和（或）减法运算时，其绝对误差会传递给最终计算结果。因此，最终计算结果的绝对误差应与这些数据中绝对误差最大者相当，即与小数点后位数最少的那个数据相当。对于 2.3.1.1 提到的非测量数据，则无须考虑其有效数字位数。

可以采用以下两种方法进行计算：①先运算，再将计算结果修约到应有的有效数字位数；②也可以将各个数据先进行修约再运算，为了减小修约误差，所有数据在计算过程中可先多保留 1 位有效数字，最后将计算结果修约至应有的有效数字位数。

【例 2-15】　求 105.689、33.5651、1.56 三个数据的绝对误差及它们的和。

解：105.689、33.5651、1.56 的绝对误差分别为 0.001、0.0001、0.01。绝对误差最大的数是 1.56，小数点后的最少位数为 2 位，因此它们的和计算结果应保留 2 位小数，可通过以下两方法进行计算：

（1）先计算再修约：$105.689+33.5651+1.56 = 140.8141 \rightarrow 140.81$。

（2）先修约（其余 2 个数字多修约一位至小数点后 3 位）再计算：

$105.689+33.5651+1.56 \rightarrow 105.689+33.565+1.56 = 140.814 \rightarrow 140.81$。

若数字直接修约到小数点后 2 位，再计算，则：

$105.689+33.5651+1.56 \rightarrow 105.69+33.57+1.56 = 140.82$，会有较大的误差。

因此，为了减少误差的传递，宜将其他数据（小数点后位数不是最少的数据）的小数点后位数先多保留一位后再计算。

2.3.3.2　乘法和除法

当多个数据相乘除时，其积或商是各个数据相对误差的传递，最终计算结果保留的有效数字位数应与参与运算的数据中的最少有效数字位数者（相对误差最大）一致。同样，可以采用以下两种方法进行计算：①先运算，再将计算结果修约到最少有效数字位数，中间结果不修约；②先将各个数据进行修约再运算，为了减少误差的累积，对于复杂的运算，参与运算的所有数据可先多保留一位有效数字，运算后再将结果修约至应有的有效数字位数（最少有效数字位数）。

【例 2-16】　求 0.0232、23.15、1.2567 三个数据的相对误差及它们的积。

解：

0.0232 的相对误差 $e_r = \pm\dfrac{0.0001}{0.0232}\times100\% = \pm0.43\%$

23.15 的相对误差 $e_r = \pm\dfrac{0.01}{23.15}\times100\% = \pm0.043\%$

1.2567 的相对误差 $e_r = \pm\dfrac{0.0001}{1.2567}\times100\% = \pm0.008\%$

可以看出，0.0232 有 3 位有效数字，相对误差最大，因此，此三个数据的乘积应保留至 3 位有效数字。通过以下两个方法进行计算：

（1）先计算再修约：$0.0232\times23.15\times1.2567 = 0.674948436 \rightarrow 0.675$。

（2）先修约（其余 2 个数字修约多一位，至 4 位有效数字）再计算：

$0.0232 \times 23.15 \times 1.2567 \rightarrow 0.0232 \times 23.15 \times 1.257 = 0.67510956 \rightarrow 0.675$，与先计算再修约结果一致。

若将数字直接修约到 3 位有效数字再计算，则：

$0.0232 \times 23.15 \times 1.2567 \rightarrow 0.0232 \times 23.2 \times 1.26 = 0.6781824 \rightarrow 0.678$，会有较大的误差。

因此，宜将其他数据（非最少有效数字位数）的有效数字先多保留一位后再计算，所得计算结果的误差会比较小。

2.3.3.3　乘方和开方

当对一个数进行乘方（$y = a^x$）或开方（$y = \sqrt[x]{a}$）运算时，计算结果 y 的有效数字位数与 a 的有效数字位数相同。

2.3.3.4　对数和反对数函数

当一个数进行 $x = \lg y$ 或 $x = \ln y$ 等对数函数运算时，计算结果 x 的小数点后的位数（包括紧接小数点后面的 0）应与 y 的有效数字位数相同。

当对一个数进行 $y = 10^x$ 或 $y = e^x$ 等反对数函数运算时，计算结果 y 的有效数字位数应与 x 的小数点后的位数相同（包括紧接小数点后面的 0）。

【例 2-17】 计算 pH=6.65 时的 $[H^+]$，$\ln k^\ominus$=12.05 时的 $k^\ominus$，$\lg 11.02$ 及 $\ln 0.178$。

解：

pH=6.<u>65</u>，小数点后的位数为 2 位（见带下划线的数字），则 $[H^+] = 10^{-6.65} = 2.23872 \times 10^{-7} \rightarrow$ <u>2.2</u>$\times 10^{-7}$mol/L（有效数字位数取 2 位，见带下划线的数字）。

$\ln k^\ominus$= 12.<u>05</u>，小数点后的位数为 2 位（见带下划线的数字），则 $k^\ominus = e^{12.05} = 171099.4 \rightarrow$ <u>1.7</u>$\times 10^5$（有效数字位数取 2 位，见带下划线的数字）。

11.02 有 4 位有效数字，$\lg 11.02 = 1.042182 \rightarrow 1.\underline{0422}$（小数点后的位数应保留 4 位，见带下划线的数字）。

0.178 有 3 位有效数字，$\ln 0.178 = -1.72597 \rightarrow -1.\underline{726}$（小数点后的位数应保留 3 位，见带下划线的数字）。

2.3.3.5　含有测量不确定度（U）的有效数字计算

当参与计算的有效数字含有测量不确定度（见第 2.5 部分）时，应先计算最终结果的测量不确定度 U。当测量不确定度 U 的有效数字位数（通常为 1 位或 2 位）确定后，则应根据不确定度的有效数字位数来确定测量结果的有效数字位数，最终结果的小数点后的位数应与不确定度小数点后的位数相同，但同时需要考虑测量方法标准对测量结果有效数字位数的规定。

当采用同一测量单位来表示测量结果及其不确定度时，测量结果的小数点后位数应与不确定度的小数点后位数相同（即末位对齐）。若测量结果的实际小数点后位数比测量不确定度的小数点后位数少，可以通过在测量结果后补零的方法与不确定度对齐，但需要考虑补零后的数值是否与使用设备的准确度吻合，如不吻合则不可补零对齐，此时，应将测量不确定度有效数字位数减少至 1 位。

【例 2-18】 m_A =(66.50±0.20)kg，m_B =(6.220±0.060)kg，m_C =(4.625±0.005)kg，分别计算 $M = m_A + m_B + m_C$、$M = m_A \times m_B / m_C$ 的值并确定其有效数字。

解：

已知 U_A=0.20kg、U_B=0.060kg、U_C=0.005kg，假定 A、B、C 相互独立，则：

（1）计算 $M = m_A + m_B + m_C$

不确定度 $U_M = \sqrt{U_A^2 + U_B^2 + U_C^2} = \sqrt{0.20^2 + 0.060^2 + 0.005^2}$

$\qquad\qquad = 0.208865986$

① 若不确定度 U_M 修约至 1 位有效数字，则 $U_M \to 0.3kg$（只入不舍，修约后的不确定度应不小于修约前），则有：

$M = m_A + m_B + m_C = 66.50+6.220+4.625=77.345 \to 77.3(kg)$（修约到小数点后 1 位，与 U_M 的小数点后位数相同）

此时，$M = m_A + m_B + m_C = (77.3±0.3)kg$。

② 若不确定度 U_M 修约至 2 位有效数字，$U_M \to 0.21kg$，则有：

$M = m_A + m_B + m_C = 66.50+6.220+4.625=77.345 \to 77.34$（kg）（修约到小数点后 2 位，与 U_M 的小数点后位数相同）

此时，$M = m_A + m_B + m_C = (77.34±0.21)kg$。

（2）计算 $M = m_A \cdot m_B / m_C$

相对不确定度 $\dfrac{U_M}{M} = \sqrt{\left(\dfrac{U_A}{A}\right)^2 + \left(\dfrac{U_B}{B}\right)^2 + \left(\dfrac{U_C}{C}\right)^2}$

$\qquad\qquad\quad = \sqrt{\left(\dfrac{0.20}{66.50}\right)^2 + \left(\dfrac{0.060}{6.220}\right)^2 + \left(\dfrac{0.005}{4.625}\right)^2}$

$\qquad\qquad\quad = 0.010161941$

① 若相对不确定度 $\dfrac{U_M}{M}$ 修约至 1 位有效数字，$\dfrac{U_M}{M} \to 0.02$，则有：

$M = m_A \cdot m_B / m_C = 66.50×6.220 / 4.625 = 89.43351351 \to 89.43(kg)$（修约到小数点后 2 位，与 $\dfrac{U_M}{M}$ 的小数点后位数相同）。

此时，$M = m_A \cdot m_B / m_C = (89.43 ± 0.02)kg$。

② 若相对不确定度 $\dfrac{U_M}{M}$ 修约至 2 位有效数字，$\dfrac{U_M}{M} \to 0.011$，则：

$M = m_A \cdot m_B / m_C = 66.50×6.220 / 4.625 = 89.43351351 \to 89.434(kg)$（也应修约到小数点后 3 位，与 $\dfrac{U_M}{M}$ 的小数点后位数相同），此时 $M = m_A \cdot m_B / m_C$ 的有效数字为 5 位，与有效数字的运算规则得到的有效数字最多为 4 位不符。因此，$\dfrac{U_M}{M}$ 的有效数字只能取 1 位。

2.4　分析数据的统计处理与结果判定

在化学实验中，对实验对象进行重复性测试时，可能会出现个别数据有较大的偏差（称为可疑值）的情况。此时需要对可疑值进行分析，若可疑值是由于过失错误（2.1.3）原因造成的，则应毫无疑问地舍去该数值。若造成可疑值的原因不是很确切，则不能随便舍去或保留该数值。此外，在开发分析方法时，往往也需要对结果的可靠性、科学性进行评估，可以通过人员比对、方法比对、标准物质验证、实验室间比对等方法进行。此时如何评价各个实验室内及实验室间的数据是否可靠，是否存在离群或可疑值，需要对分析数据进行统计处理。本章节以标准物质制定过程均匀性评估、稳定性评估、定值可靠性评估为例，说明极差法、方差齐性检验（F 检验）、平均值一致性检验（t 检验）、格拉布斯（Grubbs）检验和正态分布检验（偏态系数和峰态系数法）等常用分析数据统计处理方法及其结果判定与适用范围。

2.4.1　极差法

中华人民共和国有色金属行业标准 YS/T 409—2012《有色金属产品分析用标准样品技术规范》附录 C 给出了极差法用于标准样品均匀性判定。该方法具体为：有 m 组样品（组间），每组样品平行测定 n 次，通过比较各组样品 n 次重复测定结果平均值（$\bar{x}$）之间的极差（$\bar{\bar{R}}$）与各样品组内极差的平均值（$\bar{R}$）的比值（$\bar{\bar{R}}/\bar{R}$）与临界值 $A(\alpha,n,m)$（如附录表 A-1 所示）大小进行判定，α 为显著性水平（常用 $\alpha=0.05$）。

当 $\bar{\bar{R}}/\bar{R} \leqslant A$ 值时，认为样品是均匀的；当 $\bar{\bar{R}}/\bar{R} > A$ 值时，认为样品是不均匀的。具体计算步骤如下：

首先，计算各组样品的组内极差：$R_i = x_{max} - x_{min}$ 　　　　　　（2-6）

其次，计算 m 组样品的组内极差的平均值：$\bar{R} = \dfrac{1}{m}\sum_{i=1}^{m}R_i$ 　　　　（2-7）

然后，按公式（2-1）及式（2-8）分别计算各组样品 n 次平行测定结果的平均值 $\bar{x}$ 和 m 组平均值 $\bar{x}$ 的极差 $\bar{\bar{R}}$：

$$\bar{\bar{R}} = \bar{x}_{max} - \bar{x}_{min}$$
（2-8）

式中　x_{max}——各组样品组内测试数据的最大值；

　　　x_{min}——各组样品组内测试数据的最小值；

　　　$\bar{x}_{max}$—— m 组样品中，各组样品 n 次平行测定结果的平均值的最大值；

　　　$\bar{x}_{min}$—— m 组样品中，各组样品 n 次平行测定结果的平均值的最小值。

最后，计算 $\bar{\bar{R}}/\bar{R}$，并与临界值 $A(\alpha,n,m)$ 值进行比较。

极差法统计过程相对简单，只考虑最大值和最小值，只适用于组间数 m 在 15～40 之间，重复测试次数 n 为 2～4 的分析。

【例 2-19】从一个金属样品的不同位置采取 15 个样品，采用火花直读光谱仪测试 Ag 含量，每个样品重复测试 3 次，测试结果如表 2-3 所示。通过极差法进行数据分析，判断样品是否均匀。

表 2-3　金属样品中 Ag 含量均匀性火花直读光谱测试结果　　　（单位：%）

序号	组内 x_1	组内 x_2	组内 x_3
组间 1	0.04120	0.04205	0.04252
组间 2	0.04290	0.04288	0.04215
组间 3	0.04140	0.04235	0.04265
组间 4	0.04265	0.04206	0.04155
组间 5	0.04385	0.04234	0.04285
组间 6	0.04275	0.04320	0.04198

续表

序号	组内x_1	组内x_2	组内x_3
组间 7	0.04180	0.04315	0.04235
组间 8	0.04185	0.04260	0.04205
组间 9	0.04195	0.04085	0.04185
组间 10	0.04205	0.04290	0.04150
组间 11	0.04205	0.04288	0.04190
组间 12	0.04265	0.04236	0.04200
组间 13	0.04210	0.04236	0.04225
组间 14	0.04219	0.04156	0.04215
组间 15	0.04124	0.04296	0.04275

解:

根据上述方法进行数据分析,得到各组数据的 $\bar{x}_i$ 和 R_i,组内极差平均值 $\bar{R}$,各组数据的平均值的极差 $\bar{\bar{R}}$ 及 $\bar{\bar{R}}/\bar{R}$,具体统计结果如表 2-4 所示。此时,组间数 m=15,组内重复测试次数 n=3,α =0.05,查有色金属行业标准 YS/T 409—2012 给出的 $A(\alpha,n,m)$ 表(详见附录表 A-1),得 $A(\alpha,n,m)$ =A(0.05,3,15)=1.777。由于计算得到的 $\bar{\bar{R}}/\bar{R}$ =1.365<A(0.05,3,15)=1.777,因此样品是均匀的。

表2-4　金属样品中 Ag 含量均匀性火花直读光谱测试数据(表 2-3)的统计结果

序号	$\bar{x}_i$/%	R_i/%	序号	$\bar{x}_i$/%	R_i/%
组间 1	0.04192	0.00132	组间 9	0.04155	0.00110
组间 2	0.04264	0.00075	组间 10	0.04215	0.00140
组间 3	0.04213	0.00125	组间 11	0.04228	0.00098
组间 4	0.04209	0.00110	组间 12	0.04234	0.00065
组间 5	0.04301	0.00151	组间 13	0.04224	0.00026
组间 6	0.04264	0.00122	组间 14	0.04197	0.00063
组间 7	0.04243	0.00135	组间 15	0.04232	0.00172
组间 8	0.04217	0.00075			
组内极差的平均值 $\bar{R}$/%		0.00107	平均值的极差 $\bar{\bar{R}}$/%		0.00146
$\bar{\bar{R}}/\bar{R}$		1.365	A(0.05,3,15)		1.777
判定结果		$\bar{\bar{R}}/\bar{R}$<A(0.05,3,15),样品是均匀的			

2.4.2　方差齐性检验(F检验)

中华人民共和国国家计量技术规范 JJF 1343—2022《标准物质的定值及均匀性、稳定性评估》附录 D 给出了方差齐性检验方法,即 F 检验方法,用于检验两组数据是否具有显著差异或等精度,即是否具有方差齐性。方法具体为:

假定有 m 组样本（如进行样本均匀性分析，从 m 个位置进行取样，称为 m 个单元），对单元样本 i 进行 n_i 次重复测量（如 5 次）。首先分别通过公式（2-9）和式（2-10）得到组间方差和（$Q_{between}$）、组内方差和（Q_{within}），结合自由度 v_1、v_2，通过公式（2-11）计算统计量 F。

中华人民共和国国家计量技术规范 JJF 1343—2022 给出了 F 分布临界值 F_α（具体见附录表 A-2 和表 A-3）。F_α 与自由度（v_1, v_2）及给定的显著性水平 α（常用 $\alpha = 0.05$ 或 $\alpha = 0.01$）有关。查阅 F 分布临界值表，得 F_α 值，再与计算得到的 F 值进行比较。若 $F < F_\alpha$，则认为数据组间无明显差异。

此方法常用于样本均匀性研究，如果 $F < F_\alpha$ 则认为样品是均匀的。

$$Q_{between} = \sum_{i=1}^{m} n_i \left(\overline{x}_i - \overline{\overline{x}} \right)^2 \qquad (2\text{-}9)$$

$$Q_{within} = \sum_{i=1}^{m} \sum_{j=1}^{n_i} \left(x_{ij} - \overline{x}_i \right)^2 \qquad (2\text{-}10)$$

$$F = \frac{v_2}{v_1} \times \frac{Q_{between}}{Q_{within}} \qquad (2\text{-}11)$$

$$v_1 = m - 1 \qquad (2\text{-}12)$$

$$v_2 = \sum_{i=1}^{m} n_i - m \qquad (2\text{-}13)$$

$$\overline{x}_i = \frac{1}{n_i} \sum_{j=1}^{n_i} x_{ij} \qquad (2\text{-}14)$$

$$\overline{\overline{x}} = \frac{1}{\sum_{i=1}^{m} n_i} \sum_{i=1}^{m} \sum_{j=1}^{n_i} x_{ij} \qquad (2\text{-}15)$$

式中　m——样本单元数；

n_i——单元样本 i 进行重复测量的次数；

$\overline{x}_i$——单元样本 i 进行 n_i 次重复测量结果的平均值；

$\overline{\overline{x}}$——所有样本总体平均值；

x_{ij}——单元样本 i 的第 j 个测量结果；

v_1, v_2——自由度。

【例 2-20】从同一批次生产的金属合金样片中随机抽取 15 个样品，采用电感耦合等离子体光谱仪（ICP-OES）测试 Ag 含量，每个样品均重复测试 5 次（按图 2-2 进行取样），测试结果如表 2-5 所示。通过 F 检验法进行统计分析，判断该金属合金样片是否均匀。

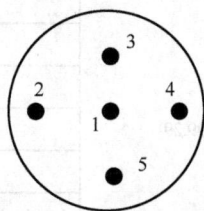

图 2-2　ICP-OES 法测试 Ag 含量的样品取样位置图

表2-5　金属合金样片中 Ag 含量均匀性 ICP-OES 测试结果　　　　（单位：mg/kg）

序号	组内 x_1	组内 x_2	组内 x_3	组内 x_4	组内 x_5
组间 1	400.37	399.56	398.65	400.02	401.47
组间 2	400.00	397.61	399.43	400.66	401.03
组间 3	397.91	396.77	401.21	399.61	400.99
组间 4	398.20	399.44	399.69	401.69	400.91
组间 5	401.35	398.79	398.12	400.07	398.83
组间 6	399.98	399.16	398.10	400.87	398.18
组间 7	397.30	399.11	397.84	399.54	401.29
组间 8	397.00	396.45	400.67	399.39	396.30
组间 9	398.57	398.77	397.72	398.93	400.08
组间 10	397.25	399.25	400.30	399.27	399.01
组间 11	397.91	396.70	397.64	400.18	398.56
组间 12	400.11	399.20	399.37	398.53	400.59
组间 13	399.12	398.84	398.94	399.91	399.35
组间 14	398.86	398.48	400.67	401.00	400.96
组间 15	398.59	400.14	401.06	399.64	399.59

解：

根据 F 检验方法进行统计分析，得到各组内平均值 $\bar{x}_i$、总体平均值 $\bar{\bar{x}}$、组间方差和（$Q_{between}$）及组内方差和（Q_{within}），具体统计结果如表2-6所示。

此时，组间数 $m=15$，组内重复测试次数 $n=5$：

$$自由度：\quad v_1=15-1=14，\quad v_2=15\times5-15=60$$

$$F=\frac{v_2}{v_1}\times\frac{Q_{between}}{Q_{within}}=\frac{60}{14}\times\frac{27.04}{98.08}=1.18$$

$\alpha=0.05$，查附录表 A-3，得 $F(\alpha,v_1,v_2)=F(0.05,14,60)=1.86$。由于 $F=1.18<F(0.05,14,60)$，表明样品是均匀的。

表2-6　金属合金样片中 Ag 含量均匀性 ICP-OES 测试数据（表2-5）的统计结果

序号	组内平均值 $\bar{x}_i$ / （mg/kg）	总体平均值 $\bar{\bar{x}}$ / （mg/kg）	组内差方 $\sum_{j=1}^{n_i}(x_{ij}-\bar{x}_i)^2$	组间差方 $n_i(\bar{x}_i-\bar{\bar{x}})^2$
组间 1	400.01		4.338	2.626
组间 2	399.75		7.206	1.056
组间 3	399.30		14.97	0.000
组间 4	399.98	399.29	7.305	2.422
组间 5	399.43		6.562	0.102
组间 6	399.26		5.629	0.005
组间 7	399.01		9.777	0.379

续表

序号	组内平均值 $\overline{x}_i$ /(mg/kg)	总体平均值 $\overline{x}$ /(mg/kg)	组内差方 $\sum\limits_{j=1}^{n_i}(x_{ij}-\overline{x}_i)^2$	组间差方 $n_i(\overline{x}_i-\overline{x})^2$
组间 8	397.96		15.35	8.788
组间 9	398.81		2.876	1.135
组间 10	399.02		4.867	0.372
组间 11	398.20	399.29	6.679	5.943
组间 12	399.56		2.589	0.371
组间 13	399.23		0.7180	0.016
组间 14	400.00		5.978	2.501
组间 15	399.80		3.243	1.324
组内方差和(Q_{within})		98.08	组间差方和($Q_{between}$)	27.04
自由度 v_1		14	自由度 v_2	60
$F(0.05,14,60)$		1.86	F	1.18
判定结论		$F < F(0.05,14,60)$，样品是均匀的		

2.4.3　平均值一致性检验（t 检验）

中华人民共和国国家计量技术规范 JJF 1343—2022《标准物质的定值及均匀性、稳定性评估》附录 E 给出了平均值一致性检验，即 t 检验法，用于组间数据一致性的判定。其原理为：从同一总体对象中抽取不同测试样本，每个测试样本进行有限次（如 5 次，6 次）重复测试，得到各个样本的平均值。在约定的显著性水平 α 下，同一总体对象中不同测试样本的平均值应无显著差异；若两组数据的平均值存在显著性差异，则认为此两个平均值不属于同一总体对象。t 检验方法的具体步骤为：

取数据组中的任意两组数据进行比较，如可以取平均值最小和平均值最大的两组。若两组数据分别为：

x_{11}，x_{12}，$\cdots$，x_{1n_1}，重复测试次数为 n_1，其平均值为 $\overline{x}_1$；

x_{21}，x_{22}，$\cdots$，x_{2n_2}，重复测试次数为 n_2，其平均值为 $\overline{x}_2$。

如果两组数据的测量精密度不存在显著性差异，则测量精密度 S 可通过把两组数据合并起来进行估算，具体计算如公式（2-16）所示：

$$S = \sqrt{\frac{\sum\limits_{j=1}^{n_1}(x_{1j}-\overline{x}_1)^2 + \sum\limits_{j=1}^{n_2}(x_{2j}-\overline{x}_2)^2}{n_1+n_2-2}} \tag{2-16}$$

统计量 t 为：

$$t = \frac{|\overline{x}_1-\overline{x}_2|}{S\sqrt{\dfrac{1}{n_1}+\dfrac{1}{n_2}}} \tag{2-17}$$

式中　x_{1j}——第 1 组数据的第 j 个测量结果；

　　　x_{2j}——第 2 组数据的第 j 个测量结果。

经证明，t 与自由度 $(n_1 + n_2 - 2)$ 及显著性水平 (α) 相关。由 JJF 1343—2022 国家计量技术规范给出的 t 检验临界值表（详见附录表 A-4），查得 t 检验临界值 t_α。通过公式（2-17）计算统计量 t，与 t_α 进行比较判定：

若 $t < t_\alpha$，则认为 $\bar{x}_1$ 与 $\bar{x}_2$ 两平均值是一致的，总体测试对象的特性值未发生显著性变化，即稳定性或均匀性良好。

若 $t \geq t_\alpha$，则认为 $\bar{x}_1$ 与 $\bar{x}_2$ 两平均值不一致，总体测试对象的特性值发生了显著性变化，即稳定性或均匀性较差。

【例 2-21】　在 36 个月时间内，使用电感耦合等离子体发射光谱法（ICP-OES）采取先密后疏原则，对金属合金样片 Ag 元素进行了 10 次长期稳定性监测，每次随机抽取 6 个独立单元进行检验，检测数据如表 2-7 所示。采用 t 检验法评定样品的稳定性，显著性水平 $\alpha = 0.05$。

表 2-7　金属合金样片中 Ag 含量稳定性 ICP-OES 测试结果　　　（单位：mg/kg）

序号	时间	1	2	3	4	5	6
1	1 个月	400.29	400.19	398.65	398.41	398.57	400.11
2	2 个月	398.07	397.35	400.07	400.28	398.43	398.17
3	3 个月	398.40	399.24	398.21	398.87	398.58	398.02
4	5 个月	399.14	399.93	399.06	397.34	398.50	396.62
5	7 个月	399.46	399.31	398.05	399.68	399.70	397.25
6	9 个月	398.94	398.02	397.98	399.18	398.79	398.81
7	12 个月	400.54	401.40	399.15	398.04	402.46	399.64
8	18 个月	401.74	399.80	400.06	400.69	400.34	397.19
9	24 个月	400.15	399.68	399.44	400.06	400.83	400.46
10	36 个月	400.18	399.88	398.85	399.06	400.15	399.78

解：

表 2-7 中共进行了 10 组稳定性测试，每组重复测试 6 次，即 $n_1 = n_2 = n_3 = \cdots = n_{10} = 6$。

根据公式（2-1），通过 Excel 中的 AVERAGE 函数求得第 1 组数据和第 2 组数据的平均值分别为：$\bar{x}_1 = 399.37$ mg/kg；$\bar{x}_2 = 398.73$ mg/kg。

通过 Excel 中的 DEVSQ 函数求得第 1 组数据和第 2 组数据的方差分别为 4.139mg/kg，6.923mg/kg。

把第 1 组数据和第 2 组数据的方差及 $n_1 = n_2 = 6$ 代入公式（2-16），得到第 1 组数据和第 2 组数据的测量精密度 S：

$$S = \sqrt{\dfrac{\displaystyle\sum_{j=1}^{n_1}(x_{1j} - \bar{x}_1)^2 + \sum_{j=1}^{n_2}(x_{2j} - \bar{x}_2)^2}{n_1 + n_2 - 2}} = \sqrt{\dfrac{4.139 + 6.923}{6 + 6 - 2}} = 1.052$$

把计算得到的 $\bar{x}_1$、$\bar{x}_2$、S 及 $n_1 = n_2 = 6$ 代入公式（2-17），得到第 1 组数据和第 2 组数

据的 t：

$$t = \frac{|\bar{x}_1 - \bar{x}_2|}{S\sqrt{\dfrac{1}{n_1} + \dfrac{1}{n_2}}} = \frac{|399.37 - 398.73|}{1.052\sqrt{\dfrac{1}{6} + \dfrac{1}{6}}} = 1.06$$

同理，将 3、4…10 组数据分别与第 1 组数据组合，可以得到相应的平均值、方差、精密度 S 及 t 值。具体统计结果如表 2-8 所示。从附录表 A-4 查得 $t_\alpha(n_1+n_2-2) = t_{0.05}(10) = 2.23$，计算得到的 9 组 t 值均小于 $t_{0.05}(10)$，表示每两组数据中，其平均值之间无显著性差异，则认为样品在这个时间段（36 个月）内是稳定的。

表 2-8　金属合金样片中 Ag 含量稳定性 ICP-OES 测试数据（表 2-7）的统计结果

序号	时间	平均值/（mg/kg）	方差	精密度 S	t 值
1	1 个月	399.37	4.139	—	—
2	2 个月	398.73	6.923	1.052	1.06
3	3 个月	398.55	1.002	0.717	1.98
4	5 个月	398.43	7.614	1.084	1.50
5	7 个月	398.91	5.185	0.966	0.83
6	9 个月	398.62	1.249	0.734	1.77
7	12 个月	400.20	12.723	1.299	1.11
8	18 个月	399.97	11.580	1.254	0.83
9	24 个月	400.10	1.284	0.736	1.72
10	36 个月	399.65	1.578	0.756	0.64

2.4.4　格拉布斯（Grubbs）检验

可疑值通常可以通过格拉布斯法（Grubbs）进行检验。国家计量技术规范《标准物质的定值及均匀性、稳定性评估》（JJF 1343—2022）附录 B 和中华人民共和国有色金属行业标准 YS/T 409—2012 附录 G 给出了可疑值格拉布斯检验法，具体为：在一组分析数据中，如某数据 x_i，按公式（2-18）计算残差 v_i。

$$v_i = |x_i - \bar{x}| \tag{2-18}$$

式中　x_i——第 i 次检测结果，$i = 1, 2, 3, \cdots, n$；

$\bar{x}$——n 次重复检测结果的平均值。

通过残差 v_i 与 $\lambda(\alpha, n) \cdot S$ 值大小进行比较，检查可疑值。

当 $v_i > \lambda(\alpha, n) \cdot S$ 时，则 x_i 为可疑值，应被剔除。其中，S 是标准偏差，按公式（2-4）计算，$\lambda(\alpha, n)$ 为临界数值，与测量次数 n 及给定的显著性水平 α（常用 $\alpha = 5\%$ 或 $\alpha = 1\%$）有关。JJF 1343—2022 国家计量技术规范附录 B 和有色金属行业标准 YS/T 409—2012 附录 G 给出了 $\alpha = 5\%$ 和 $\alpha = 1\%$ 下，不同测量次数对应的 $\lambda(\alpha, n)$ 值，详见附录表 A-5。

此方法适用于组内和组间可疑值的检验，下面给出例子以便更好理解可疑值的取舍。

【例 2-22】　10 家机构采用 ICP-OES 方法对金属合金样片中 Ag 含量进行定值测试，每家机构重复测试 6 次，具体测试结果如表 2-9 所示。通过格拉布斯（Grubbs）检验方法判定各家定值机构组内数据及 10 家定值机构平均值组间数据是否存在可疑值，$\alpha=5\%$。

表 2-9　金属合金样片中 Ag 含量 ICP-OES 定值测试数据　（单位：mg/kg）

定值机构	1	2	3	4	5	6
A	402.65	402.83	402.45	403.26	403.93	403.12
B	401.78	402.56	403.78	403.63	399.98	401.88
C	400.27	399.99	403.06	401.67	400.45	402.62
D	399.80	403.11	402.45	403.17	402.70	401.34
E	401.89	402.97	404.75	402.06	403.72	400.80
F	399.75	400.32	397.90	399.63	399.10	399.21
G	403.35	406.47	404.47	406.53	403.24	401.35
H	400.58	401.75	402.09	401.59	401.12	401.50
I	405.40	403.46	399.54	403.46	401.96	400.94
J	404.20	403.58	407.21	403.53	407.57	406.23

解：

1. 对各组内数据进行统计，对于机构 A：

（1）根据公式（2-1），通过 Excel 中的 AVERAGE 函数求得平均值为：$\bar{x}_A$ =403.04mg/kg；

（2）根据公式（2-18），计算得到组内 6 次重复测量的残差 v_i 分别为 0.39mg/kg、0.21mg/kg、0.59mg/kg、0.22mg/kg、0.89mg/kg、0.08mg/kg；

（3）根据公式（2-4），通过 Excel 中的 STDEV 函数求得标准偏差 S_A =0.53mg/kg；

（4）$\alpha=5\%$，$n=6$，通过附录表 A-5 的 $\lambda(\alpha, n)$ 表，查得 $\lambda(0.95,6)$ =1.887。

（5）计算 $\lambda(5\%,6) \cdot S_A$ =1.887×0.53=1.00。

同理，求得其他 9 家定值机构数据，结果详见表 2-10。可见，10 家定值机构组内数据残差 v_i 均不大于 $\lambda(\alpha, n) \cdot S$ 的值。因此，10 家定值机构的组内数据全部通过格拉布斯检验，无可疑值。

表 2-10　金属合金样片中 Ag 含量 ICP-OES 定值测试数据（表 2-9）的组内格拉布斯检验统计结果

定值机构	$\bar{x}$ /(mg / kg)	残差 $v_i = \|x_i - \bar{x}\| / (\text{mg} / \text{kg})$						标准偏差 S / (mg/kg)	$\lambda(5\%,6) \cdot S$	结论
		v_1	v_2	v_3	v_4	v_5	v_6			
A	403.04	0.39	0.21	0.59	0.22	0.89	0.08	0.53	1.00	通过
B	402.27	0.49	0.29	1.51	1.36	2.29	0.39	1.40	2.65	通过
C	401.34	1.08	1.35	1.71	0.33	0.89	1.28	1.30	2.45	通过
D	402.09	2.29	1.01	0.35	1.08	0.61	0.76	1.30	2.46	通过
E	402.70	0.81	0.27	2.06	0.64	1.02	1.90	1.42	2.67	通过
F	399.32	0.43	1.01	1.42	0.31	0.22	0.11	0.82	1.55	通过
G	404.24	0.88	2.24	0.24	2.30	0.99	2.88	2.02	3.81	通过
H	401.44	0.86	0.31	0.65	0.15	0.32	0.06	0.53	0.99	通过
I	402.46	2.94	1.00	2.92	1.00	0.50	1.52	2.08	3.93	通过
J	405.39	1.19	1.81	1.82	1.86	2.18	0.85	1.84	3.47	通过

2. 对组间平均值进行统计，对于机构 A：

（1）根据公式（2-1），通过 Excel 中的 AVERAGE 函数求得平均值为：$\bar{x}_A$ =403.04mg/kg；

（2）根据公式（2-15），通过 Excel 中的 AVERAGE 函数求得总体平均值 $\bar{\bar{x}}$ =402.43mg/kg；

（3）根据公式（2-18），计算得到组内 6 次重复测量平均值与总体平均值的残差 $v_A = |\bar{x}_A - \bar{\bar{x}}|$ = 403.04-402.43 = 0.61(mg/kg)；

（4）根据公式（2-4），通过 Excel 中的 STDEV 函数得到平均值的标准偏差 $S_{\bar{x}}$ =1.65mg/kg；

（5）α =5%，n=10（10 家机构），通过附录表 A-5 的 $\lambda(\alpha, n)$ 表，查得 $\lambda(5\%,10)$ = 2.290；

（6）计算 $\lambda(5\%,10) \cdot S$ =2.290× 1.65=3.78。

同理，求得其他机构的平均值残差，结果详见表 2-11。可见，10 家定值机构，组间数据平均值残差均不大于 $\lambda(\alpha, n) \cdot S$ 的值，组间数据无显著性差异，总体平均值可认为标准值或参考值。

表 2-11　金属合金样片中 Ag 含量 ICP-OES 定值测试数据（表 2-9）的组间格拉布斯检验统计结果

定值机构	$\bar{x}$ / (mg/kg)	总体平均值 $\bar{\bar{x}}$ / (mg/kg)	残差 $v_i = |\bar{x}_i - \bar{\bar{x}}|$ / (mg/kg)	平均值的标准偏差 $S_{\bar{x}}$ / (mg/kg)	$\lambda(5\%,10) \cdot S_{\bar{x}}$
A	403.04		0.61		
B	402.27		0.16		
C	401.34		1.09		
D	402.09		0.34		
E	402.70		0.27		
F	399.32	402.43	3.11	1.65	3.78
G	404.24		1.81		
H	401.44		0.99		
I	402.46		0.03		
J	405.39		2.96		

2.4.5　柯克伦（Cochran）检验

国家标准 GB/T 6379.2—2004《测量方法与结果的准确度（正确度与精密度）第 2 部分：确定标准测量方法重复性与再现性的基本方法》及国家计量技术规范（JJF 1343—2022）《标准物质的定值及均匀性、稳定性评估》附录 D 给出了实验室间数据（组间数据）是否等精度（即精密度是否存在显著性差异）的柯克伦（Cochran）检验方法，具体检验步骤为：

有 m 个实验室参与分析测试，每个实验室重复测试 n 次，采用柯克伦法检验 m 个实验室所得结果平均值间是否存在显著性差异。先根据公式（2-4）计算 m 个实验室各自重复测试得到的 n 个数据（组内）的标准偏差（S_i）、最大标准偏差（S_{max}）及各组标准偏差的平方（S_i^2），然后根据公式（2-19）计算 m 个实验室中标准偏差的平方的最大值（S_{max}^2）与 m 组标准偏差的平方和之比 C：

$$C = S_{max}^2 / \sum_{i=1}^{m} S_i^2 \tag{2-19}$$

式中　S_i——第 i 个实验室重复测试 n 次的标准偏差，可通过公式（2-4）求得；

S_{max}——m 组标准偏差中的最大值。

根据显著性水平 α（通常为 0.01 或 0.05），参与测试的实验室数目为 m，每个实验室重复测试 n 次，则有自由度 $v=n-1$。查阅国家计量技术规范 JJF 1343—2022 及国家标准 GB/T 6379.2—2004 给出的科克伦检验临界值表（具体见附录表 A-6 和表 A-7），得临界值 $C(\alpha,m,v)$。若按公式（2-19）计算得到的 C 不大于临界值 $C(\alpha,m,v)$，表明各组数据的平均值具有等精度。若按公式（2-19）计算得到的 C 大于临界值 $C(\alpha,m,v)$，说明最大方差 $S_{\max}^2$ 为离群值，其对应的该组数据的精度较其他组数据差。

【例 2-23】采用柯克伦检验（Cochran）方法，对表 2-9 中金属合金样片中 Ag 含量 ICP-OES 定值测试数据进行分析，取 $\alpha=0.05$，判断 10 家实验室组间数据是否等精度。

解：

（1）以定值机构 A 为例，根据公式（2-4），通过 Excel 中的 STDEV 函数得到该定值机构的标准偏差 $S_A=0.53$，标准偏差的平方 $S_A^2=0.53^2=0.28$，同理得到其他定值机构的标准偏差的平方 S_i^2，进而求得定值机构 I 的标准偏差的平方为最大值，$S_{\max}^2=4.35$。具体统计结果如表 2-12 所示。

（2）将 10 家定值机构的标准偏差的平方 S_i^2 求和，得到 $\sum_{i=1}^{m}S_i^2=20.41$。

（3）计算 $C=S_{\max}^2 / \sum_{i=1}^{m}S_i^2=4.35 / 20.41=0.2131$。

（4）查附录表 A-7 中的科克伦检验临界值，得临界值 $C(\alpha,m,v)=C(0.05,10,5)=0.3029$。

（5）由于 $C < C(0.05,10,5)$，因此 10 家实验室组间数据为等精度。

表 2-12　金属合金样片中 Ag 含量 ICP-OES 定值测试数据（表 2-9）的
组间柯克伦检验等精度统计结果

定值机构	标准偏差 S_i	S_i^2	$\sum_{i=1}^{m}S_i^2$	$S_{\max}^2$	$C=S_{\max}^2 / \sum_{i=1}^{m}S_i^2$	$C(0.05,10,5)$
A	0.53	0.28				
B	1.40	1.97				
C	1.30	1.69				
D	1.30	1.70				
E	1.42	2.00				
F	0.82	0.67	20.41	4.35	0.2131	0.3029
G	2.02	4.08				
H	0.53	0.28				
I	2.08	4.35				
J	1.84	3.38				

2.4.6　正态分布检验（偏态系数和峰态系数法）

对某量值进行测定，得到一组独立的测试数据，将该组数据按从小到大顺序进行排列：$x_1, x_2, \cdots, x_n$（$x_1 \leqslant x_2 \leqslant \cdots \leqslant x_n$）。通过公式（2-1）计算得到此组数据的平均值为 $\bar{x}$，令：

$$m_2 = \sum_{i=1}^{n} (x_i - \overline{x})^2 / n \tag{2-20}$$

$$m_3 = \sum_{i=1}^{n} (x_i - \overline{x})^3 / n \tag{2-21}$$

$$m_4 = \sum_{i=1}^{n} (x_i - \overline{x})^4 / n \tag{2-22}$$

则有：

$$偏态系数 A = \frac{|m_3|}{\sqrt{(m_2)^3}} \tag{2-23}$$

$$峰态系数 B = \frac{m_4}{(m_2)^2} \tag{2-24}$$

偏态系数 A 用于不对称性检验，峰态系数 B 用于峰态检验。若该组测量数据服从正态分布，则有：偏态系数 $A < A_1$（相应的偏态系数临界值），且峰态系数 B 值落在峰态系数临界值 $B_1 - B_1'$ 区间中 。临界值 A_1 和 $B_1 - B_1'$ 值与测量次数 n 及置信概率 p 有关。国家计量技术规范 JJF 1343—2022《标准物质的定值及均匀性、稳定性评估》附录 C 给出了置信概率 p 为 0.95 和 0.99 下，不同测量次数 n 对应的 A_1 和 $B_1 - B_1'$ 临界值，分别详见附录表 A-8 和表 A-9。

【例 2-24】 通过偏态系数和峰态系数法对表 2-9 中金属合金样片中 Ag 含量 ICP-OES 定值测试数据进行分析，判断 10 组定值数据是否符合正态分布。置信概率 $p = 0.95$。

解：

共有 10 组数据（10 家实验室参与测试），每家实验室均平行测试 6 次。因此，共有 60 个实验数据，$n = 60$：

（1）计算 60 个数据的总体平均值，得 $\overline{x}$ =402.43mg/kg。

（2）根据公式（2-20）～式（2-24），计算得到 m_2、m_3、m_4、A、B 的值分别为 4.15、3.03、53.0、0.36、3.08，具体统计结果如表 2-13 所示。

（3）查附录表 A-8 得 A_1(0.95，60)=0.49。由于附录表 A-9 未给出 n=60 对应的 $B_1 - B_1'$ 数据，此时采用 $n > 60$ 的下一个数据 n（n=75）对应的 $B_1 - B_1'$ 进行比较，查得 $B_1 - B_1'$(0.95，75) 为 2.27～3.87。

（4）由于 A=0.36< A_1(0.95,60)=0.49；B=3.08 落在 $B_1 - B_1'$(0.95,75)区间 2.27～3.87 中，因此，全部实验数据均服从正态分布。

表 2-13 金属合金样片中 Ag 含量 ICP-OES 定值测试数据（表 2-9）的正态分布检验统计结果

$\overline{x}$ /(mg/kg)	m_2	m_3	m_4	A	B
402.43	4.15	3.03	53.0	0.36	3.08

2.4.7 数据分析的步骤

从以上这些例子可以看出，当有多组数据（包括组内和组间数据）需要处理时，通常可按以下步骤进行分析：

（1）剔除过失错误造成的可疑值。对测量数据先进行平均值、标准偏差等初步统计，初步判断是否存在偏差较大的数据。对实验过程进行回忆和分析，确定是否存在过失错误行为，如果偏差较大的数据确实是由于过失错误原因引起，应果断剔除该数据后再进入下一步统计分析。

（2）离群值检验。可以通过格拉布斯法对组内数据、组间平均值等数据进行检验，判断是否存在离群值。若有离群值，应被剔除。

（3）组间数据一致性和等精度检验。可以采用柯克伦、t 检验、F 检验等方法进行分析，判断是否存在离群值。若有离群值，说明该组数据的精度比其他组数据差。

（4）正态分布检验。对于不同组的所有数据，可以采取偏态系数和峰态系数法进行分析，判断数据是否符合正态分布。若数据服从正态分布或近似正态分布，则可将各组测量数据的平均值看作单次测量值，各组测量数据的平均值构成一组新的测量数据。如果数据不服从正态分布，则应检查测量方法，从"人、机、料、法、环"等方面进行分析，找出各组间数据可能存在的系统误差，改进后再重新进行分析。

（5）当数据是等精度时，计算出所有数据的总平均值及其标准偏差。所得总平均值可作为测量参考值或标准值。

2.5　测量不确定度的评定及结果表示

随着对分析结果可靠性要求的不断提高，实验室除了给出分析测试结果外，通常还需要提供分析结果的测量不确定度，以便更充分了解分析测试结果本身的质量，尤其是在依据分析结果进行符合性判定或决策时。目前，测量不确定度已经逐渐成为表明分析结果可靠性的一个关键参数。

2.5.1　测量不确定度的定义与分类

测量不确定度简称为不确定度（uncertainty），是用于表征合理地赋予被测量值的分散程度的参数，与测量结果相关联。在实际工作中，测量结果的总不确定度可能由多种来源贡献，不同来源贡献的不确定度称为不确定度分量。不确定度通常有标准不确定度（standard uncertainty）、相对标准不确定度（relative standard uncertainty）、合成标准不确定度（combined standard uncertainty）、相对合成标准不确定度（relative combined standard uncertainty）、扩展不确定度（expanded uncertainty）、相对扩展不确定度（relative expanded uncertainty）等表示形式。根据评定方法的不同，又可分为 A 类不确定度评定和 B 类不确定度评定。

2.5.1.1　标准不确定度

标准不确定度通常以标准偏差进行表示，对于测量结果 x，其标准不确定度、相对标准不确定度通常可分别记为 $u(x)$、$u_{rel}(x)$。$u_{rel}(x)$ 和 $u(x)$ 的关系如公式（2-25）所示：

$$u_{rel}(x) = \frac{u(x)}{\bar{x}} \times 100\% \tag{2-25}$$

式中　$\bar{x}$——测量结果 x 的平均值。

A 类不确定度评定：是指对一系列测得值采用统计分析的方法进行不确定度分量评定的方法。

B 类不确定度评定：与 A 类不确定度评定方法不同，通常根据经验或其他信息对不确定度分量进行估算。

2.5.1.2　合成标准不确定度

在一个测量模型中，输出量与多个输入量相关，则输出量的标准不确定度由各输入量的标准不确定度合成得到，此时输出量的标准不确定度称为各输入量的合成标准不确定度。如在 $y = f(x_1, x_2, \cdots, x_n)$ 的测量模型中，各输入量 $x_1, x_2, \cdots, x_n$ 的标准不确定度分别为 $u(x_1)$，$u(x_2), \cdots, u(x_n)$，即为输出量 y 的不确定度分量。输出量 y 的合成标准不确定度 $u_c(y)$、相对合成标准不确定度可分别通过公式（2-26）、式（2-27）进行计算：

$$u_c(y) = \sqrt{\sum_{i}^{n} u^2(x_i)} \tag{2-26}$$

$$u_{relc}(y) = \frac{u_c(y)}{\bar{y}} \times 100\% \tag{2-27}$$

式中　$u(x_i)$ ——第 i 个输入量的标准不确定度，$i = 1,2,3,\cdots,n$；

$\bar{y}$ ——输出量 y 的测量结果的平均值。

2.5.1.3　扩展不确定度

对于测量结果 y 的扩展不确定度 $U(y)$，是其合成标准不确定度 $u_c(y)$ 与扩展因子（包含因子）k 的乘积，可通过公式（2-28）进行计算：

$$U(y) = k u_c(y) \tag{2-28}$$

国家计量技术规范（JJF 1343—2022）《标准物质的定值及均匀性、稳定性评估》表 F.1 给出了常见分布类型的扩展因子 k，具体如表 2-14 所示。扩展因子 k 与被测量的概率分布类型、置信概率有关。当无法判断被测量的概率分布类型时，通常可将其视为正态分布或近似正态分布，在置信概率为 95% 和 99.97% 下，假定 $k = 2$ 或 3。在保守的情况下，可按均匀分布处理，假定 $k = \sqrt{3}$。

表 2-14　常见分布的扩展因子 k

分布类型	扩展因子
正态分布或近似正态分布	若置信概率为 95%，$k = 1.96 \approx 2$ 若置信概率为 99.97%，$k = 3$
均匀分布（矩形分布）	$k = \sqrt{3}$
三角分布	$k = \sqrt{6}$

2.5.2　测量不确定度的评定流程与结果表示

2.5.2.1　测量不确定度的评定流程

测量不确定度的评定流程如图 2-3 所示，通常包含以下几个流程：

流程一：建模及不确定度来源分析。根据测试方法、测试标准原理建立输出量与输入量之间的函数关系，如 $y = f(x_1, x_2, \cdots, x_n)$。对测量不确定度的来源进行分析尤为重要，是正确、可靠评定不确定度的基础。在分析不确定度来源时，总的原则是应重点考虑对结果影响大的不确定度分量，且不重复、不遗漏，尽量简化不确定度评定过程。影响较小的不确定度来源可以忽略，如果考虑所有不确定度来源，将会使不确定度的评估复杂化。不确定分量重复将引起总不确定度偏大，遗漏将导致总不确定度偏小。典型不确定度来源包括但不限于以下内容：设备的正确度与精密度、样品均匀性与稳定性、试剂或标准物质的纯度、测量条件（如温度、湿度等）、计算模型等。

流程二：分别按照 A 类不确定度和 B 类不确定度方法进行标准不确定度分量评定。实际上，A 类不确定度和 B 类不确定度的评定并没有本质的区别。随着分析测试技术的不断发展和提升，现代分析设备的测量正确度和精密度越来越高，对同一稳定测试对象进行测试时，其测试结果非常接近，用统计方法计算得到的 A 类不确定度分量很小。此时，可采用 B 类不确定度方法进行评估，考虑样品的均匀性、稳定性、测试条件、计算模型等因素引入的测量不确定度分量。

流程三：对不确定度分量进行合成，计算合成标准不确定度。

流程四：计算扩展不确定度。根据实际情况，确定扩展因子并计算出扩展不确定度。

流程五：给出测量结果及其不确定度。

对于"人、机、料、法、环"均受控的规范化管理的实验室，如果测量条件没有发生变化，可以沿用前期在可控条件下得到的测量不确定度评定结果，而无须每次测试都进行不确定度评定。当测量不确定度的来源发生变化时，如设备准确度、测试条件等发生变化时，则需要重新进行测量不确定度评定。

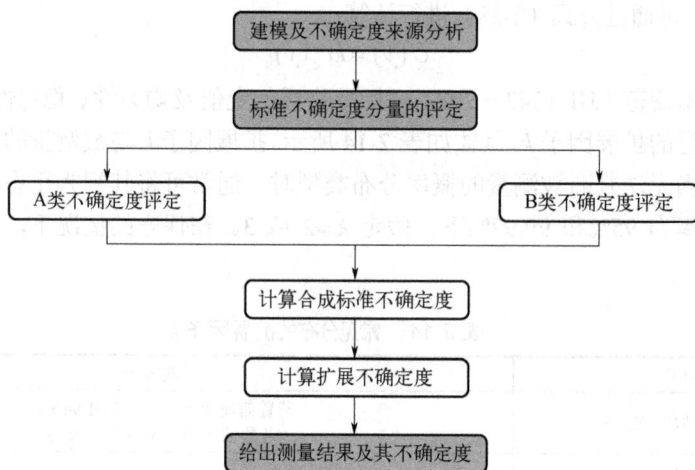

图 2-3　测量不确定度的评定流程

2.5.2.2　结果表示

测量结果 y 的表示方法通常为 $y = \bar{y} \pm U$（并注明 k 值，如 $k=2$）；$\bar{y}$ 为多次重复测试结果的平均值。$\bar{y}$ 和 U 小数点末位对齐，U 通常保留 1 位或 2 位有效数字。

2.5.3　测量不确定度的评定示例

【例 2-25】金属合金样片（国家标准物质）中 Ag 元素的均匀性测试数据及统计分析结果分别如表 2-5 和表 2-6 所示；稳定性测试数据及统计分析结果分别如表 2-7 和表 2-8 所示；通过 10 家机构进行联合定值，定值数据如表 2-9 所示，其组内可疑值分析、组间可疑值分析、组间等精度分析及正态分布分析统计结果分别如表 2-10、表 2-11、表 2-12 和表 2-13 所示。请对该国家标准物质 Ag 元素的定值结果（即标准值）进行不确定度评定。

解：

本例子主要对金属合金标准物质中的 Ag 元素定值结果进行不确定度评定。标准物质制备过程如图 2-4 所示，主要包括标准物质方案设计与论证、标准物质的制备、均匀性评估、稳定性评估、定值及不确定度分析。因此，本例标准物质定值结果的不确定度主要由均匀性、稳定性以及定值过程等 3 部分不确定度分量组成，其中定值过程不确定度包含 A 类不确定度和 B 类不确定度评定。具体模型如图 2-5 所示。参考国家计量技术规范 JJF 1343—2022《标准物质的定值及均匀性、稳定性评估》进行不确定度评估。具体评估过程如下所述。

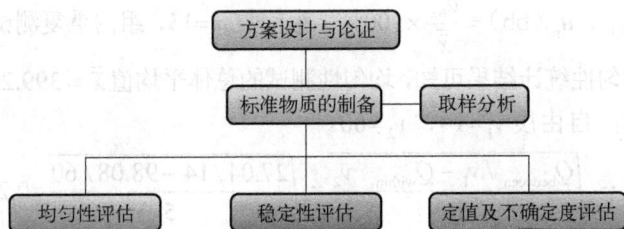

图 2-4　标准物质的制备流程图

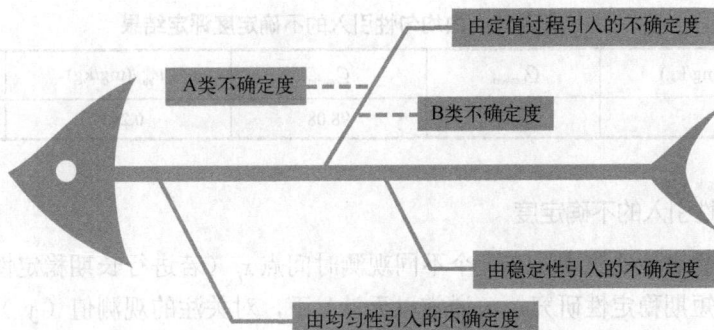

图 2-5　标准物质不确定评定模型

2.5.3.1　由均匀性引入的不确定度

由标准物质均匀性引起的不确定度主要来源于两方面：一是来源于标准物质的均匀程度，即主要由单元间均匀性所带来的不确定度（用 u_{bb} 表示），用单元间的标准偏差 S_{bb} 来衡量；二是均匀性评估所用检测方法精密度带来的不确定度（用 u_{bb}' 表示），即由检测方法重复性水平带来的不确定度，用检测方法的重复性标准偏差来衡量。当采用高精度仪器进行均匀性测试时，由于方法重现性好，且若经过评定证明均匀性良好，则 u_{bb}' 可以忽略。此时，认为标准物质由均匀性引起的不确定度主要由 u_{bb} 贡献，用单元间的标准偏差 S_{bb} 来衡量。

$$S_{bb} = \sqrt{\frac{Q_{between}/v_1 - Q_{within}/v_2}{n_0}}$$

（2-29）

$$n_0 = \frac{1}{m-1}\left[\sum_{i=1}^{m} n_i - \frac{\sum_{i=1}^{m} n_i^2}{\sum_{i=1}^{m} n_i}\right] \tag{2-30}$$

式中 $Q_{between}$——组间方差和，按公式（2-9）计算；

       Q_{within}——组内方差和，按公式（2-10）计算；

       v_1, v_2——自由度，分别按公式（2-12）、式（2-13）计算。

在本例中，采用 ICP-OES 方法进行标准物质均匀性评定，该方法重复性好，精密度高，具体测试数据如表 2-5 所示。且经 F 检验表明样品是均匀的，具体统计结果如表 2-6 所示，因此可以忽略 u'_{bb}。

本列中，$u_{bb} = S_{bb}$、$u_{rel}(bb) = \frac{u_{bb}}{\bar{\bar{x}}} \times 100\%$、组间数 $m=15$、组内重复测试次数 $n_i =5$、$n_0 =5$，由表 2-6 中 F 检验均匀性统计结果可知，均匀性测试的总体平均值 $\bar{x} = 399.29$mg / kg、$Q_{between} =$ 27.04、$Q_{within} =98.08$，自由度 $v_1 =14$、$v_2 =60$。

因此，$u_{bb} = S_{bb} = \sqrt{\dfrac{Q_{between} / v_1 - Q_{within} / v_2}{n_0}} = \sqrt{\dfrac{27.04 / 14 - 98.08 / 60}{5}} = 0.2437$(mg / kg)

相对标准不确定度 $u_{rel}(bb) = \dfrac{u_{bb}}{\bar{x}} \times 100\% = \dfrac{0.2437}{399.29} \times 100\% = 0.06104\%$，具体结果如表 2-15 所示。

表 2-15 由均匀性引入的不确定度评定结果

总体平均值 $\bar{x}$ /(mg/kg)	$Q_{between}$	Q_{within}	u_{bb} /(mg/kg)	$u_{rel}(bb)$ /%
399.29	27.04	98.08	0.2437	0.06104

2.5.3.2 由稳定性引入的不确定度

在标准物质稳定性研究中，在几个不同观测时间点 x_i（若进行长期稳定性研究，x_i 通常以月计；若进行短期稳定性研究，x_i 通常以天计）下，对关注的观测值（y_i）进行检测，得到 n 对观测值（x_i, y_i）。通过线性最小二乘法，分别根据公式（2-31）~式（2-34）计算斜率（β_1）、截距（β_0）、直线上每点残差的标准偏差 S 及斜率标准偏差 $S(\beta_1)$。

$$\beta_1 = \frac{\sum_{i=1}^{n} (x_i - \bar{x})(y_i - \bar{y})}{\sum_{i=1}^{n} (x_i - \bar{x})^2} \tag{2-31}$$

$$\beta_0 = \bar{y} - \beta_1 \bar{x} \tag{2-32}$$

$$S = \sqrt{\frac{\sum_{i=1}^{n} (y_i - \beta_0 - \beta_1 x_i)^2}{n-2}} \tag{2-33}$$

$$S(\beta_1) = \frac{S}{\sqrt{\sum_{i=1}^{n} (x_i - \bar{x})^2}} \tag{2-34}$$

式中　　x_i——第 i 个观测时间点（长期稳定性时间点以月计，短期稳定性时间按天计）；

　　　　$\bar{x}$——所有观测时间点的平均值（长期稳定性时间点以月计，短期稳定性时间按天计）；

　　　　y_i——第 i 个观测时间点测得的观测值；

　　　　$\bar{y}$——所有观测值的平均值；

　　　　β_1——斜率；

　　　　β_0——截距；

　　　　S——直线上每点残差的标准偏差；

　　$S(\beta_1)$——斜率标准偏差。

当 $|\beta_1| < t_{(\alpha, n-2)} \times S(\beta_1)$ 时，表明斜率 β_1 不显著，标准物质没有观察到不稳定性，$t_{(\alpha, n-2)}$ 可从附录表 A-4 查得。此时，由标准物质稳定性带来的标准不确定度 u_s、相对标准不确定度 $u_{rel}(s)$ 可分别通过公式（2-35）、式（2-36）进行计算：

$$u_s = t_s \times S(\beta_1) \tag{2-35}$$

$$u_{rel}(s) = \frac{u_s}{\bar{y}} \times 100\% \tag{2-36}$$

式中　　t_s——稳定性时间，长期稳定性时间按月计，短期稳定性时间按天计算；

　　　　$\bar{y}$——所有观测值的平均值。

本例标准物质在 36 个月内，在 10 个观测时间点内进行稳定性测试，共有 10 组观测值（x_i, y_i）。由表 2-8 标准物质稳定性 t 检验统计结果可知，标准物质在 36 个月时间内（t_s=36），所有的 t 值均小于 t_α 值，标准物质是稳定的。本例 n=10，当 α=0.05 时，查附录表 A-4 得，得 $t_{(\alpha, n-2)} = t_{(0.05, 8)} = 2.31$。

通过公式（2-31）～式（2-34），计算得到 β_1=0.0384、β_0=398.81、$S(\beta_1)$=0.0169。

$t_{(\alpha, n-2)} \times S(\beta_1) = 2.31 \times 0.0169 = 0.0390 > |\beta_1| = 0.0384$，表明斜率不显著，没有观察到不稳定性。

根据公式（2-35），$u_s = t_s \times S(\beta_1) = 36 \times 0.0169 = 0.6084 (mg/kg)$。

由表 2-8 稳定性统计结果分析可知，$\bar{y} = 399.25 mg/kg$，则有：

$u_{rel}(s) = \frac{u_s}{\bar{y}} \times 100\% = \frac{0.6084}{399.25} \times 100\% = 0.1524\%$，具体结果如表 2-16 所示。

表 2-16　由稳定性引入的不确定度评定结果

$\bar{y}$/(mg/kg)	β_1	β_0	$S(\beta_1)$	$t_{(\alpha, n-2)} \times S(\beta_1)$	u_s/(mg/kg)	$u_{rel}(s)$/%
399.25	0.0384	398.81	0.0169	0.0390	0.6084	0.1524

2.5.3.3　由定值过程引入的相对标准不确定度

由定值过程引入的相对标准不确定度 $u_{rel}(char)$ 为 A 类相对标准不确定度 $u_{rel}(A)$ 和 B 类相对标准不确定度 $u_{rel}(B)$ 的合成。

1. A 类相对标准不确定度 $u_{rel}(A)$ 的评定

本例标准物质通过 10 家实验室联合定值方法进行定值，其具体定值结果如表 2-9 所示。如前面例子所述，数据经过了格拉布斯组内与组间可疑值检验、柯克伦等精度及偏态系数和峰态系数正态分布检验，表明参与定值的 10 家实验室所有数据不存在可疑值且是等精度的，均被采纳用于标准物质定值。因此，本例标准物质的特性值是 10 家实验室各自重复测试结果平均值的均值，即其标准值为总体平均值（$\bar{\bar{x}}$）。本例的 A 类不确定度为定值数值的标准不确定度，记为 $u(A)$。定值数值的标准不确定度 $u(A)$ 及相对标准不确定度 $u_{rel}(A)$ 分别通过公式（2-37）、式（2-39）进行计算：

$$u(A) = \frac{S_{\bar{x}}}{\sqrt{m}} \quad (2\text{-}37)$$

$$S_{\bar{x}} = \sqrt{\frac{\sum_{i=1}^{m}(\bar{x}_i - \bar{\bar{x}})^2}{m-1}} \quad (2\text{-}38)$$

$$u_{rel}(A) = \frac{u(A)}{\bar{\bar{x}}} \times 100\% \quad (2\text{-}39)$$

式中　$S_{\bar{x}}$ —— m 家实验室独立复测结果的平均值的标准偏差；

　　　m —— 数据被采纳用于定值的实验室数目；

　　　$\bar{x}_i$ —— 第 i 家实验室多次重复测试结果的平均值；

　　　$\bar{\bar{x}}$ —— m 家实验室多次重复测试结果的总体平均值。

本例 m=10，由表 2-11 的统计分析数据结果可知，总体平均值 $\bar{\bar{x}}$=402.43mg/kg；平均值标准 $S_{\bar{x}}$=1.65mg/kg，分别根据公式（2-37）、式（2-39）计算，得到 $u(A)$ 和 $u_{rel}(A)$，具体结果如表 2-17 所示。

$$u(A) = \frac{S_{\bar{x}}}{\sqrt{m}} = \frac{1.65}{\sqrt{10}} = 0.5218(mg/kg)$$

$$u_{rel}(A) = \frac{u(A)}{\bar{\bar{x}}} \times 100\% = \frac{0.5218}{402.43} \times 100\% = 0.1297\%$$

表 2-17　由定值数值（A 类不确定度）引入的不确定度评定结果

总体平均值 $\bar{\bar{x}}$ /(mg/kg)	平均值标准偏差 $S_{\bar{x}}$ /(mg/kg)	$u(A)$ /(mg/kg)	$u_{rel}(A)$ /%
402.43	1.65	0.5218	0.1297

2. B 类相对标准不确定度 $u_{rel}(B)$ 的评定

定值过程 B 类不确定度的主要来源有：①Ag 标准溶液（母液）本身的不确定度；②标准溶液配制引起的不确定度，包含容量瓶与移液管稀释引起的不确定度及温度偏差引起的不确定度；③标准工作曲线拟合带来的不确定度。

配制浓度 0.2μg/mL、0.4μg/mL、1.0μg/mL、2.0μg/mL、5.0μg/mL 的系列 Ag 标准工作溶液，用于建立标准工作曲线，标准工作溶液的配制方法如下：

① 100μg/mL Ag 标准储备溶液的配制：用 10mL 单标线移液管移取 1000μg/mL 的 Ag 标准溶液（母液），用容量瓶定容至 100mL，得到 100μg/mL 标准储备溶液。

② 系列 Ag 标准工作溶液的配制：

—— 0.2μg/mL 标准工作溶液的配制。用 1mL 单标线移液管移取 100μg/mL 的 Ag 标准储备溶液，用容量瓶定容至 500mL，得到 0.2μg/mL 标准工作溶液。

—— 0.4μg/mL 标准工作溶液的配制。用 2mL 单标线移液管移取 100μg/mL 的 Ag 标准储备溶液，用容量瓶定容至 500mL，得到 0.4μg/mL 标准工作溶液。

——1.0μg/mL 标准工作溶液的配制。用 1mL 单标线移液管移取 100μg/mL 的 Ag 标准储备溶液，用容量瓶定容至 100mL，得到 1μg/mL 标准工作溶液。

——2.0μg/mL 标准工作溶液的配制。用 2mL 单标线移液管移取 100μg/mL 的 Ag 标准储备溶液，用容量瓶定容至 100mL，得到 2.0μg/mL 标准工作溶液。

——5.0μg/mL 标准工作溶液的配制。用 5mL 单标线移液管移取 100μg/mL 的 Ag 标准储备溶液，用容量瓶定容至 100mL，得到 5.0μg/mL 标准工作溶液。

Ag 标准溶液配制过程用到的容量瓶及单标线移液管规格如表 2-18 所示。

表 2-18　Ag 标准溶液配制过程使用的容量瓶及单标线移液管规格

Ag 标准溶液	浓度/(μg/mL)	容量瓶规格/mL	单标线移液管规格/mL
标准储备溶液	100	100	10
标准工作溶液	0.2	500	1
	0.4	500	2
	1	100	1
	2	100	2
	5	100	5

（1）由标准溶液（母液）引起的相对标准不确定度 $u_{rel}(C_0)$　10 家定值机构所使用的 Ag 标准溶液（母液），其证书上给出的标准值均为 1000μg/mL，在扩展因子 $k=2$ 时的扩展不确定度 $U(C_0)$ 为 4μg/mL。则由标准溶液（母液）引起的相对标准不确定度 $u_{rel}(C_0)$ 通过公式（2-40）进行计算：

$$u_{rel}(C_0) = \frac{U(C_0)}{k \cdot C_0} \times 100\% \tag{2-40}$$

本例中，由 Ag 标准溶液（母液）引起的相对标准不确定度：

$$u_{rel}(C_0) = \frac{U(C_0)}{k \cdot C_0} \times 100\% = \frac{4}{2 \times 1000} \times 100\% = 0.2000\%$$

（2）由标准溶液稀释过程引入的相对标准不确定度 $u_{rel}(V)$　以浓度为 0、0.2μg/mL、0.4μg/mL、1.0μg/mL、2.0μg/mL、5.0μg/mL 的 Ag 标准工作溶液建立标准工作曲线，由标准储备溶液和标准工作溶液的配制方法可知，标准溶液的配制过程需要用到 500mL、100mL 容量瓶及 10mL、5mL、2mL 和 1mL 单标线移液管等量器（如表 2-18 所示）。从这些量器的校准证书得到对应的扩展不确定度 $U_i(V)$，具体结果见表 2-19。由标准溶液稀释过程引入的相对标准不确定度 $u_{rel}(V)$ 主要由量器稀释引入的相对标准不确定度 $u_{1rel}(V)$ 及温度变化引入的相对标准不确定度 $u_{2rel}(V)$ 两部分分量组成。

① 由稀释引入的相对标准不确定度 $u_{1rel}(V)$。由稀释引入的相对标准不确定度 $u_{1rel}(V)$ 为所用到的各个量器因稀释产生的相对标准不确定度的合成，可通过公式（2-41）进行计算：

$$u_{1rel}(V) = \sqrt{\sum_{i=1}^{n} u_{1irel}^2(V)} \tag{2-41}$$

$$u_{1irel}(V) = \frac{U_i(V)}{kV_i} \times 100\% \qquad (2\text{-}42)$$

式中　$u_{1irel}(V)$——所用的各个量器的相对标准不确定度；

　　　$U_i(V)$——各个量器的扩展不确定度；

　　　k——量器 $U_i(V)$ 对应的扩展因子；

　　　V_i——各个量器对应的体积。

以 500mL 容量瓶为例，由稀释带来的相对标准不确定度 $u_{1irel}(V)$ 为：

$$u_{1irel}(V) = \frac{U_i(V)}{kV_i} \times 100\% = \frac{0.10}{2 \times 500} \times 100\% = 0.010\%$$

同理，得到其他容量瓶和单标线移液管的 $u_{1irel}(V)$，具体结果如表 2-19 所示。对所得的 6 个 $u_{1irel}(V)$ 进行合成，得到 $u_{1rel}(V)$：

$$u_{1rel}(V) = \sqrt{\sum_{i=1}^{n} u_{1irel}^2(V)}$$

$$= \sqrt{0.010^2 + 0.025^2 + 0.050^2 + 0.080^2 + 0.20^2 + 0.40^2} = 0.4579\%$$

② 由温度变化引入的相对标准不确定度 $u_{2rel}(V)$。容量瓶和单标线移液管通常在 20℃下进行校准，而配制标准溶液时的温度范围为 (20 ± 5)℃，已知水的膨胀系数为 0.00025℃$^{-1}$，各个容量瓶或单标线移液管因温度变化引起的体积变化 ΔV_i = 水的膨胀系数×温度差×容量瓶或移液管体积。假设其为矩形分布（扩展因子 $k = \sqrt{3}$），各个量器由温度变化引起的相对标准不确定度 $u_{2irel}(V)$ 按公式（2-43）进行计算。由温度变化引起的相对标准不确定度 $u_{2rel}(V)$ 为所用到的各个量器因温度变化产生的相对标准不确定度 $u_{2irel}(V)$ 的合成，依据公式（2-44）进行计算。

$$u_{2irel}(V) = \frac{\Delta V_i}{\sqrt{3} \cdot V_i} \times 100\% \qquad (2\text{-}43)$$

$$u_{2rel}(V) = \sqrt{\sum_{i=1}^{n} u_{2irel}^2(V)} \qquad (2\text{-}44)$$

式中　$u_{2irel}(V)$——所用的每个量器由温度变化引入的相对标准不确定度；

　　　ΔV_i——所用的每个量器由温度变化引起的体积变化；

　　　V_i——各个量器对应的体积。

以 500mL 容量瓶为例：

其由温度引入的体积变化 ΔV_i = 0.00025℃$^{-1}$ × 5℃ × 500mL = 0.625mL。

其 $u_{2irel}(V)$ 为：$u_{2irel}(V) = \dfrac{\Delta V_i}{\sqrt{3} \cdot V_i} \times 100\% = \dfrac{0.625}{\sqrt{3} \times 500} \times 100\% = 0.0722\%$。

同理，得到其他量器的 $u_{2irel}(V)$，具体结果如表 2-19 所示。

对 6 个 $u_{2irel}(V)$ 进行合成，得到合成标准不确定度 $u_{2rel}(V)$：

$$u_{2rel}(V) = \sqrt{\sum_{i=1}^{n} u_{2irel}^2(V)} = \sqrt{6 \times 0.0722^2} = 0.1769\% 。$$

③ 由标准溶液稀释过程引入的相对标准不确定度 $u_{rel}(V)$ 的计算。标准溶液稀释过程引

入的相对标准不确定度 $u_{rel}(V)$ 为由稀释引入的相对标准不确定度 $u_{1rel}(V)$ 及由温度变化引入的相对标准不确定度 $u_{2rel}(V)$ 的合成，即：

$$u_{rel}(V) = \sqrt{[u_{1rel}(V)]^2 + [u_{2rel}(V)]^2} = \sqrt{0.4579^2 + 0.1769^2} = 0.4909\%$$，具体结果如表 2-20 所示。

表 2-19　由稀释和温度变化引入的相对标准不确定度 $u_{1rel}(V)$ 和 $u_{2rel}(V)$ 结果

容器名称	规格 V_i /mL	$U_i(V)$ （$k=2$）/mL	ΔV_i /mL	$u_{1rel}(V)$ /%	$u_{2rel}(V)$ /%
容量瓶	500	0.10	0.625	0.010	0.0722
容量瓶	100	0.05	0.125	0.025	0.0722
单标线移液管	10	0.010	0.0125	0.050	0.0722
单标线移液管	5	0.008	0.00625	0.080	0.0722
单标线移液管	2	0.008	0.0025	0.20	0.0722
单标线移液管	1	0.008	0.00125	0.40	0.0722

表 2-20　由标准溶液稀释过程引入的相对标准不确定度 $u_{rel}(V)$ 结果

$u_{1rel}(V)$ /%	$u_{2rel}(V)$ /%	$u_{rel}(V)$ /%
0.4579	0.1769	0.4909

（3）由标准工作曲线线性拟合引入的相对标准不确定度 $u_{rel}(C)$　采用系列已知浓度为 C_i 的标准溶液建立标准工作曲线，分别对每个浓度 C_i 进行 p 次测量，相应得到 n 组仪器响应值 A_i，通过最小二乘法进行线性回归，求得的一元线性回归方程为 $A = aC + b$，其中 A 为仪器响应值，a 为一元线性回归方程的斜率，C 为待测溶液的浓度，b 为一元线性回归方程的截距。

通过 $A = aC + b$ 拟合方程计算待测溶液浓度引入的标准不确定度 $u(C)$，可通过公式（2-45）进行计算：

$$u(C) = \frac{S}{a}\sqrt{\frac{1}{n} + \frac{1}{p} + \frac{(C - \bar{C})^2}{S_{xx}}} \tag{2-45}$$

$$S = \sqrt{\frac{\sum_{i=1}^{n}[A_i - (b + aC_i)]^2}{n-2}} \tag{2-46}$$

$$S_{xx} = \sum_{i=1}^{n}(C_i - \bar{C})^2 \tag{2-47}$$

式中　$u(C)$——待测溶液浓度为 C 时的标准不确定度；

　　　　n——建立标准曲线的系列不同浓度标准溶液的个数；

　　　　p——每个标准溶液重复测试次数；

　　　　C——回归曲线上各点的浓度，即待测溶液的浓度；

　　　　$\bar{C}$——建立标准曲线的系列标准溶液的浓度平均值。

　　　　C_i——第 i 个标准溶液的浓度；

　　　　A_i——第 i 个标准溶液的仪器响应值；

a —— 回归标准工作曲线线性方程的斜率；

b —— 回归标准工作曲线线性方程的截距。

为了简化计算量，可以通过 Excel 中的 LINEST 函数或"数据分析"中的"回归"工具进行计算，详见参考文献[46]。

本例通过 Excel 中的 LINEST 函数计算由标准曲线拟合引入的标准不确定度 $u(C)$。

标准工作曲线中 6 个标准溶液的浓度分别为：0、0.2μg/mL、0.4μg/mL、1.0μg/mL、2.0μg/mL、5.0μg/mL，每个浓度测量一次，因此，$n=6$，$p=1$。

通过 LINEST 函数得到：斜率 $a=69765.6175$、截距 $b=444.8729$、$S=392.9710$、$\overline{C}=1.4333$μg/mL、$S_{xx}=17.8733$；一元线性回归方程为：$A=69765.6175C+444.8729$，线性相关系数 $R^2=0.99999$。

本例 $p=1$，待测标准物质的浓度 C 在建立标准工作曲线后，通过仪器响应值获得，一般由仪器自动产生，设此时求得的待测物浓度为 2.0016μg/mL。

$$u(C)=\frac{S}{a}\sqrt{\frac{1}{n}+\frac{1}{p}+\frac{(C-\overline{C})^2}{S_{xx}}}=\frac{392.9710}{69765.6175}\sqrt{\frac{1}{6}+\frac{1}{1}+\frac{(2.0016-1.4333)^2}{17.8733}}=0.006131(\mu g/mL)$$

$$u_{rel}(C)=\frac{u(C)}{C}=\frac{0.006131}{2.0016}\times100\%=0.3064\%$$

具体结果如表 2-21 所示。

表 2-21　由标准工作曲线线性拟合引入的相对标准不确定度 $u_{rel}(C)$ 结果

斜率 a	截距 b	S	$\overline{C}$ /(μg/mL)	C/(μg/mL)	S_{xx}	$u(C)$ /(μg/mL)	$u_{rel}(C)$ / %
69765.6175	444.8729	392.9710	1.4333	2.0016	17.8733	0.006131	0.3064

（4）B 类相对标准不确定度 $u_{rel}(B)$ 的计算　定值过程 B 类相对标准不确定度为由标准溶液（母液）引起的相对标准不确定度 $u_{rel}(C_0)$、由标准溶液稀释过程引入的相对标准不确定度 $u_{rel}(V)$ 及由标准工作曲线线性拟合引入的相对标准不确定度 $u_{rel}(C)$ 的合成，即：

$$u_{rel}(B)=\sqrt{u_{rel}^2(C_0)+u_{rel}^2(V)+u_{rel}^2(C)}\times100\%=\sqrt{0.2000^2+0.4909^2+0.3064^2}\times100\%=0.6123\%$$

具体结果如表 2-22 所示。

表 2-22　定值过程 B 类相对标准不确定度 $u_{rel}(B)$ 的评定结果

$u_{rel}(C_0)$ / %	$u_{rel}(V)$ / %	$u_{rel}(C)$ / %	$u_{rel}(B)$ / %
0.2000	0.4909	0.3064	0.6123

3. 由定值过程引入的相对标准不确定度 $u_{rel}(char)$ 的计算

由定值过程引入的相对标准不确定度 $u_{rel}(char)$ 通过 A 类相对标准不确定度 $u_{rel}(A)$ 和 B 类相对标准不确定度 $u_{rel}(B)$ 合成得到，即：

$$u_{rel}(char)=\sqrt{u_{rel}^2(A)+u_{rel}^2(B)}\times100\%=\sqrt{0.1297^2+0.6123^2}\times100\%=0.6259\%$$

由前面分析可知，10 家单位联合定值结果的总体平均值 $\overline{x}$ 为 402.43mg/kg，因此，由定值过程引入的标准不确定度 $u(char)$ 为：

$u(char)=\overline{\overline{x}}\cdot u_{rel}(char)=402.43\times0.6259\%=2.52(mg/kg)$，具体结果如表 2-23 所示。

表 2-23　定值过程引入的标准不确定度 u(char)结果

总体平均值 $\overline{\overline{x}}$/(mg/kg)	u_{rel}(A) / %	u_{rel}(B) / %	u_{rel}(char) / %	u(char) / (mg / kg)
402.43	0.1297	0.6123	0.6259	2.52

2.5.3.4　标准物质标准值的扩展不确定度 U_{CRM}

由前面 Ag 含量定值结果数据分析可知，定值结果的总体平均值可以作为本例 Ag 含量的标准值。本例标准物质 Ag 含量标准值的相对标准不确定度 u_{rel}(CRM)包括由均匀性引入的相对标准不确定度 u_{rel}(bb)、由稳定性引入的相对标准不确定度 u_{rel}(s)、由定值过程引入的相对标准不确定度 u_{rel}(char)，即：

$$u_{rel}(CRM) = \sqrt{u_{rel}^2(bb) + u_{rel}^2(s) + u_{rel}^2(char)} \times 100\%$$
$$= \sqrt{(0.06104)^2 + (0.1524)^2 + (0.6259)^2} \times 100\% = 0.6471\%$$

因此，本例标准物质 Ag 含量标准值的标准不确定度 u(CRM) 为 u_{rel}(CRM)与定值结果总体平均值 $\overline{\overline{x}}$ 的乘积：

$$u(CRM) = \overline{\overline{x}} \times u_{rel}(CRM) = 402.43 \times 0.6471\% = 2.61(mg / kg)。$$

标准物质标准值扩展不确定度 U_{CRM} 为 u(CRM) 与扩展因子 k 的乘积。

由表 2-13 正态分布数据统计结果可知，10 家定值机构的所有数据符合正态分布，在 95% 的置信概率下，$k=2$，因此，标准物质 Ag 含量标准值的扩展不确定度 U_{CRM} 为：

$$U_{CRM} = k \times u(CRM) = 2 \times 2.61 = 5.22 \rightarrow 5.3(mg / kg)。$$

具体统计结果如表 2-24 所示。

表 2-24　Ag 标准物质中各相对标准不确定度分量与标准值扩展不确定度的评定结果

$\overline{\overline{x}}$ /(mg/kg)	u_{rel}(bb)/%	u_{rel}(s)/%	u_{rel}(char)/%	u_{rel}(CRM)/%	u(CRM)/(mg/kg)	$U_{CRM}(k=2)$ /(mg/kg)
402.43	0.06104	0.1524	0.6259	0.6471	2.61	5.3

2.5.3.5　标准物质标准值的结果表示

当置信概率为 95%，$k=2$ 时，标准物质 Ag 的 $U_{CRM}(k=2)$=5.3mg/kg，由于不确定度的有效数字位数通常取 1 位有效数字，最多取 2 位有效数字。标准值小数点后位数应与 U_{CRM} 的小数点位数齐平，因此，Ag 标准值的结果表示如下：

（1）当 $U_{CRM}(k=2)$保留 2 位有效数字时：

$U_{CRM}(k=2)$=5.3mg/kg，为 2 位有效数字。此时，Ag 标准值 402.43mg/kg 应保留至小数点后 1 位，修约至 402.4mg/kg。Ag 标准值的结果表示为：(402.4 ± 5.3)mg/kg。

（2）当 $U_{CRM}(k=2)$保留 1 位有效数字时：

$U_{CRM}(k=2)$=5.3mg/kg，根据不确定度只进不舍的原则修约至 1 位有效数字，此时，$U_{CRM}(k=2)$=6mg/kg。Ag 标准值 402.43mg/kg 应保留到个位，修约值为 402mg/kg。Ag 标准值的结果表示为：(402 ± 6)mg/kg。

第3章
实验室4M1E要素管理

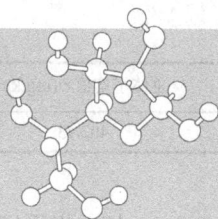

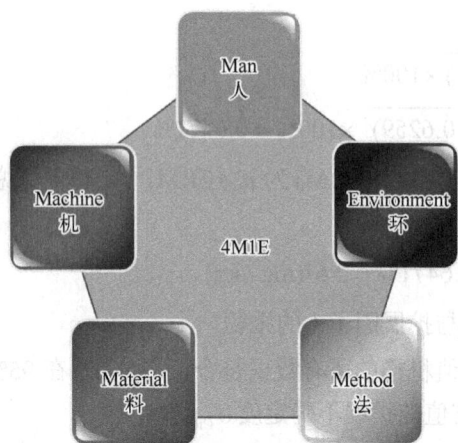

图3-1 4M1E要素示意图

高校实验室管理通常涉及"人、机、料、法、环"等五要素，又称4M1E要素，其中，"人"指的是实验室人员；"机"是指实验用到的各种设备、工具和配件；"料"是指实验用到的水、试剂和耗材；"法"是指实验涉及的科学研究与分析方法；"环"是指实验室环境，具体如图3-1所示。

中华人民共和国国家标准 GB/T 27025—2019《检测和校准实验室能力的通用要求》及中国合格评定国家认可委员会文件 CNAS-CL01:2018《检测和校准实验室能力认可准则》和CNAS-CL01-A002:2020《检测和校准实验室能力认可准则在化学检测领域的应用说明》对检测和校准实验室的认可能力提出了明确的要求，在检测和校准实验室的规范管理及确保分析结果有效性方面发挥了重要作用。

本章结合高校实验室的特点与实际情况，借鉴检测和校准实验室能力认可要求、管理方法与成功经验，从4M1E要素讨论高校实验室规范管理的要求与方法，为如何开展实验室管理、提高实验室管理水平、确保实验数据结果准确可靠、系统分析可疑或错误数据产生原因及找到有效解决办法、提升实验室人员的综合素养等方面提供借鉴和参考。

3.1 "人"要素管理

"人"是实验室管理中最重要的要素，是4M1E要素的中心。在高校化学实验室从事科研和分析工作的相关人员需满足以下要求：

（1）应接受过包括有关化学安全和防护、救护知识及与科研、分析、测试相关的知识和专业技能培训（如制备方法、分析方法、质量管理与控制方法等），并保留相关记录。

（2）对于操作复杂或危险仪器设备（如透射电子显微镜、扫描电子显微镜、X射线衍射仪、X射线光电子能谱、高分辨质谱、高压反应釜等）的人员还应通过专门培训使其掌握设备原理、操作与维护保养等相关专业知识。

（3）熟悉有关制备、分析或检测的标准、方法及程序，能对科研和分析相关结果做出正确的评价。

（4）化学分析关键技术人员还应掌握测量不确定度的相关知识与评定方法，同时能正确评定相关项目的测量不确定度。

3.2　"机"要素管理

"机"是指科研和分析中用到的制备和分析设备，包括玻璃量器，如移液管、容量瓶等，通常简称为设备，其质量与性能是否有效可控，对数据将产生重大的影响。本节在参考中国合格评定国家认可委员会文件《测量设备期间核查的方法指南》（CNAS-GL042：2019）及国家标准《合格评定　测量设备期间核查的方法指南》（GB/T 27431—2023）等资料的基础上，结合一些实例，简要介绍高校实验室"机"要素的管理要求与方法。

3.2.1　实验设备分类与管理总体要求

实验设备包括测量仪器、玻璃量器（如容量瓶、移液管、单标吸管、量筒、毛细管、黏度计等）、移液枪、温度计、烘箱等。实验室设备按照功能或计量特性的不同要求，通常可分为 A 类设备、B 类设备和 C 类设备。

A 类设备：此类设备的计量特性会对测量结果的有效性产生较大的影响，主要包括：①用于直接获得测量结果的设备，如用于质量测量的电子天平、用于体积测量的移液管和移液枪等；②用于修正测量结果的设备，如热电偶等；③用于通过多个量计算获得间接测量结果的设备，比如色谱仪、光谱仪等。色谱仪实际测量的是峰面积，通过计算间接测量浓度；光谱仪实际测量的是强度，而最终输出的是浓度结果。为验证设备的计量特性是否符合方法要求，此类设备在投入使用前需要进行校准（按照 3.2.4 部分进行），通常还需要在相邻两次校准之间进行期间核查（按照 3.2.5 部分进行）。

B 类设备：此类设备在测量过程中通常起辅助作用，其计量特性对测量结果有效性的影响相对较小，即由该类设备引起的测量不确定度分量较小（通常小于 10%），在检测/校准方法中通常有明确量值要求，如计时器、温（湿）度计等。与 A 类设备相比，B 类设备的计量特性是否符合方法要求的评估相对简单，在设备投入使用前，通常采用核查方式对其计量特性进行核查，评估是否符合方法要求。通常在使用过程中也需要采用相同的方法对其计量特性进行期间核查。在条件允许时，B 类设备也可采用与 A 类设备相同的方法对其计量特性进行管理（校准+期间核查）。

C 类设备：此类设备功能的正常性影响测量结果有效性，但检测/校准方法对其无量值要求，如旋转蒸发仪、氮吹仪、烘箱等。在设备投入使用前，需要对其功能是否符合方法要求进行核查。通常在使用过程中还需要对其功能性进行期间核查，核查方法与投入使用前的方法相同。

实验室应按规定的流程开展设备采购与验收工作，在设备投入使用或重新投入使用前，应对设备的计量特性或功能，通过校准或核查的方式进行符合性验证，确保其达到方法所需的要求。其中，玻璃量器由于使用数量比较大，通常可以在采购时向供货方提出明确质量要求和验收方法，并按一定的比例（如≥20%）抽样验收，抽样数通常≥10 件，对于数量＜10 件的需要全部进行验收。验收方法可参照国家计量技术规范 JJG 196—2006《常用玻璃量器检定规程》中的方法进行，若发现有不合格品，通常整批退货。用于标准溶液标定等要求较高的玻璃量器还需要进行校准。

实验室还应制定相应设备使用、维护保养程序和切实可行措施，确保设备功能或计量特性正常，并防止其性能退化、污染或被意外调整而导致科研或分析结果无效。

实验室设备分类与管理要求如图 3-2 所示，其中，对于 B 类设备，在条件允许的情况下，也可采用与 A 类设备相同的方法进行管理。

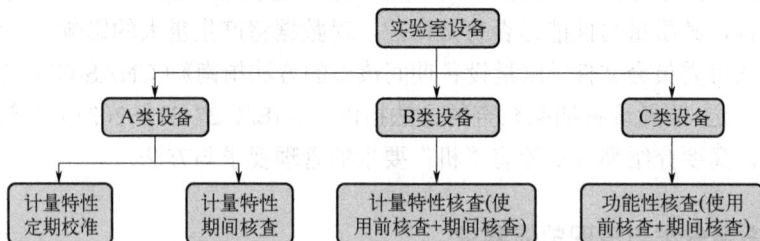

图 3-2　实验室设备分类与管理总体要求

3.2.2　建档管理

实验室应按本单位设定的程序对每台设备（包括玻璃量器）建立设备档案，并保留设备使用记录。记录可包括但不限于以下内容：

① 设备名称与设备编号；
② 设备购买日期、制造商名称、型号；
③ 设备与配件清单、设备采购与使用资料（如采购合同、设备说明书、光盘等）；
④ 设备验收标准和验收资料；
⑤ 设备校准结果、校准日期、校准周期等；
⑥ 与设备性能相关的维护保养计划及执行记录；
⑦ 设备历次发生故障、损坏的具体情况与原因及其维修方案与维修结果；
⑧ 设备改装、升级的说明和使用效果等；
⑨ 设备负责人及设备、配件、相关资料等的存放位置。

3.2.3　标识管理

每台设备需要加贴标识，包括设备名称与设备编号、负责人等信息，如果是需要校准的设备，还应包含校准结果、校准证书编号、校准日期、校准有效期等信息，让设备使用人和实验室管理者方便识别校准状态和下次校准日期。其中，对于玻璃量器，由于在使用过程中需要经常洗涤，通常分类管理。同类量器标识只贴其中一个，其他则不加贴标识。

为了方便管理和识别，常用的设备标识主要有三种："合格"标识，通常用绿色标签；"准用"标识，通常用黄色标签；"停用"标识，通常用红色标签。

"合格"标识。适用于以下两种情况：①设备的校准结果同时符合某准确度等级及所开展项目的检测/校准方法的要求；②经核查，其计量特性或功能满足实验要求的设备。

"准用"标识。适用于以下两种情况：①设备校准结果（含不确定度）仅符合部分使用条件的要求，需要限制或降级使用，如某一量程的准确度不合格，但检测工作所用量程的准确度满足使用要求的设备；②多功能设备，仅就所用功能或能正常工作的功能（其中某些功能已经丧失）进行了校准，且校准结果（含不确定度）符合使用要求的设备。

"停用"标识。清晰表明该设备已停用，以防误用，适用于以下几种情况：①设备校准结果不符合所开展项目的检测/校准方法的要求，即使符合某准确度等级要求；②已超过校准周期的设备；③性能损害或维修中的设备；④显示有缺陷或超出规定要求、出现可疑结果或有处置不当的设备；⑤暂时不使用的设备。

图 3-3 给出了三种常用设备标识示例，实验室可根据设备具体情况使用并填写相应内容，若无校准信息内容，则可填写核查信息或不填写。实验室应根据设备的性能与状态及时更换设备标识。如校准不合格或损害的设备应立即停止使用，并加贴"停用"标识，以防误用；"停用"设备经过校准或核查表明该设备能正常工作，应将"停用"标识及时调整为"合格"标识或"准用"标识。

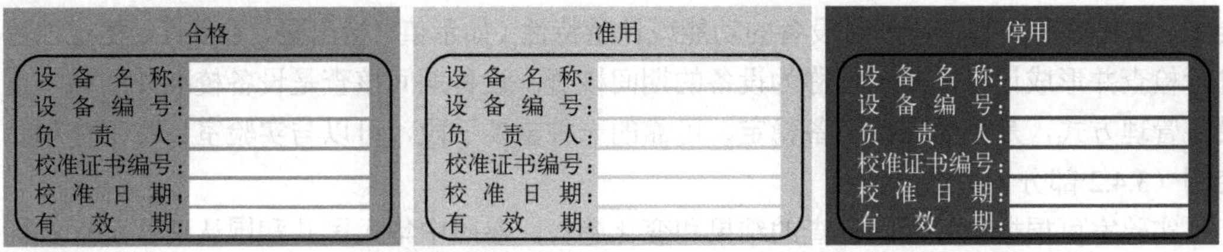

图 3-3　设备标识示例（另见文后彩图）

3.2.4　设备的校准

设备的校准是指有资质的设备校准机构受实验室委托对设备的特性值进行校准并出具校准证书或校准报告的过程。校准证书或校准报告通常包含校准结果及测量不确定度。A 类设备需要在投入使用前（或再次投入使用前）及使用过程中定期到具备认可校准能力的机构进行校准，确定其计量特性符合方法要求。B 类设备在条件允许的情况下，也可按 A 类设备进行校准，但不强做要求。对设备进行定期校准是设备管理的重要环节，在确保设备特性量值可靠性、建立量值溯源性等方面具有重要的作用。

3.2.4.1　设备校准方案

实验室应根据检测/校准方法要求、仪器的性能及运行状态、实际使用需求等制订设备校准方案。校准方案通常包含但不限于校准范围（校准点）、校准周期、准确度要求、校准方式（现场校准或送样校准）。实验室可根据校准结果、期间核查结果及设备实际运行情况，对已有校准方案进行评估并做出调整。

3.2.4.2　校准结果的确认和符合性判定

设备校准完成后，实验室应对设备校准证书的完整性和规范性进行确认，并参考国家计量技术规范 JJF 1094—2002《测量仪器特性评定》或中华人民共和国认证认可行业标准 RB/T 197—2015《检测和校准结果及与规范符合性的报告指南》中的方法对校准结果做出符合性判定：

——如果设备的校准结果同时满足所开展项目的检测或校准方法及某准确度等级的要求，则该设备校准合格，加贴"合格"标识。

——如果设备校准结果不满足所开展项目的检测或校准方法的要求，即使符合某准确度等级要求，该设备校准结果也不合格，应加贴"停用"标识；若降级使用，其性能经确认符合"降级"使用的要求，则可加贴"准用"设备标签，并在设备档案中做好记录。

——如果校准结果符合所开展项目的检测或校准方法的要求，但接近仪器最大允许误差或校准结果不符合某准确度等级要求，则该设备校准结果仍然合格，但需要关注此设备的运行情况。为了更好地区分，此时可加贴"准用"标识，并在设备档案中做好记录。

设备标识可参照图 3-3 示例进行。

3.2.5　设备的期间核查

如 3.2.4 部分所述，为了确保设备的可靠性，实验室通常会在使用前或使用过程中定期对设备进行校准。在下次校准前（相邻两次校准周期内）或在使用过程中，设备的性能及其状态有可能发生变化，进而影响检测结果准确度。为了维持设备的可信度，使其持续满足方法要求，实验室需要制订计划对设备的功能或计量特性（如示值、检出限、重复性、稳定性等）进行检查并形成记录，此过程称为设备的期间核查。设备期间核查是设备校准外的另一重要设备管理方式，是持续保持设备稳定、可靠的一种重要手段，可以与实验室日常工作和质量控制（3.4.2 部分）相结合。

实验室可根据设备期间核查的结果和变化趋势，参照中华人民共和国认证认可行业标准《测量设备校准周期的确定和调整方法指南》（RB/T 034—2020）调整设备的校准周期。

3.2.5.1　期间核查设备的选定原则

期间核查并不是要求所有设备均需要开展，通常重点核查以下设备：

① 重要或准确度要求高的关键设备；
② 使用频率高的设备；
③ 校准周期较长的设备；
④ 计量特性及其变化规律不清楚的新购设备；
⑤ 校准结果不稳定或接近最大允许误差的设备；
⑥ 使用年限长，临近折旧年限的设备；
⑦ 易受损或稳定性差的设备；
⑧ 对测量结果有重大影响（如测量结果不确定度贡献大）的设备；
⑨ 使用/储存环境条件（如温度、湿度、磁场、电场、振动等）发生较大变化的设备；
⑩ 离开实验室开展现场测试或返回实验室的设备；
⑪ 出现异常情况（如运行过程中突然断电、死机、错误操作、过载、发生碰撞、跌落、冲击等）的设备；
⑫ 对其性能产生怀疑的设备；
⑬ 经过拆装、维修或搬运的设备；
⑭ 检测/校准方法对核查有规定的设备。

3.2.5.2　设备期间核查方式

（1）定期核查
——对重要或准确度要求高、使用频率高、校准周期较长、计量特性及其变化规律不清楚的设备按照计划时间间隔进行定期核查。

　　——对测量结果不确定度贡献小、校准结果稳定、日常维护保养到位的设备，可适当降低核查频次。

　　——对于测量结果不确定度贡献大、校准结果不稳定或接近最大允许误差、使用年限长、临近折旧年限、易受损或稳定性差的设备，在条件允许的情况下应加大核查频次。

（2）不定期核查

　　——对测量结果有重大影响的设备，使用前应进行核查。

　　——储存/使用环境条件（如温度、湿度、磁场、电场、振动等条件）发生较大变化的设备，应在条件发生变化后及时核查。

　　——离开实验室开展现场试验的设备，试验前应进行核查。

　　——返回实验室的设备，应在返回后及时核查。

　　——运行过程中出现异常情况（如突然断电、碰撞、跌落、冲击、死机、错误操作、过载等情况）的设备，应及时核查。

　　——设备计量特性或功能出现可疑的设备，应及时核查。

　　——经过拆装、维修或搬运的设备，应及时核查。

　　——检测/校准方法对核查有规定的设备，按方法要求进行核查。

3.2.5.3　设备期间核查的类型与核查内容

　　根据设备期间核查内容的不同，设备期间核查主要包含以下两种类型：

　　① 计量特性期间核查，核查内容包括设备的示值误差、检出限、重复性、稳定性、灵敏度等。

　　② 功能性期间核查，核查内容包括设备的功能和运行状态。

　　设备期间核查的类型和主要核查内容如图 3-4 所示。

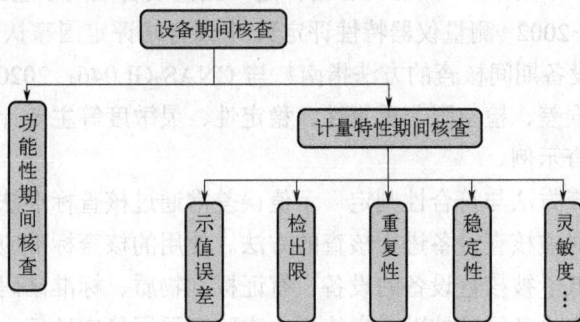

图 3-4　设备期间核查类型与主要核查内容

3.2.5.4　设备期间核查方法及符合性判定

1. 功能性期间核查

　　功能性期间核查的目的是验证被核查设备的功能是否符合检测/校准方法的要求。若所采用的检测或校准方法有明确规定核查方法，实验室应按照规定的方法进行核查；若检测或校准方法未规定，实验室可根据被核查设备的工作原理自行制订核查方法。检测或校准方法对被核查设备的功能要求作为核查结果的符合性判据。

　　【例 3-1】实验室依据国家标准 GB/T 22048—2022《玩具及儿童用品中特定邻苯二甲酸

酯增塑剂的测定》方法，采用"超声波萃取器"对玩具样品中特定邻苯二甲酸酯增塑剂进行萃取，然后采用气相色谱-质谱联用仪（GC-MS）进行测试。问如何证明实验室所用的超声波萃取器符合方法要求？

解：

采用超声波萃取器对玩具样品中特定邻苯二甲酸酯增塑剂进行萃取，超声波萃取器的功能（超声波的强度）对增塑剂的萃取效率有很大的影响。GB/T 22048—2022 附录 E 给出了超声波萃取器性能核查方法，通过铝箔的破洞率来衡量超声波的强度，破洞率越高，表示超声波强度越大。

GB/T 22048—2022 国家标准对超声波的功能要求：使用纯度不低于 85%、厚度为 (0.020 ± 0.001)mm、耐破度为 (185 ± 10)kPa 的铝箔进行实验，当铝箔破洞率＞67%时，认为超声波萃取器的功能符合要求。其计算方法为：将有效区域（离铝箔边缘 2.5～5cm 的区域为无效区域）划分为 5cm×5cm 的方块，如果每个方块内含有大于 5mm×5mm 的一个或多个洞时，则被认为此方块为有效破洞方块。破洞率 $=\dfrac{\text{有效破洞方块数目}}{\text{总方块数目}}\times100\%$ 。

根据标准要求，按以下实验步骤进行实验：①在超声波吊篮底部平铺一片符合标准要求的铝箔，用金属贴片压住铝箔边缘四个角，并抚平；②将吊篮挂在超声波萃取器中，吊篮下表面离水槽底部的距离为 3～5cm，往水槽注水直至完全浸没铝箔，超声 4min；③计算得到破洞率为 82%。

结论：实验得到的铝箔破洞率为 82%，符合标准＞67%的要求，因此，此超声波萃取器可用于邻苯二甲酸酯增塑剂的萃取。

2. 计量特性期间核查

参照国家标准 GB/T 27431—2023《合格评定　测量设备期间核查的方法指南》、国家计量技术规范 JJF 1094—2002《测量仪器特性评定》、中国合格评定国家认可委员会文件 CNAS-GL042：2019《测量设备期间核查的方法指南》与 CNAS-GL046：2020《化学检测仪器核查指南》等，给出示值误差、检出限、重复性、稳定性、灵敏度等主要计量特性的期间核查与符合性判定方法及核查示例。

（1）示值误差核查方法与符合性判定　示值误差常通过核查标准法进行核查。核查标准法是指应用核查标准对被核查设备进行核查的方法。使用的核查标准应具有良好的稳定性和重复性，可为性能不低于被核查设备的设备、有证标准物质、标准砝码、标准电阻等。

核查方法：被核查设备经过校准或定值后，实验室采用稳定性好、标准值或参考值为 x_s 的核查标准（如有证标准物质）对其进行定期核查。核查过程中通常选择使用频率最高的测量点或校准证书中误差最大的测量点作为被核查设备的核查点。在规定的条件下，第 i 次对核查点进行 n 次重复测量，通过公式（3-1）计算示值误差 δ_i：

$$\delta_i = \bar{x}_i - x_s \qquad (3\text{-}1)$$

式中　$\bar{x}_i$——第 i 次核查 n 次重复测量结果的平均值，可通过公式（2-1）进行计算；

　　　x_s——核查标准的标准值或参考值。

若核查标准的参考值 x_s 未知，则可通过以下方法获得：

为了将校准确定的量值赋予核查标准，在被核查设备经校准后返回实验室的当天（为尽可能减少设备性能的影响）对核查标准的核查点 x（从校准证书中获得）重复测量 n 次（通

常 $n \geqslant 10$）并计算其算术平均值 $\overline{x}_0$。此时，x_s 可用公式（3-2）进行计算：

$$x_s = \overline{x}_0 - e \text{ 或 } x_s = \overline{x}_0 + c \quad\quad (3\text{-}2)$$

式中　e——校准证书中获得被核查设备核查点 x 的示值误差；

　　　c——校准证书中获得被核查设备核查点 x 的修正值。

核查标准赋值后，在第 i 次对该设备进行核查时，将用公式（3-2）计算得到的 x_s 代入公式（3-1），则有：

$$\delta_i = \overline{x}_i - \overline{x}_0 + e \text{ 或 } \delta_i = \overline{x}_i - \overline{x}_0 - c \quad\quad (3\text{-}3)$$

符合性判定：期间核查结果通常用最大允许误差（MPE）作为判据，符合性判定如下：

——若核查结果的示值误差 $\delta_i \leqslant MPE$，则核查通过；

——若核查结果的示值误差 $\delta_i > MPE$，则核查不通过，该设备应停止使用，并加贴"停用"标识，并追溯该设备对前期测试结果的影响，必要时，需要再校准做进一步确认；

——若核查结果的示值误差 δ_i 接近 MPE，则应加大核查频次或进行再校准进一步验证设备性能。

若选用的核查点不是误差最大的核查点，在符合性判定时建议加严处理，如将最大允许误差定为原 MPE 的 90% 或 80%。

【例 3-2】　对电感耦合等离子体发射光谱（ICP-OES）的波长示值误差进行核查并进行符合性判定。

解：

核查方法如下：ICP-OES 仪器开机并进行基线扫描后，对浓度为 10.0mg/L 的 Se 标准溶液进样测试，测量 Se 峰值位置的示值波长，重复测量 3 次。Se 峰值位置的示值波长的 3 次测量值分别为 196.035nm、196.032nm、196.037nm。

查校准证书：Se 的示值波长最大允许误差 $MPE = \pm 0.05$nm。Se 峰的标准波长为 196.026nm。

3 次重复测量示值波长的平均值 $\overline{x}_i = \dfrac{196.035 + 196.032 + 196.037}{3} = 196.035(\text{nm})$

示值误差 $\delta_i = \overline{x}_i - x_s = 196.035 - 196.026 = 0.009(\text{nm}) < MPE = 0.05\text{nm}$。

因此，本次核查通过，该设备可以继续使用。

【例 3-3】　实验室有一台十万分之一的电子天平，其最大称量为 31/120g，实际分度值为 0.00001/0.0001g。设计方案对此天平的示值误差进行期间核查，并通过计算对核查结果进行符合性判定。

解：

此天平的最大称量为 31/120g，期间核查通常需要包含零点和最大称量点。查阅此天平最近一次校准证书，发现 50g 和 100g 的示值误差较大。因此，选定 0.01g（接近零点）、20g、30g（实验室没有配备 31g 砝码）、50g、100g 和 120g 等 6 个砝码作为核查标准。

核查方法如下：待电子天平开机稳定后进行核查。核查时，载荷从 0.01g 开始，加载从小到大往上加，直到天平的最大称量 120g，然后逐渐卸载，直到 0.01g 为止，记录各个载荷点下的示值误差（除 120g 点外，每个测量点均有进程和返程两个示值误差），并与标准证书中的最大允许误差 MPE 进行比较。具体核查结果如表 3-1 所示。

表 3-1　十万分之一电子天平示值误差期间核查结果

实验砝码载荷/g	进程示值误差 δ_i /g	返程示值误差 δ_i /g	最大允许误差 MPE/g
0.01	0.00001	0.00003	±0.00005
20	0.00003	0.00005	±0.00010
30	0.00007	0.00009	±0.00015
50	0.0001	0.0002	±0.0005
100	0.0001	0.0002	±0.0010
120	0.0002		±0.0010

结论：从表 3-1 可知，所有载荷点的示值误差均小于对应的最大允许误差 MPE，因此，本次期间核查通过，该电子天平可以继续使用。

（2）仪器检出限（IDL）核查方法与符合性判定　检出限（LOD）包括仪器检出限（IDL）和方法检出限（MDL）。常用 IDL 的确定方法主要有两种：空白标准偏差法和信噪比法。

① 空白标准偏差法。对分析试剂空白重复测试 n 次（通常 $n \geqslant 10$），计算出 n 次空白重复测量结果的标准偏差 S[可通过公式（2-4）进行计算]，则仪器检出限（IDL）可通过公式（3-4）进行计算：

$$IDL = \bar{x} + 3S \tag{3-4}$$

在实际工作中，空白平均值（$\bar{x}$）通常很小，可以忽略不计，此时，可以简化为：$IDL = 3S$。

当标准偏差 S 为零或接近零时，可以在分析试剂中加入最低可接受浓度待测物代替分析试剂空白，按上述相同的方法计算标准偏差 S，此时，$IDL = 3S$。

【例 3-4】 对电感耦合等离子体发射光谱（ICP-OES）的仪器检出限（IDL）进行期间核查。

解：

查此 ICP-OES 设备最近一次合格校准证书，对 Zn、Ni、Cr、Mn、Cu、Ba 等 6 个元素的仪器检出限进行了校准。同时核查该设备的使用情况，此台 ICP-OES 测试 Cr 元素和 Ni 元素较频繁。因此本次核查选用 Cr 元素和 Ni 元素进行期间核查。

核查方法：以 0.5mol/L 的 HNO_3 为分析试剂空白，在仪器处于正常工作状态下，通过 Cr 元素和 Ni 元素的标准溶液，分别建立 Cr 元素和 Ni 元素的标准工作曲线，对分析试剂空白的 Cr 和 Ni 元素含量连续测量 10 次，分别计算 10 次测量值的标准偏差 S，将 3S 对应的浓度分别作为 Cr 和 Ni 的仪器检出限。

经试验得到 Cr 和 Ni 的 IDL 分别为 0.0019mg/L 和 0.0022mg/L。

结论：由于 ICP-OES 对 Cr 和 Ni 的检出限技术要求分别为 0.0200mg/L 和 0.0300mg/L，核查所得的 Cr 和 Ni 的 IDL 均小于 ICP-OES 对应的检出限技术要求，因此，本次核查通过。

② 信噪比法。在相同条件下，对已知低浓度的待测物样品与空白样品的测量信号进行比较，通常将信噪比为 3∶1 下对应的待测物浓度作为 IDL。

（3）重复性核查方法与符合性判定　仪器重复性是方法精密度的重要体现。在重复性条件下，用被核查设备对检测对象（如标准溶液）进行 n（通常 $n \geqslant 10$）次重复测量，得到一组测量结果 x_i（$i=1,2,\cdots,n$），并计算其标准偏差 S[可通过公式（2-4）进行计算]或相对标准偏差 RSD[可通过公式（2-5）进行计算]。当 S 或 RSD 不大于对应的重复性最大允许误差 MPE 时，则核查通过，反之，核查不通过。

【例 3-5】 对电感耦合等离子体发射光谱（ICP-OES）的重复性进行核查。

解：

查 ICP-OES 校准证书，得 Cr 和 Ni 的相对标准偏差（*RSD*）的最大重复性允差 *MPE* 均为 3.0%。

核查方法：在仪器处于正常工作状态下，以浓度均为 2.00mg/L 的 Cr 标准溶液和 Ni 标准溶液作为测试样品，分别通过标准溶液建立 Cr 和 Ni 标准工作曲线后，对 Cr 和 Ni 测试样品分别连续测量 10 次，将 10 次测量值的 *RSD* 作为重复性判定的依据。具体测试结果如表 3-2 所示。

由表 3-2 可知，Cr 和 Ni 的 *RSD* 均小于 3.0%，因此，本次重复性核查通过。

表 3-2 ICP-OES 重复性期间核查结果

元素	10 次重复测试结果/(mg/L)										*RSD* /%
	1	2	3	4	5	6	7	8	9	10	
Cr	1.99	2.04	2.01	2.02	2.02	2.01	2.03	1.98	2.01	2.00	0.73
Ni	2.03	2.01	2.02	2.05	2.04	1.98	2.02	2.03	1.99	2.02	1.1

（4）稳定性核查方法与符合性判定　设备稳定性是获得可靠测量数据的又一关键基础。稳定性核查在一段时间内（通常不少于 2h），在 m 个时间点（通常 $m \geq 6$），每个时间点间隔一段时间（通常 15min 以上），用被核查设备对检测标准（如标准物质）进行测试，每个时间点重复测试 n 次，（通常 $n \geq 10$），得到 m 组测量结果 x_i $(i=1,2,\cdots,m)$，计算每个时间点下 n 次重复测试结果的算术平均值 $\bar{x}_i$ $(i=1,2,\cdots,m)$。则这段时间内被核查设备的稳定性 s 可用公式（3-5）计算：

$$s = \bar{x}_{\max} - \bar{x}_{\min} \tag{3-5}$$

式中　$\bar{x}_{\max}$ ——这段时间内，m 个时间点重复测量结果的最大算术平均值；

$\bar{x}_{\min}$ ——这段时间内，m 个时间点重复测量结果的最小算术平均值。

当 $s \leq$ 稳定性最大允许误差 *MPE* 时，则核查通过，反之，核查不通过。

【例 3-6】 对电感耦合等离子体发射光谱（ICP-OES）的稳定性进行期间核查。

解：

查 ICP-OES 校准证书，得稳定性最大允许相对误差为 4.0%。

核查方法：在 ICP-OES 仪器处于正常工作状态下，仪器开机稳定，以浓度为 2.00mg/L 的 Cr 标准溶液作为测试样品，通过标准溶液建立 Cr 标准工作曲线后，对 Cr 含量进行测试，连续测量 10 次；每间隔 30min 后重复以上操作，一共测试 6 个时间点。计算每个时间点下的 10 次重复测量结果的算术平均值 $\bar{x}_i$，具体结果如表 3-3 所示。

从表 3-3 可知：$\bar{x}_{\max} = 2.045$mg/L；$\bar{x}_{\min} = 2.019$mg/L。

6 个时间点的总体平均值 $\bar{\bar{x}} = \dfrac{2.019 + 2.023 + 2.037 + 2.039 + 2.045 + 2.037}{6} = 2.033(\text{mg}/\text{L})$；

$s = \bar{x}_{\max} - \bar{x}_{\min} = 2.045 - 2.019 = 0.026(\text{mg}/\text{L})$；

则稳定性最大允许误差 $MPE = 4.0\% \bar{\bar{x}} = 0.081$mg/L；

由于 $s = 0.026 < MPE = 0.081$，因此 ICP-OES 仪器的稳定性核查通过。

表 3-3 ICP-OES 稳定性期间核查结果

时间点	n 次重复测试结果/(mg/L)										$\bar{x}_i$ /(mg/L)
	1	2	3	4	5	6	7	8	9	10	
1	2.02	2.01	2.03	2.04	2.01	2.00	2.01	2.04	2.02	2.01	2.019
2	2.03	2.05	2.03	2.00	2.01	2.02	2.02	2.03	2.01	2.03	2.023
3	2.02	2.04	2.03	2.05	2.04	2.05	2.02	2.03	2.04	2.05	2.037
4	2.04	2.05	2.06	2.03	2.03	2.01	2.05	2.03	2.04	2.05	2.039
5	2.06	2.04	2.05	2.03	2.02	2.03	2.04	2.05	2.06	2.07	2.045
6	2.05	2.03	2.02	2.04	2.03	2.04	2.03	2.04	2.05	2.04	2.037

（5）灵敏度核查方法与符合性判定　在规定的某一激励值下，通过一个小的 Δx 激励变化，产生 Δy 响应变化，则响应变化与激励变化的比值（$\Delta y / \Delta x$）称为被核查设备在该激励值下的灵敏度。对于线性测量设备，其灵敏度应为常数。实验室应根据检测/校准方法要求或设备的指标参数对设备灵敏度核查结果的符合性进行判定。

【例 3-7】核查电感耦合等离子体质谱仪（ICP-MS）的 Be、In、Bi 元素灵敏度。

解：

查此台 ICP-MS 设备的灵敏度技术指标（离子计数）：Be＞20Mcps/(mg/L)、In＞200Mcps/(mg/L)、Bi＞200Mcps/(mg/L)。

核查方法：将浓度为 0.01mg/L 的 Be、In、Bi 混合标准溶液，通过电感耦合等离子体质谱仪（ICP-MS）进样测试，分别测量质量数为 9、115、209 处的离子计数，积分时间 0.1s，每个质量数下分别测量 20 次，计算平均值。

实验测得 Be、In、Bi 元素的平均离子计数分别为 0.22Mcps、2.62Mcps、2.13Mcps，则 Be 元素的灵敏度为 0.22/0.01=22Mcps/(mg/L)、In 的灵敏度为 2.62/0.01=262Mcps/(mg/L)、Bi 的灵敏度为 2.13/0.01=213Mcps/(mg/L)。

Be、In、Bi 元素实测灵敏度均大于相应的技术指标，因此，核查通过。

3.2.6　设备相关供应商评价

设备相关供应商是指提供对实验结果质量有影响的、与设备相关的产品或服务的机构，包括设备与玻璃器具的生产厂家或代理机构、设备维修保养和设备校准等服务机构。对供应商进行有效评价是实验室日常管理工作的重要一环，对确保所购买的产品或服务的质量和效率，保证实验的顺利开展及数据的准确性方面具有重要作用。

实验室可结合自身情况，参考国家标准 GB/T 23793—2017《合格供应商信用评价规范》对供应商进行评价，评价可包括但不限于以下内容：

① 综合素质：如资产状况、分支机构情况、资质能力等。

② 财务实力：如投资方情况、外部融资渠道、平均营业收入、平均利润等。

③ 可持续供应能力：如产品质量状况、产品外部评价（行业口碑、质量违法情况、投诉情况）、销售情况、售后管理、应急处理情况（如处理零星或紧急订单）等。

④ 发展潜力：如企业行业地位、品牌影响力、技术创新能力等。

⑤ 交易信用：交易价格、交货期、结算方式等；

⑥ 社会责任：如是否存在监督检查不合格、违法违规或纳税信用问题等。

实验室可根据自身情况，设计合格供应商评价指标及指标加权，确定合格供应商分数线，形成合格供应商名录。定期对供应商进行评价，及时淘汰不合格供应商并更新合格供应商名录，必要时对合格供应商实行分级管理。

3.3 "料"要素管理

"料"是指科研和分析所使用的实验用水、标准物质、试剂、过滤膜、器皿（不包含 3.2 部分的玻璃量器）等，也是实验室科研、分析非常重要的组成部分，需要规范与可控管理。本节参考国家标准 GB/T 6682—2008《分析实验室用水规格和试验方法》及中国合格评定国家认可委员会文件 CNAS-GL035：2018《检测和校准实验室标准物质/标准样品验收和期间核查指南》等，根据高校特点并结合具体实例，介绍高校实验室"料"要素的管理要求和方法，供读者参考和借鉴。

3.3.1 实验室用水管理

根据水质标准的不同，实验室用水可分为三级水、二级水和一级水三个级别。一级水标准最高、二级水其次、三级水最低。三级水通常用于一般化学实验和玻璃器皿的清洗；二级水通常用于无机痕量分析实验，如光谱分析等；一级水通常用于对颗粒有严格要求的分析试验，如高效液相色谱分析。

国家标准 GB/T 6682—2008《分析实验室用水规格和试验方法》对一级、二级、三级分析实验室用水要求进行了规定，主要指标包括 pH 值范围、电导率、可氧化物质含量、吸光度、蒸发残渣、可溶性硅等，具体要求如表 3-4 所示。

实验室可通过超纯水机自行制水或购买质量较好的纯净水作为实验用水，同时应确保实验室用水的质量，满足实验需求。可参考 GB/T 6682—2008 国家标准对实验用水进行验收并保存相应的记录。

表 3-4　实验室用水要求

指标名称	一级	二级	三级
pH 值范围(25℃)	—	—	5.0～7.5
电导率(25℃)/(mS/m)	≤0.01	≤0.10	≤0.50
可氧化物质含量(以 O 计)/(mg/L)	—	≤0.08	≤0.4
吸光度(254nm，1cm 光程)	≤0.00	≤0.01	—
蒸发残渣(105℃±2℃)含量/(mg/L)	—	≤1.0	≤2.0
可溶性硅(以 SiO_2 计)含量/(mg/L)	≤0.01	≤0.02	—

3.3.2 标准物质管理

3.3.2.1 标准物质的分类与用途

标准物质（RM）是指具有一种或多种规定特性且均匀性和稳定性优异的材料，并已被确定其符合测量过程的预期用途。

RM 根据用途的不同可分为有证标准物质（CRM）和非有证标准物质：

——有证标准物质（CRM）是指具有规定特性值及其不确定度并附有证书的标准物质。

——非有证标准物质是指除 CRM 外的标准物质，如实验室内部自行配制的标准溶液和标准气体、某些纯物质、质控样品等。

RM 根据是否含有与分析样品相同的基质，可分为有基质标准物质（如大米粉中镉分析标准物质）和无基质标准物质（镉标准溶液，5% HNO_3）。

RM 在方法确认和验证、设备的校准和期间核查、分析数据质量控制、量值的传递和溯源等方面发挥重要的作用。如条件允许，实验室应尽可能使用有证标准物质（CRM）。

实验室应对 RM 进行有效的管理，需建立 RM 的采购、验收、保管、领用、使用等制度。验收合格的 RM 才能用于科研和分析测试。RM 经领用后，应按证书或实验室规定的保存条件进行正确保存，并在规定有效期内使用。RM 的验收、标准溶液的配制与标定等应有详细的记录并妥善保存。

3.3.2.2　标准物质的验收

当 RM 管理员或使用者对购入的 RM 进行验收时，应重点对 RM 名称与编号、批次/规格、购买数量、包装与标识完好性、证书对应性、特性值与不确定度、基体成分、有效期、储存条件及安全防护要求等内容进行检查。对于需要在特殊条件（如低温等）储存的 RM，需要确认其运输过程是否也符合储存条件要求。必要时，可采用合适方法对 RM 的特性量值与不确定度、基体成分等重要指标进行验证。

实验室应形成 RM 验收记录并存档。验收记录除包括上述验收内容外，通常还需要包含生产商及其是否在合格供应商名录中、购入日期、验收日期、验收人和使用人、验收结论等。如果采用验证手段进行实验验收，还应记录验证方法、验证结果等信息。实验室可参考附录 B 表 B-1 的"标准物质验收记录表参考示例"填写标准物质验收记录。当同一种 RM 的生产商或批次发生变化时，实验室可采用 3.3.2.3 中的标准物质比较法进行核查。

3.3.2.3　标准物质的期间核查

标准物质是分析检测定性、定量的重要依据，也是量值溯源的关键。因此，为了保证分析结果的准确、可靠，使用者或标准物质管理员需要在标准物质使用过程中对特性量值的稳定性进行验证，即进行标准物质期间核查。期间核查应考虑标准物质性状、储存条件、有效期限、实验室质量控制能力等影响因素，可以结合日常质量控制结果，参照以下频次进行核查：

——已开封的有证标准物质：主要核查该有证标准物质是否在有效期内使用、是否按证书要求使用及保存，同时对其量值稳定性进行核查。实验室应从标准物质的特性（如稳定性等）、使用频率和使用量、实验室质量控制能力等方面考虑有证标准物质的核查频次，对于稳定性高的标准物质或质量控制能力良好的实验室，可以降低核查频次。核查频次通常要求在有效期内至少核查 1 次。实验室通常做法是在有效期内每年核查 1～2 次。

——未开封的有证标准物质：主要核查该有证标准物质是否按规定条件正确保存并在有效期内使用，通常要求在使用前开展 1 次核查。

——非有证标准物质（包括实验室内部自行配制的标准溶液与标准气体、一些纯物质、质控样品等）：实验室应先对其稳定性进行评估，确定预期有效期。在有效期内可以参照已开封的有证标准物质进行核查。

——当 RM 出现质量控制结果不满意、储存条件失控，或怀疑存在质量风险时，应立即对其进行核查。必要时，增加后续核查频次。

1. 期间核查特性量值的确定

对于具有唯一特性量值的标准物质，期间核查对象为该特性量值；对于具有 2 个以上特性量值的标准物质，期间核查对象应至少包含一个最具代表性的量值（如最关注或最不稳定的量值）。

2. 期间核查方法与符合性判定

常用的 RM 期间核查方法主要有两种：标准物质比较法和控制图法。若在期间核查中发现有不合格情况，应停止使用该标准物质，并追溯该标准物质是否对前期测试结果造成影响。

（1）标准物质比较法 通常采用新购的 CRM 作为核查标准物质，对使用中的 RM（被核查标准物质）进行期间核查，若公式（3-6）成立，则被核查标准物质的期间核查通过。

$$|\bar{x}_1 - \bar{x}_2| \leqslant \sqrt{U_1^2 + U_2^2} \tag{3-6}$$

式中　$\bar{x}_1$——被核查标准物质的多次测量结果平均值；

　　　$\bar{x}_2$——核查标准物质的多次测量结果平均值；

　　　U_1——被核查标准物质的扩展不确定度；

　　　U_2——核查标准物质的扩展不确定度。

【例 3-8】 通过新购标准物质对在用的 Ag 标准物质（被核查标准物质）进行期间核查。在用 Ag 标准物质的标准值 $c_{01} = 1000\mu g/mL$、扩展不确定度 $U_{01} = 7\mu g/mL$（$k=2$）。

解：

核查方法：

（1）采用新购的 Ag 有证标准物质作为核查标准物质，查其证书，得知其标准值 $c_{02} = 1000\mu g/mL$、扩展不确定度 $U_{02} = 4\mu g/mL$（$k=2$）。

（2）分别将核查标准物质及被核查标准物质稀释至浓度 $c = 5.0\mu g/mL$，作为待测样品。

（3）用核查标准物质通过 ICP-OES 建立标准工作曲线，工作曲线包含 $0.50\mu g/mL$、$1.0\mu g/mL$、$2.0\mu g/mL$、$5.0\mu g/mL$ 和 $10.0\mu g/mL$ 五个点，利用此工作曲线，对浓度均为 $5.0\mu g/mL$ 的核查标准物质、被核查标准物质待测样品分别重复测试 6 次，得到两组数据。计算两组数据的平均值及标准偏差：

被核查标准物质：平均值 $\bar{x}_1 = 5.031\mu g/mL$、标准偏差 $S_1 = 0.0256\mu g/mL$；

核查标准物质：平均值 $\bar{x}_2 = 5.025\mu g/mL$、标准偏差 $S_2 = 0.0236\mu g/mL$。

具体测试结果如表 3-5 所示。

表 3-5　Ag 核查标准物质和被核查标准物质待测样品测试结果

标准物质	n 次测试结果/(μg/mL)						平均值 $\bar{x}$ /(μg/mL)	标准偏差 S /(μg/mL)
	1	2	3	4	5	6		
被核查标准物质	5.031	5.026	5.013	5.053	5.066	4.996	5.031	0.0256
核查标准物质	4.998	5.021	5.038	5.011	5.016	5.065	5.025	0.0236

（4）分别计算 $5.0\mu g/mL$ 被核查标准物质和核查标准物质的扩展不确定度 U_1 和 U_2，$k=2$。

被核查标准物质：

扩展不确定度 $U_1 = k \cdot \sqrt{\left(\dfrac{U_{01}}{k} \times \dfrac{c}{c_{01}}\right)^2 + S_1^2}$

$$= 2 \times \sqrt{\left(\dfrac{7}{2} \times \dfrac{5.0}{1000}\right)^2 + 0.0256^2} = 0.0621(\mu g / mL)$$

核查标准物质：

扩展不确定度 $U_2 = k \cdot \sqrt{\left(\dfrac{U_{02}}{k} \times \dfrac{c}{c_{02}}\right)^2 + S_2^2}$

$$= 2 \times \sqrt{\left(\dfrac{4}{2} \times \dfrac{5.0}{1000}\right)^2 + 0.0236^2} = 0.0513(\mu g / mL)$$

（5）结果判定：

$$|\bar{x}_1 - \bar{x}_2| = 5.031 - 5.025 = 0.006(\mu g / mL)$$

$$\sqrt{U_1^2 + U_2^2} = \sqrt{0.0621^2 + 0.0513^2} = 0.0806(\mu g/mL)$$

$$|\bar{x}_1 - \bar{x}_2| = 0.006 < \sqrt{U_1^2 + U_2^2} = 0.0806$$

因此，被核查标准物质合格，可以继续作为标准物质使用。

（2）控制图法

① 控制图原理。控制图于 1924 年由美国的休哈特创建，是一种重要的质量管理工具，分为计量值控制图和计数值控制图。控制图是基于 $\mu \pm 3S$ 理论基础构建的，其中 μ 为控制值的平均值或参考值、S 为标准偏差。这是因为相同或类似的样品的重复性或再现性测试结果通常具有正态分布或近似正态分布统计特性。控制图包含 1 条中心线（CL）、1 条控制下限（LCL）、1 条控制上限（UCL）、2 条警戒限（WL）。在正态分布情况下，CL = μ，WL = $\pm 2S$（2/3 规则），约有 99.7%的分析数据分布在 UCL 和 LCL 之间（在控制界限内），约有 95.4%的数据落在 2 条 WL 线内。也就是说，在 1000 次测试中只有 3 次测试结果会落在 UCL 和 LCL 之外，这种情况属于小概率事件。如果实验室出现了检测数据落在 UCL 和 LCL 之外的情况，说明发生了小概率事件，可以认为此实验室的分析过程处于非受控状态，分析出现差错的概率比较高。

② 常用计量值控制图类型。常用的计量值控制图类型主要有平均值-标准偏差控制图（$\bar{x}$-S 图）和平均值-极差控制图（$\bar{x}$-R 图）两类。其中，平均值-标准偏差控制图（$\bar{x}$-S 图）通过平均值 $\bar{x}$ 控制图和标准偏差 S 控制图进行协同控制，通常要求重复测试次数 $n \geqslant 10$；平均值-极差控制图包含平均值控制图（$\bar{x}$ 控制图）和极差控制图（R 控制图），重复测试次数 n 在 4～10 之间，常用的 n 为 4 或 5。典型的 $\bar{x}$-S 控制图和 $\bar{x}$-R 控制图分别如图 3-5 和图 3-6 所示。

③ 控制图的判图规则

以下 4 个条件认为分析结果是处于受控状态：

——所有样本都在控制界内（在 UCL 和 LCL 之间，不包含控制界上的数据点）且无明显规律或倾向（见失控状态部分）；

——连续 25 个数据点都在控制界限内且无明显规律或倾向（见失控状态部分）；

——连续 35 个数据点中仅有 1 个数据点落在控制界以外且无明显规律或倾向（见失控状态部分）；

——连续 100 个数据点中最多只有 2 个数据点落在控制界以外且无明显规律或倾向（见失控状态部分）。

以下条件认为分析结果处于失控状态：

——数据点（包含控制界上的数据点）超出控制界限（受控状态除外）；

——具有以下一种或多种明显规律或倾向：连续 7 点上升或下降；连续 11 个点中有 10 个落在中心线的同一侧（同时偏高或偏低）；连续 3 点中至少有 2 点落在 WL～UCL 或 WL～LCL 之间。

在日常科研和分析测试中，应特别关注控制值落在控制限之外，或观察到控制值在一个时间段内呈现一种明显的变化规律或倾向的情况。

④ 控制图标准物质期间核查

在一段时间内，在 m 个不同时间点（如每周）对标准物质特性值进行 n 次重复测量，得到 m 个子组数据。通常可以通过平均值-标准偏差控制图（$\bar{x}$-S 图）和平均值-极差控制图（$\bar{x}$-R 图）进行期间核查。

在实际工作中，实验室的 RM 日常质量控制结果可作为期间核查的依据。当有日常质量控制结果能证明 RM 的稳定性时，则不需要进行额外的期间核查，可以直接将日常质量控制结果作为期间核查记录。

平均值-标准偏差控制图（$\bar{x}$-S 图）。分别根据公式（2-1）和式（2-4）计算 m 个子组数据的算术平均值 $\bar{x}_i$（$i=1,2,\cdots,m$）和标准偏差 S_i（$i=1,2,\cdots,m$）。

$\bar{x}$ 控制图中的中心线（CL）、控制上限（UCL）和控制下限（LCL）可分别通过式（3-7）～式（3-9）进行计算：

$$CL=\bar{\bar{x}} \tag{3-7}$$

$$UCL = \bar{\bar{x}} + A_3 \cdot \bar{S} \tag{3-8}$$

$$LCL = \bar{\bar{x}} - A_3 \cdot \bar{S} \tag{3-9}$$

S 控制图中的 CL、UCL 和 LCL 可分别通过式（3-10）～式（3-12）进行计算：

$$CL=\bar{S} \tag{3-10}$$

$$UCL = B_4 \cdot \bar{S} \tag{3-11}$$

$$LCL = B_3 \cdot \bar{S} \tag{3-12}$$

式中　　$\bar{\bar{x}}$——m 个子组数据的总体平均值，可通过公式（2-15）进行计算；

$\bar{S}$——m 个子组数据标准偏差 S_i（$i=1,2,\cdots,m$）的平均值；

A_3，B_3，B_4——控制限系数，其值与测量次数 n 相关。

中国合格评定国家认可委员会文件 CNAS-GL035：2018《检测和校准实验室标准物质/标准样品验收和期间核查指南》表 B.1 给出了不同 n 值下的 A_3、B_3、B_4 值，具体见附录表 A-10。

若个别数据为离群值，应剔除后再进行计算、作图。

【例 3-9】 浓度为 5.0μg/mL 的 Cr 元素标准溶液每隔一周通过 ICP-OES 对其进行核查，一共核查 20 个时间点，每个时间点重复测试 10 次，测试结果如表 3-6 所示，试通过平均值-

标准偏差控制图（$\bar{x}$ - S 图）对该标准物质进行期间核查。

表 3-6　Cr 元素标准溶液在 20 个时间点的期间核查结果

时间点	n 次重复测量结果/(μg/mL)									
	x_1	x_2	x_3	x_4	x_5	x_6	x_7	x_8	x_9	x_{10}
1	4.78	5.26	4.94	5.07	5.03	4.92	5.18	4.99	5.15	4.98
2	5.00	5.03	4.89	4.93	5.14	5.02	5.06	4.63	4.97	5.14
3	4.73	4.76	4.97	5.18	4.72	4.93	4.98	4.99	5.08	4.95
4	5.18	5.12	4.75	4.97	5.18	5.06	5.10	4.87	4.96	5.12
5	5.23	5.12	4.73	4.95	4.80	5.08	5.16	4.93	4.85	4.92
6	4.93	4.94	4.78	5.04	4.95	4.96	4.98	4.86	5.01	4.99
7	4.88	4.86	4.82	5.10	5.28	4.91	4.79	4.85	5.06	5.13
8	4.90	4.92	5.00	5.22	5.07	4.95	4.99	5.03	5.12	5.16
9	4.97	5.05	5.23	4.91	4.85	4.93	5.08	5.21	4.94	5.02
10	4.96	4.97	5.06	5.03	4.78	4.98	4.93	5.16	5.01	4.95
11	5.11	5.19	5.12	4.98	4.94	5.13	5.09	5.03	4.92	4.98
12	4.96	4.97	5.06	5.00	4.79	4.98	4.91	5.11	5.02	4.97
13	4.87	4.88	5.07	5.21	4.71	4.98	4.93	5.14	5.12	4.91
14	5.14	4.85	4.93	4.95	4.88	5.08	4.97	4.89	4.94	5.01
15	4.86	5.12	4.86	5.15	4.93	4.95	5.02	4.95	5.17	4.99
16	5.12	4.85	4.92	4.96	4.98	5.02	4.98	4.90	5.01	5.07
17	4.88	4.87	5.05	5.20	4.93	4.93	4.96	5.12	5.15	4.86
18	4.94	4.95	5.09	5.00	4.86	5.07	4.89	4.99	5.11	4.88
19	5.13	5.17	5.12	4.94	4.97	5.03	5.10	4.92	5.04	4.83
20	5.05	4.87	4.99	5.06	5.25	5.14	4.89	5.10	4.94	5.18

解：

（1）通过 Excel 中 AVERAGE 函数计算得到 200 个数据（20 组，每组 10 个）的总体平均值 $\bar{\bar{x}} = 4.995$μg/mL。

（2）通过 Excel 中 STDEV 函数计算 20 组 S_i，再通过 AVERAGE 函数计算得到 $\bar{S} = 0.119$μg/mL。

（3）$n=10$，查附录表 A-10，得到 $A_3 = 0.975$，$B_4 = 1.716$，$B_3 = 0.284$。

（4）计算 $\bar{x}$ 图的中心线（CL）、控制上限（UCL）和控制下限（LCL）。

$$CL = \bar{\bar{x}} = 4.995 \text{μg / mL}$$

$$UCL = \bar{\bar{x}} + A_3 \times \bar{S} = 4.995 + 0.975 \times 0.119 = 5.111 (\text{μg / mL})$$

$$LCL = \bar{\bar{x}} - A_3 \times \bar{S} = 4.995 - 0.975 \times 0.119 = 4.879 (\text{μg / mL})$$

（5）计算 S 图的 CL、UCL 和 LCL：

$$CL = \bar{S} = 0.119 \text{μg / mL}$$

$$UCL = B_4 \times \bar{S} = 1.716 \times 0.119 = 0.204 (\text{μg / mL})$$

$$LCL = B_3 \times \bar{S} = 0.284 \times 0.119 = 0.0338 (\text{μg / mL})$$

（6）分别作出 $\bar{x}$ 控制图和 S 控制图，如图 3-5 所示。

（7）结果判定：$\bar{x}$ 控制图和 S 控制图中所有的点都在 UCL 和 LCL 界限内，且无明显规律或倾向，因此，标准物质核查通过。

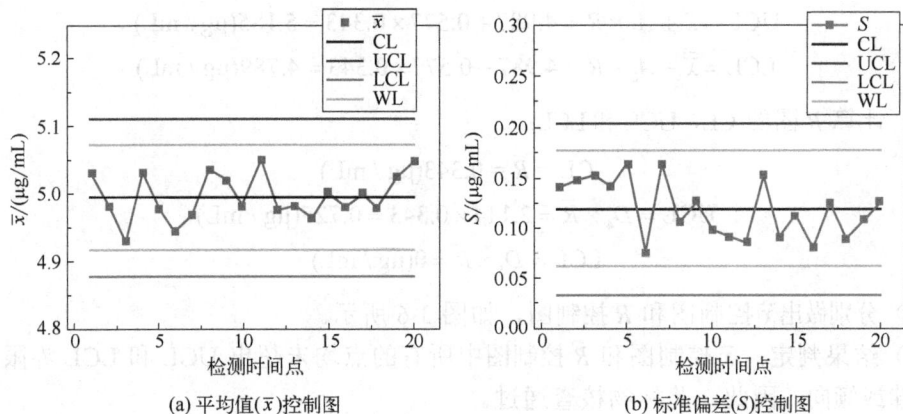

(a) 平均值($\bar{x}$)控制图　　　(b) 标准偏差(S)控制图

图 3-5　平均值-标准偏差控制图（$\bar{x}$ - S 图）（另见文后彩图）

平均值-极差控制图（$\bar{x}$ - R 图）。分别根据公式（2-1）和式（2-6）计算 m 个子组数据的算术平均值 $\bar{x}_i(i=1,2,\cdots,m)$ 和极差 $R_i(i=1,2,\cdots,m)$。

$\bar{x}$ 控制图中的中心线 CL、控制上限 UCL 和控制下限 LCL 可分别通过公式（3-7）、式（3-13）和式（3-14）进行计算：

$$UCL = \bar{\bar{x}} + A_2 \times \bar{R} \tag{3-13}$$

$$LCL = \bar{\bar{x}} - A_2 \times \bar{R} \tag{3-14}$$

R 图中的 CL、UCL 和 LCL 分别通过公式（3-15）～式（3-17）进行计算：

$$CL = \bar{R} \tag{3-15}$$

$$UCL = D_4 \times \bar{R} \tag{3-16}$$

$$LCL = D_3 \times \bar{R} \tag{3-17}$$

式中　　$\bar{\bar{x}}$ ——m 个子组数据的总体平均值，可通过公式（2-15）进行计算；

$\bar{R}$ ——m 个子组数据极差 $R_i(i=1,2,\cdots,m)$ 的平均值；

A_2, D_3, D_4 ——控制限系数，其值与测量次数 n 相关。

中国合格评定国家认可委员会文件 CNAS-GL035：2018《检测和校准实验室标准物质/标准样品验收和期间核查指南》表 B.1 给出了不同 n 值下的 A_2、D_3、D_4 值，具体见附录表 A-10。

若数据中存在离群值，应剔除后再进行计算、作图。

【例 3-10】采用平均值-极差控制图（$\bar{x}$ - R 图）对【例 3-9】中表 3-6 中左半部数据（即 $n=1,2,\cdots,5$；$m=1,2,\cdots,20$）进行分析并判断期间核查结果。

解：

（1）通过 Excel 中 AVERAGE 函数计算得到 100 个数据（20 组，每组 5 个）的总体平均值 $\bar{\bar{x}} = 4.987\mu g / mL$；

（2）通过 Excel 中 STDEV 函数计算 20 组（每组重复测试 5 次）R_i，再通过 AVERAGE

函数计算得到 $\bar{R} = 0.343\mu g / mL$ ；

（3）n=5，查附录表 A-10，得到 A_2=0.577，$D_4 = 2.114$，D_3=0；

（4）计算 $\bar{x}$ 图的中心线（CL）、控制上限（UCL）和控制下限（LCL）：

$$CL = \bar{\bar{x}} = 4.987\mu g / mL$$

$$UCL = \bar{\bar{x}} + A_2 \times \bar{R} = 4.987 + 0.577 \times 0.343 = 5.185(\mu g / mL)$$

$$LCL = \bar{\bar{x}} - A_2 \times \bar{R} = 4.987 - 0.577 \times 0.343 = 4.789(\mu g / mL)$$

（5）计算 R 图的 CL、UCL 和 LCL：

$$CL = \bar{R} = 0.343(\mu g / mL)$$

$$UCL = D_4 \times \bar{R} = 2.114 \times 0.343 = 0.725(\mu g / mL)$$

$$LCL = D_3 \times \bar{R} = 0(\mu g / mL)$$

（6）分别做出 $\bar{x}$ 控制图和 R 控制图，如图 3-6 所示。

（7）结果判定：$\bar{x}$ 控制图和 R 控制图中所有的点均未超出 UCL 和 LCL 界限，且无明显规律或倾向，因此，此标物核查通过。

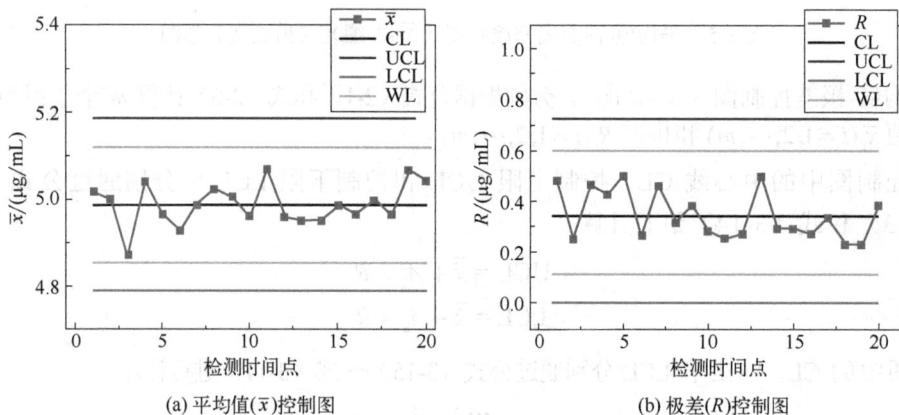

图 3-6　平均值-极差控制图（$\bar{x}$-R 图）（另见文后彩图）

3.3.2.4　标准溶液的制备

实验室可通过稀释 CMR 得到分析用标准溶液（包括标准储备溶液和标准工作溶液）。在建立分析测试工作曲线时，在条件允许的情况下，不同浓度的标准工作溶液应单独配制，不宜通过逐级稀释方法配制低浓度标准工作溶液。一些常用的其他标准溶液（包括标准滴定溶液）可参照国家标准 GB/T 601—2016《化学试剂　标准滴定溶液的制备》和 GB/T 602—2002《化学试剂　杂质测定用标准溶液的制备》中的相关方法进行制备。

3.3.3　其他管理要求

（1）实验室用水、配制的所有试剂和标准溶液均应有清晰的标签标识，并根据实际情况相应给出名称、溶剂种类、浓度、配制日期、配制人、有效期、保存条件等必要信息。当标签有损坏、信息不清晰或不齐全时，应及时更换。

（2）试剂在制备、储存和使用过程中，应特别关注其安全数据信息，包括毒性、安全使用方式、环境危害、与其他化学试剂反应等理化性能、储存条件等。

（3）对于有相互影响的测试或痕量分析，实验室应使用不同的器皿以防止交叉污染，同时应防止实验器皿对标准溶液或检测样品造成污染。必要时，实验室应对不同用途的器皿进行分类清洗并分区储存。如果方法中规定了器皿的清洗方法或注意事项，则应按照规定的方法进行。清洗器皿时应关注所用清洗剂中可能存在的对制备和分析等结果有影响或干扰的物质，必要时需要对清洗剂进行验收并保存记录。

（4）实验室应确保所使用的试剂耗材满足科研和检测要求。验收时应重点检查标签、合格证、购买数量、型号/规格等。必要时，应通过适当检测手段对关键指标或参数进行确认。对于光谱、色谱等痕量分析，应关注试剂空白对检测结果的影响，可结合日常质量控制（如空白测试等）数据进行验收，记录质量控制结果作为试剂验收记录并妥善保存。

3.3.4　材料供应商的管理与评价

参照 3.2.6 设备相关供应商评价部分进行。

3.4　"法"要素管理

"法"要素是指实验涉及的各种科学研究方法及分析方法等。其中，分析方法包括标准方法和非标准方法，涉及科学研究、产品研发整个生命周期。随着科学技术的进步及贸易的发展，国内外对新型分析方法及高质量测量数据的需求越来越高，各种新型测试方法及新标准应运而生。如何确保这些测试方法及测试数据的准确、可靠，是分析系统工作开展的基础。实验室需要进行方法验证，证明其具备新标准检测方法的技术能力，同时需要对非标方法进行确认，确保检测结果的准确性和可靠性。此外，在实验室运行过程中，需要通过有效的质量控制方法，确保实验室具有持续保证实验数据准确、可靠的能力。因此，方法验证和方法确认、实验室质量控制是保证分析数据可靠性的重要措施，是化学分析的一个必不可少的环节。本节在参考国家标准 GB/T 27417—2017《合格评定　化学分析方法确认和验证指南》、GB/T 32465—2015《化学分析方法验证确认和内部质量控制要求》及中国合格评定国家认可委员会文件 CNAS-TRL-011：2020 《轻工产品化学分析方法确认和验证指南》、CNAS-GL027：2023《化学分析实验室内部质量控制指南——控制图的应用》等的基础上，结合高校实验室的特点及具体实例，简要介绍"法"要素的管理内容及要求。

3.4.1　方法确认和方法验证

开展方法确认的主要目的是证明实验室所用的非标准检测方法（如实验室自行开发，且尚未形成标准的方法；超出其预定使用范围、扩充或修改，且尚未修订发布的标准方法）能满足预期用途，且科学、可靠。在非标准方法正式使用前，需要对方法的选择性、基质效应、稳健度、测量不确定度、方法检出限和定量限、线性范围/测量范围、精密度、正确度等特性参数进行确认。

开展方法验证的主要目的是证明实验室满足标准检测方法规定的要求，通常在正式采用标准方法开展测试工作前进行。由于标准方法是比较成熟、经过确认的方法，通常只需要对方法检出限和定量限、线性范围/测量范围、精密度、正确度等特性参数进行验证，采用的验证方法与确认方法相同。

方法确认和方法验证两者之间的主要区别和联系如表 3-7 所示。

表 3-7　方法确认和方法验证的主要区别和联系

项目	适用范围	目的	待评估方法特性参数
方法确认	在新引入非标准方法（如实验室自行开发、尚未形成标准的方法；超出其预定使用范围、扩充或修改的、尚未修订发布的标准方法）正式使用前	证明非标准方法满足预期的用途，且科学、可靠	选择性/基质效应、方法稳健度、方法检出限和定量限、线性范围/测量范围、方法准确性（精密度、正确度）、测量不确定度
方法验证	在新引入标准方法正式使用前	证明满足标准检测方法规定的要求	方法检出限和定量限、线性范围/测量范围、方法准确性（精密度、正确度）

3.4.1.1　选择性/基质效应评估

方法准确性包含精密度和正确度两部分。方法的选择性是保证方法准确性的另一重要因素，因此需要对方法的选择性进行确认，即确认方法是否存在干扰，如分析特征性干扰（分析信号、分析谱线、分析峰等）、基质成分干扰、目标分析物组分间的干扰、分解产物干扰等。

常用检查干扰的方法有：①选择代表性空白样品进行测试，确认方法是否存在分析特征性干扰；如存在干扰，可以先通过调整分析特征（如改变分析谱线、分析峰等）减少干扰，并进行验证；②在代表性空白样品、标准物质中添加一定浓度的可能干扰物进行识别，确认干扰物的成分。添加的可能干扰物的浓度通常较目标分析物的浓度高，如为分析物浓度的 10 倍，通常应进行不低于 2 次的重复测试。

当含样品基体的标准物质溶液的测试结果与不含样品基体的测试结果有显著性差异（通常大于 10%）时，则应考虑基质效应的影响，进一步分析不同基质成分含量的影响，并采用有效方法对基质效应进行确认，如采用与测试样品基质相同或接近的实物标准物质进行确认。当基质效应显著时，可通过稀释、基质分离、基体匹配或干扰校正等方法来降低基质干扰。

3.4.1.2　方法稳健度评估

方法稳健度是指实验条件变化对测试结果的影响程度。实验条件包含样品种类、样品制备方法、测试环境（如 pH 值、温度等）、作用时间、保存条件等。评估方法稳健度即是研究实验条件变化对方法性能的影响。

实验室应选择在分析方法过程中对分析结果可能会有影响的因素进行实验，通常以标准物质、空白样品等为研究对象，通过多次重复测试和（或）正交设计试验（多因素）进行确认。当发现一个或多个因素对测试结果有显著影响时，应进一步确定该因素的允许范围，并在方法中进行明确说明。

3.4.1.3　方法检出限和定量限评估

方法检出限（MDL）是指方法从基质背景中将目标分析物测定信号区分或识别出来时，对应的目标分析物的最低量或最低浓度。MDL 可能会受到基质的干扰，常用空白标准偏差法和信噪比法两方法进行评估。

MDL 的评估方法与 3.2.5.4 中仪器检出限（IDL）的评估方法类似，其区别是，IDL 使用的空白为分析溶剂或加入最低可接受浓度目标分析物的分析溶剂，而 MDL 则是用样品空白或加入最低可接受浓度目标分析物的样品作为空白。

定量限（LOQ）是指样品中的被测组分能被可靠定量测定的最低浓度或最低量。此时的分析结果应具有一定的正确度和精密度。通常，LOQ 为 MDL 的 3 倍，即 LOQ = 3MDL。

3.4.1.4　测量范围/线性范围评估

测量范围是指测量设备或测量系统在规定条件下能够测量出的一组同类量的量值范围。对测量范围进行评估时，应对最低测量值（定量限）、关注量值水平（如标准法规规定的限值要求）和最高测量值的正确度和精密度进行评估，必要时可增加对其他量值水平的评估。若方法的测量范围呈线性，还需要对线性范围进行评估。

化学分析方法的线性范围通常采用最小二乘法对系列不同浓度的标准溶液测试结果进行线性拟合，在线性相关系数 R^2 达到预期或规定要求时（如定量方法通常要求 $R^2 \geq 0.99$），则标准溶液的浓度范围即为方法的线性范围。

用于确定线性范围的系列标准溶液通常包含 6 个浓度（含空白），浓度范围宜覆盖关注浓度水平（如标准、法规规定的限值）的 50%～150% 或 0%～150%（做空白时）。若在标准溶液浓度范围内 R^2 不符合要求，则可缩小浓度范围以确保其具有良好的线性。为了避免引入较大的测量不确定度，在满足应用要求的前提下，线性范围不宜过宽。

3.4.1.5　方法准确性评估

方法准确性评估包括精密度和正确度评估。

（1）精密度　精密度包含方法重复性和再现性。重复性是指在一组重复性测量条件（人员相同、测试对象相同或类似、测量系统相同、测量方法相同、测试地点相同、测试时间相隔较短）下获得的测量精密度。再现性是指在再现性测量条件（测试对象相同或类似，人员、测试地点、测量系统等至少一个条件不同）下获得的测量精密度。重复性和再现性的测定通常要求自由度至少为 6。精密度与随机误差相关，精密度高则随机误差小。精密度与正确度构成方法准确度。

方法确认需要同时对方法重复性和再现性进行评估，而方法验证通常只需要进行重复性评估。由于精密度与分析物浓度有关，通常需要对多个浓度水平进行评估。

① 方法重复性。在较短的时间间隔内由同一测试人员对同一或类似测试对象进行重复测试，常通过相对标准偏差（RSD），即变异系数（CV 值）对方法重复性进行评估。CV 值与浓度相关，通常浓度越小，CV 值越大，反之，浓度越大，CV 值越小。对于不同含量测试结果的实验室内变异系数可参照国家标准 GB/T 27417—2017《合格评定　化学分析方法确认和验证指南》附录表 B.1（如表 3-8 所示）进行评估。

表 3-8　实验室内变异系数 CV 值

被测组分含量/(mg/kg)	实验室内 CV 值/%	被测组分含量/(mg/kg)	实验室内 CV 值/%
1×10^{-4}	43	0.01	21
1×10^{-3}	30	0.1	15

续表

被测组分含量/(mg/kg)	实验室内 CV 值/%	被测组分含量/(mg/kg)	实验室内 CV 值/%
1	11	1×10^4	2.7
10	7.5	1×10^5	2.0
100	5.3	1×10^6	1.3
1×10^3	3.8		

② 方法再现性。方法再现性可以通过标准偏差、方差进行评估，与重复性类似，方法的再现性通常也随分析物浓度的降低而变差。

（2）正确度 正确度是指在无穷多次重复性条件下得到的测量值的平均值与参考量值之间的一致程度。正确度与系统误差有关，正确度高，系统误差小；反之，正确度低，系统误差大，通常可通过方法回收率试验进行评估。方法回收率试验通常需要对不同浓度水平（至少包含高、低浓度）的样品进行测定。最理想的方法回收率试验是采用基质匹配且浓度相近的有证标准物质（CRM）进行测试。如果条件不满足，也可以在基质空白中加入不同浓度水平的目标待测物进行回收率试验。此时，回收率（R）可通过公式（3-18）进行计算：

$$R = \frac{c_2 - c_1}{c_0} \times 100\% \tag{3-18}$$

式中 c_2——加标后测定的浓度；
c_1——加标前测定的浓度；
c_0——加标的理论浓度。

方法回收率宜为测试全程加标回收率，即将一定浓度水平的标准溶液加在样品中，按照方法进行全流程测试，而不是在样品前处理完成后再添加标准溶液。如果在样品前处理完成后再加标，得到的仅仅是仪器测试部分的回收率，而不是方法的全程回收率。方法回收率高并不意味着正确度一定高，但方法回收率低正确度一定不高。方法回收率与浓度水平有关，可参照中国合格评定国家认可委员会文件 CNAS-TRL-011：2020《轻工产品化学分析方法确认和验证指南》给出的不同浓度对应的回收率范围（具体如表 3-9 所示）进行评估。

表 3-9 方法回收率范围

浓度（c）范围	方法回收率范围
$10\% \leqslant c < 100\%$	$95\% \sim 102\%$
$1\% \leqslant c < 10\%$	$92\% \sim 105\%$
$0.1\% \leqslant c < 1\%$	$90\% \sim 108\%$
$0.01\% \leqslant c < 0.1\%$	$85\% \sim 110\%$
$10\text{mg/kg} \leqslant c < 0.01\%$	$80\% \sim 115\%$
$1\text{mg/kg} \leqslant c < 10\text{mg/kg}$	$75\% \sim 120\%$
$0.1\text{mg/kg} \leqslant c < 1\text{mg/kg}$	$80\% \sim 110\%$
$c < 0.1\text{mg/kg}$	$60\% \sim 120\%$

【例 3-11】 设计方案对 GB/T 34435—2017《玩具材料中可迁移六价铬的测定 高效液相色谱-电感耦合等离子体质谱法》国家标准进行精密度和正确度验证。

解：

以塑料、泡泡水两种六价铬阴性样品为空白样品，在塑料样品中分别加入 25.0μg/L、50.0μg/L 六价铬标准溶液，在泡泡水中分别加入 2.5μg/L 和 5.0μg/L 六价铬标准溶液，按照 GB/T 34435—2017 标准方法进行测试，每个加标水平平行测试 7 次，计算变异系数 CV 值及方法回收率 R，实验结果见表 3-10。

从表 3-10 的实验结果可以看出：对于塑料样品和泡泡水样品，在 2.5～50.0μg/L 的加标浓度水平下，变异系数 CV 值范围为 9.8%～16.6%，符合表 3-8 中不同浓度对应的 CV 值的要求；方法回收率范围为 92.0%～110.0%，符合表 3-9 中 60%～120%（$c<0.1$ mg/kg）的要求。因此，方法精密度和正确度验证通过。

表 3-10 六价铬测定变异系数和方法回收率测定结果

样品名称	六价铬加标量/(μg/L)	测定值/(μg/L)	方法回收率/%	变异系数 CV 值/%
塑料	25.0	23.5	94.0	13.5
	50.0	50.3	100.6	9.8
泡泡水	2.5	2.3	92.0	16.6
	5.0	5.5	110.0	14.2

3.4.1.6 方法测量不确定度评估

方法确认通常包括测量不确定度的评估。不确定度的评估可参照本书 2.5 节及中国合格评定国家认可委员会文件 CNAS-GL006：2019《化学分析中不确定度的评估指南》、CNAS-GL009：2018《材料理化检测测量不确定度评估指南及实例》等相关方法进行。

3.4.2 内部质量控制

内部质量控制（IQC）是指实验室对其所用分析方法的测量过程和测量结果可靠性进行持续监控的活动。长期进行 IQC 监控的目的主要有以下三个方面：①掌控实验室当前的分析数据质量，即准确度（包括精密度和正确度）；②掌控分析数据质量是否有显著性变化；③掌控现有监测方法是否仍然最优。

3.4.2.1 内部质量控制方法

内部质量控制（IQC）通常以有证标准物质(CRM)、标准溶液为质控样品，在每批次测试样品中（通常 20 个为一批，测试样品不足 20 个时，视为一批）插入一个质控样品和一个空白样品。质控样品和空白样品按测试样品相同的程序进行测试。空白样品用于监控检出限及测试过程是否受到污染，其实验结果应小于方法定量限 LOQ。质控样品用来监测方法的准确度，可通过方法回收率或控制图进行评估。方法回收率参照 3.4.1.5 正确度部分进行评估；控制图可参照 3.3.2.3 部分或中国合格评定国家认可委员会文件 CNAS-GL027：2023《化学分析实验室内部质量控制指南——控制图的应用》进行。这些内部质量控制数据也可以用于各种试剂耗材、标准物质、设备等的验收或期间核查。

3.4.2.2 分析数据失控的处理

在分析测试日常工作中,应特别关注控制值落在控制限之外,或控制值在一时间段内呈现一种系统性变化规律或倾向的情况。当出现分析数据失控时,通常有以下三种处理方法:

(1)识别过失错误偏差。在完全相同的条件下,严格按照分析方法对质控样品进行重新分析,若重新测试的质控样品数据在控制范围内,则可认为前次失控可能是由于过失错误造成的,可以重新对整个分析批进行测试;若重新测试的质控样品数据仍然处于失控状态,则很有可能存在系统误差,需要通过4M1E法系统查找原因。

(2)消除系统误差。可以对不同代表性质控样品(如不同浓度水平基质CRM、标准溶液等)进行分析,从4M1E要素进行逐个分析,必要时可以进行人员比对、仪器比对或实验室间比对,找到产生系统误差的原因,并通过有效办法进行消除。

(3)减少随机误差,提高精密度。采用质控样品(如CRM、标准溶液、空白样品等)对分析方法的步骤或程序进行逐个分析,找出误差最大的步骤或程序,并对其进行改善,提高方法精密度,减少随机误差。

为更好实现持续质量控制与提升,实验室应记录其发现的质量问题及其解决方案。

3.5 "环"要素管理

"环"指科研和分析所处的环境条件,包括电源工作电压、环境温度、湿度、磁场、振动、空气颗粒物等。实验室应通过有效措施,如实验室6S管理办法(见第4章)确保实验室安全及实验所需的环境条件,保证实验结果有效性。

实验室应配备齐全、功能有效的安全防护装备与设施,如灭火器、灭火毯、消防栓、紧急洗眼器与喷淋装置、防毒面具、护目镜、防护手套、医药箱等(见第1章),并定期对其功能有效性进行检查并保存记录。

实验室应分区合理、整洁、干净,避免产生相互干扰和交叉污染。实验室环境条件(如空气中的灰尘、酸雾或有机物等)不应对实验原料、标准物质或其他试剂造成污染,影响实验结果的有效性。

当环境条件影响实验结果有效性或实验方法对环境条件有要求时,实验室应对环境条件进行监控,确保实验结果有效性,同时做好环境条件记录。

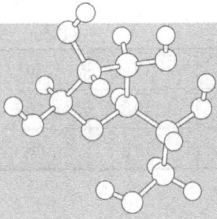

6S 管理是实验室对"人、机、料、法、环"等五要素进行有效管理的一种手段，包含整理（Seiri）、整顿（Seiton）、清扫（Seiso）、清洁（Seiketsu）、安全（Safety）和素养（Shitsuke）等要素，在创造科学合理、安全、干净、整洁的实验室场所，提升人员素养，培养新工科复合型人才方面具有重要作用。

4.1 6S 管理内容与要点

4.1.1 6S 的起源与发展

5S 包含整理（Seiri）、整顿（Seiton）、清扫（Seiso）、清洁（Seiketsu）、素养（Shitsuke），最早起源于日本，因五个单词的日文罗马拼音首字母均为 S 而得名。5S 在促进企业长足发展、推动世界经济繁荣方面发挥了重要作用，已成为企业管理的基础管理模式。

5S 引入我国后，海尔公司对其进行了延伸，增加安全（Safety）要素，形成了 6S 管理理论。后来也有企业在 6S 管理的基础上，增加节约（Save）要素，形成 7S 管理理论。

为什么需要进行 6S 管理呢？6S 管理究竟有什么好处呢？我们通过以下两个例子进行说明。

【例 4-1】 请从图 4-1 中找出 1～60 中缺失的数字。

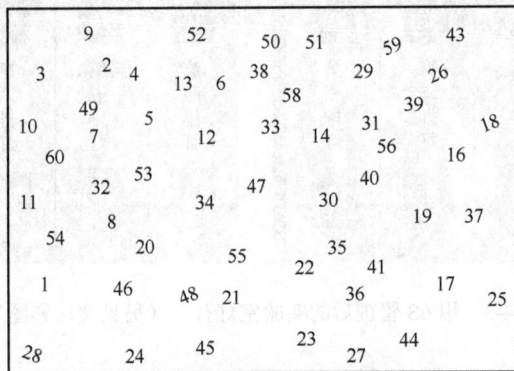

图 4-1 一组无序排列数字

表 4-1 一组数字按从小到大排列

1	2	3	4	5	6	7	8	9	10
11	12	13	14		16	17	18	19	20
21	22	23	24	25	26	27	28	29	30

续表

31	32	33	34	35	36	37	38	39	40
41		43	44	45	46	47	48	49	50
51	52	53	54	55	56		58	59	60

从图 4-1 可以看出，数字的排列没有规律，找出 1~60 中缺失的数字需要花费较长的时间，而且容易找错或找漏数字。如果换一种方式，对数据进行排序，并结合颜色进行区别，如表 4-1 所示，则能很快找到缺失的 3 个数字（15、42 和 57）。这样，可以大大缩短查找的时间，提高工作效率。

【例 4-2】 灯开关如图 4-2 所示，离开实验室时，请关掉第二排灯，其他灯不能关。

图 4-2　实验室灯开关

从图 4-2 可以看出，实验室的灯开关没有做任何标识。离开实验室很难准确关掉第二排灯，除非是非常熟悉实验室的人员，否则很容易将其他在用的灯关掉，甚至造成安全问题。如果将实验室灯开关做好标识，如图 4-3 所示，则很容易精准开关灯（完全不熟悉实验室的人员也可以做到）。

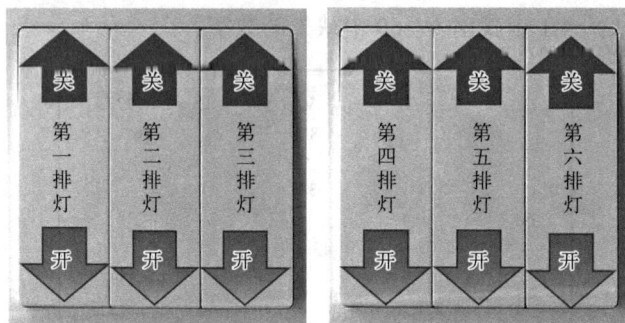

图 4-3　用 6S 管理后的实验室灯开关（另见文后彩图）

4.1.2　6S 要素管理的内容与作用

4.1.2.1　整理（Seiri）要素

第一个"S"整理是指将实验室内所有物品进行分类，区分必需品和非必需品，只保留必需品，坚决清除非必需品。整理要素改善的对象是被占用的"无效空间"，是改善实验室环境的第一步。

（1）推行整理要素的作用

——消除现场杂物、混放、乱放，改善和增加实验室空间；

——疏通安全通道，减少碰撞，保障安全；

——消除实验原料混杂或错用风险；

——合理存量，节约资金；

——营造良好实验室环境。

（2）整理要素推行步骤

第一步：明确实施整理的范围及"必需品"与"非必需品"的标准。

第二步：判定去留，确定"必需品"合理数量。"必需品"可根据使用频率和使用价值来决定，如可将使用频率为每天、每周或一个月的物品定为"必需品"；使用频率超过一个月的物品定为非必需品。实验室可根据具体情况设定"必需品"的判定标准。

第三步：将"非必需品"清出实验室。规划"非必需品"暂存区，根据标准对整个实验室物品进行整理；在暂存区集中堆放"非必需品"；与相关部门或实验室共同对"非必需品"进行分类处理；统计"非必需品"处置一览表。

（3）整理要素推行要领

——全面检查实验室现场；

——根据使用频率和使用价值制订"必需品"和"非必需品"判定标准；

——果断清除"非必需品"；

——制订"非必需品"处理方法；

——定期检查；

——不产生新的"非必需品"。

4.1.2.2　整顿（Seiton）要素

第二个"S"整顿是将保留下来的"必需品"按要求，通过可视化和标准化管理方法进行科学合理的布局和摆放，做到定位、定品和定量（三定原则），且标识明确。整顿要素改善的对象是寻找"必需品"的时间。

三定原则：

——定位：放哪里？

——定品：放什么？

——定量：放多少数量？

（1）推行整顿要素的作用

——保证实验场所井然有序，一目了然；

——缩短寻找"必需品"的时间，能快速取出、立即使用并迅速归还，提高工作效率；

——合理存量，"必需品"过量和差缺一目了然，节约占用资金；

——快速识别不规范行为。

（2）推行整顿要素的步骤

第一步：规划"必需品"放置场所。按物品名称、物品性质、物品使用频率对"必需品"进行归类，根据实验室环境和实际工作需要，按拿取、归还、管理方便和易掌握的原则确定"必需品"放置场所。"必需品"放置不宜距离使用场所太远或太分散。

第二步：确定"必需品"放置方式和放置数量。根据物品使用需求量和消耗量，确定物品放置数量。

第三步：明确标识，可视化管理（又叫目视管理或看得见的管理），及时掌握实验室的现状、发现并处理异常状况。

（3）整顿要素推行要领

——设法减少"寻找物品"的时间浪费；

——准确定位和科学摆放；

——只摆放最低量必需品；

——标识明确，可视化管理；

——易于辨认、遵守和更改；

——易于辨识异常。

4.1.2.3 清扫（Seiso）要素

第三个"S"清扫是根据整理、整顿的结果，将实验场所和设备清理干净，保持干净整洁的环境，同时通过点检发现问题，排除干扰正常实验的隐患，从源头防止和杜绝一切危险源、污染源、故障源、缺陷源的产生，对出现异常的情况立刻处理，使之恢复正常。

（1）推行清扫要素的作用

——保持实验室干净明亮；

——缩短清扫时间，延长清扫周期；

——发现问题，减少设备故障，提高设备性能；

——从源头防止和杜绝一切危险源、污染源、故障源、缺陷源的产生。

（2）推行清扫要素的步骤

第一步：明确区域及设备责任人；

第二步：将现场环境打扫干净并处理废弃物；

第三步：通过点检与清理，找出存在的问题与原因，提出改进和预防措施；

第四步：推行方法标准化。

（3）清扫要素推行要领

——责任到人，检查落实；

——保持干净整洁的状态；

——点检发掘问题；

——异常问题及时处理；

——深入调查分析源头问题；

——对源头问题提出改进和预防措施。

4.1.2.4 清洁（Seiketsu）要素

第四个"S"清洁是指重复不间断地做好整理、整顿和清扫，使其标准化、制度化和日常化，持续维护并保持最佳状态。清洁是对整理、整顿和清扫等3S的持续坚持、深入及成果维护，是消除安全隐患和故障的根源和保障。

（1）推行清洁要素的作用

——通过制度化、标准化长期维持 3S 实施成果，不恢复脏乱、不制造脏乱、不扩散脏乱，维持洁净状态；

——定期检查，持续深化改善，让实验室每位成员养成 6S 的习惯。

（2）推行清洁要素的步骤

第一步：通过标准化（如标识方法和工具标准化、清扫部位与清扫频次标准化、目视化管理标准化等）固化整理、整顿和清扫 3S 成果，持续深化改善。

第二步：建立标准化、系统化 6S 管理制度体系，包括但不限于 6S 组织及活动方式的制度化、检查与考核制度化、评比与奖惩的制度化等。

第三步：监督检查与考核评价，如自我检查、巡视检查和评比等。

（3）清洁要素推行要领

——标准化与制度化，巩固整理、整顿和清扫 3S 成果；

——定期检查，发现问题，持续改进；

——长期坚持。

4.1.2.5　安全（Safety）要素

第五个 "S" 安全是指重视安全教育，建立实验室安全管理制度，改善不安全行为和不安全状态，让实验室每个成员都养成安全第一的观念及素养，防患于未然，建立贯穿于整个实验过程的安全工作环境。

实验室安全非常重要，需要遵守的制度和内容详见第 1 章。实施安全要素需要和组织的安全管理结合起来。

（1）推行安全要素的作用

——树立安全意识、建立安全工作环境；

——保障实验室成员的人身安全；

——保障组织的财产安全；

——减少安全事故；

——提高工作积极性；

——培养社会责任。

（2）推行安全要素的步骤

第一步：识别危险源和不安全行为。

第二步：建立实验室安全管理制度及安全应急预案。

第三步：使用安全警示标识。

第四步：进行安全培训。

第五步：定期安全检查。

第六步：改进与预防不安全环境与不安全行为。

常见的安全标识可以通过不同的颜色进行标识，如图 4-4 所示：

——红色：常用来标识禁止、停止和消防相关信息，如 "禁止饮食" "禁止烟火" "禁止使用手机" 等；

图 4-4　常见安全标识（另见文后彩图）

——黄色：常用来标识注意危险信息，如 "当心触电" "注意高温" "当心辐射" 等；

——绿色：常用来标识安全无事信息，如"安全出口"指示等；

——蓝色：常用来标识强制执行，如"必须佩戴防毒面具""必须佩戴护目镜"等。

（3）安全要素推行要领

——识别危险源及不安全行为；

——做好安全警示标识；

——做好安全培训；

——重视安全检查、安全改进与预防。

4.1.2.6　素养（Shitsuke）要素

第六个"S"素养要素，是指让实验室每位成员自觉遵守规章制度，养成良好的习惯，以身作则，保持整洁有序的工作环境。素养要素是 6S 管理的核心，目的是提高人员的素质，打造积极主动的优秀团队。人员素质的提高是 6S 活动持续顺利开展的关键。

（1）推行素养要素的作用

——提高人员的素质；

——打造优秀团队；

——为其他活动的开展奠定基础。

（2）推行素养要素的步骤

第一步：制订共同遵守的规章制度和行为准则，并将其可视化，营造良好的实验室环境。

第二步：开展各种教育培训。

第三步：开展各种自主改善活动，激发实验室成员工作积极性和责任感。

（3）素养要素推行要领

——持续推动整理、整顿、清扫、清洁、安全等 5S，直至标准化、习惯化；

——制订易遵守、易执行的规章制度和行为准则；

——开展教育培训及精神提升活动，激发实验室成员责任感。

4.1.3　6S 要素之间的关系

6S 管理包含整理、整顿、清扫、清洁、安全和素养 6 个要素，即 6 个"S"。6 个要素之间的关系并不是完全孤立的，而是相辅相成，组成一个完整的管理系统。整理、整顿、清扫、清洁 4S 要素，其目的主要是优化实验室环境，提高工作效率；安全和素养要素则保障实验室安全，提高人员素质，打造高素质团队，进一步起提质增效的作用。它们的关系如下：

第一个"S"整理留下"必需品"，是第二个"S"整顿的基础；第二个"S"整顿是对"必需品"进行科学合理的布局与摆放，设法减少"寻找必需品"的时间浪费，是第一个"S"整理的巩固。

第三个"S"清扫通过点检发现问题并解决问题，缩短清扫时间、延长清扫周期，从源头防止和杜绝一切危险源、污染源、故障源、缺陷源的产生，体现整理、整顿两个"S"的效果。

第四个"S"清洁通过制度化维持整理、整顿、清扫 3S 的成果，让每个成员养成良好的习惯。

第五个"S"安全让每个实验室成员养成安全意识，消除不安全行为及安全隐患，营造安全实验环境。

第六个"S"素养是前面 5 个"S"的成果和终极目的。良好素养的形成又可以进一步促进整理、整顿、清扫、清洁、安全活动的持续深入开展。6S 要素之间的关系如图 4-5 所示。

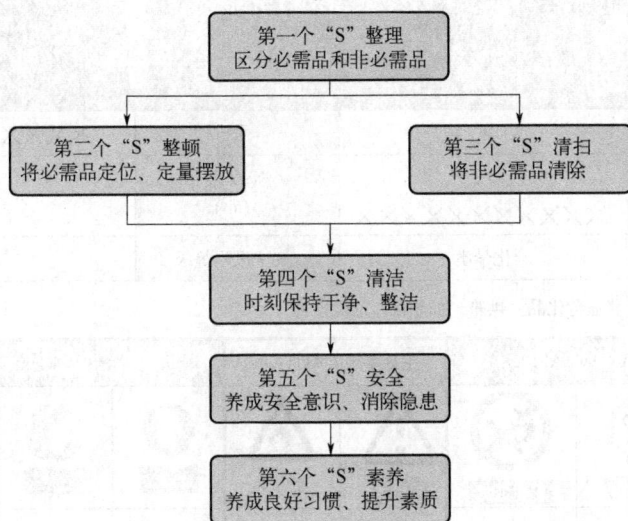

图 4-5　6S 要素关系图

4.2　实验室 6S 推行样板案例

以下主要给出实验室一些 6S 推行样板案例供读者参考，如消火栓、灭火器、洗眼器和喷淋装置、实验室安全信息表、配电箱、实验室台面、地面、维修通道、仪器设备、通风柜、废液收集、固体废物收集、试剂存放等 6S 管理案例，如图 4-6～图 4-17 所示。

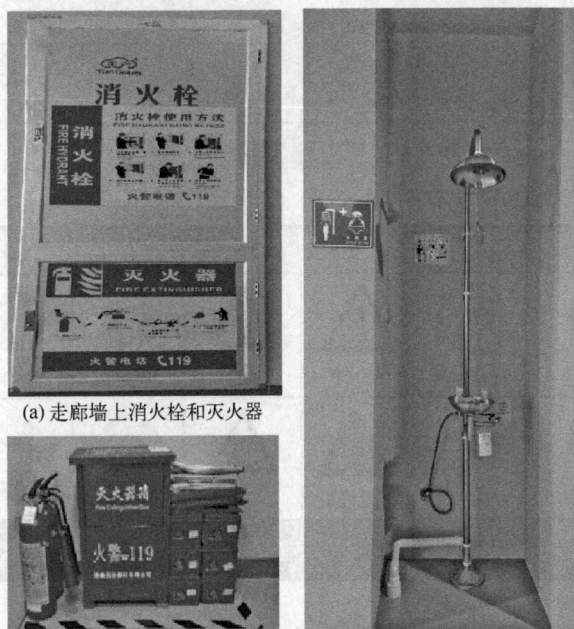

(a) 走廊墙上消火栓和灭火器

(b) 实验室内灭火器、灭火毯及配套用具　(c) 走廊喷淋装置和洗眼器

图 4-6　实验室安全装置

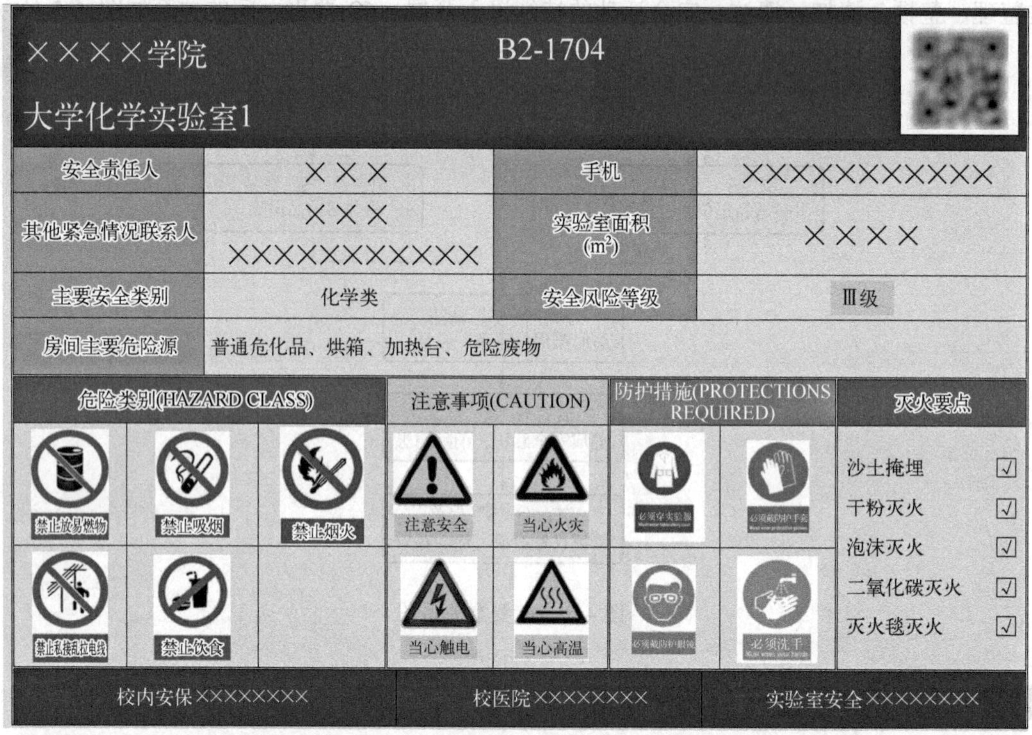

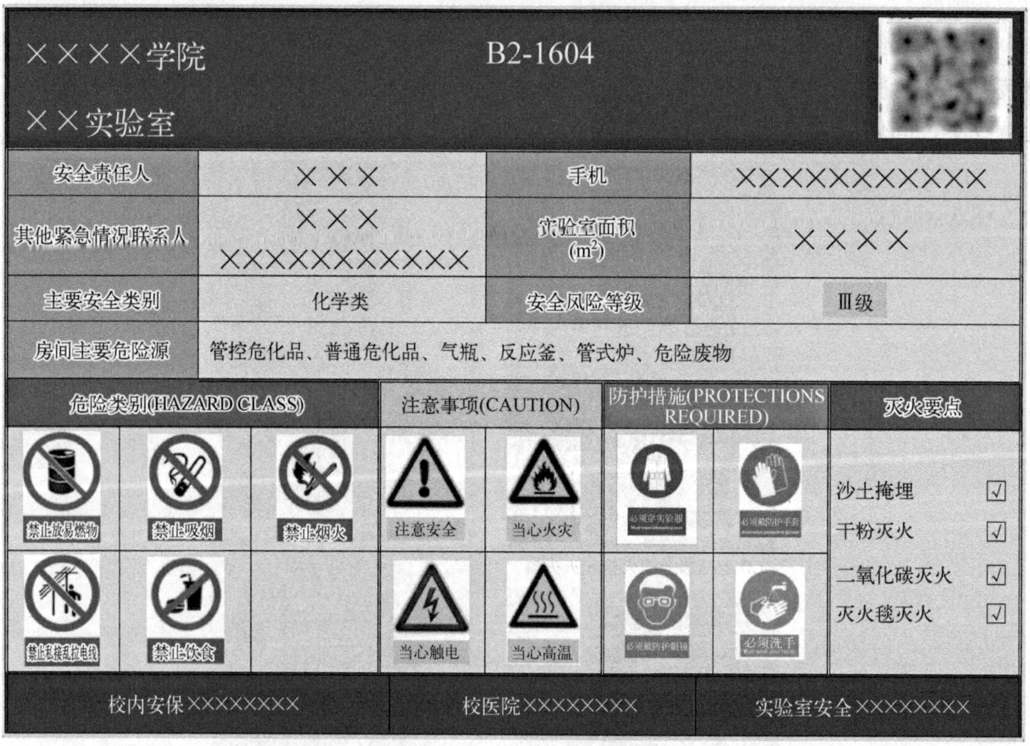

××××学院	B2-1704		
大学化学实验室1			

安全责任人	×××	手机	×××××××××××
其他紧急情况联系人	××× ×××××××××××	实验室面积 (m²)	××××
主要安全类别	化学类	安全风险等级	Ⅲ级
房间主要危险源	普通危化品、烘箱、加热台、危险废物		

危险类别(HAZARD CLASS)	注意事项(CAUTION)	防护措施(PROTECTIONS REQUIRED)	灭火要点
禁止放易燃物 禁止吸烟 禁止烟火 禁止random拉线 禁止饮食	注意安全 当心火灾 当心触电 当心高温	必须穿实验服 必须戴防护手套 必须戴防护眼镜 必须洗手	沙土掩埋 ☑ 干粉灭火 ☑ 泡沫灭火 ☑ 二氧化碳灭火 ☑ 灭火毯灭火 ☑

校内安保×××××××	校医院×××××××	实验室安全×××××××

××××学院	B2-1604		
××实验室			

安全责任人	×××	手机	×××××××××××
其他紧急情况联系人	××× ×××××××××××	实验室面积 (m²)	××××
主要安全类别	化学类	安全风险等级	Ⅲ级
房间主要危险源	管控危化品、普通危化品、气瓶、反应釜、管式炉、危险废物		

危险类别(HAZARD CLASS)	注意事项(CAUTION)	防护措施(PROTECTIONS REQUIRED)	灭火要点
禁止放易燃物 禁止吸烟 禁止烟火 禁止random拉线 禁止饮食	注意安全 当心火灾 当心触电 当心高温	必须穿实验服 必须戴防护手套 必须戴防护眼镜 必须洗手	沙土掩埋 ☑ 干粉灭火 ☑ 二氧化碳灭火 ☑ 灭火毯灭火 ☑

校内安保×××××××	校医院×××××××	实验室安全×××××××

图4-7　装贴在实验室大门墙上的教学实验室（上图）和科研实验室（下图）的实验室安全信息卡（另见文后彩图）

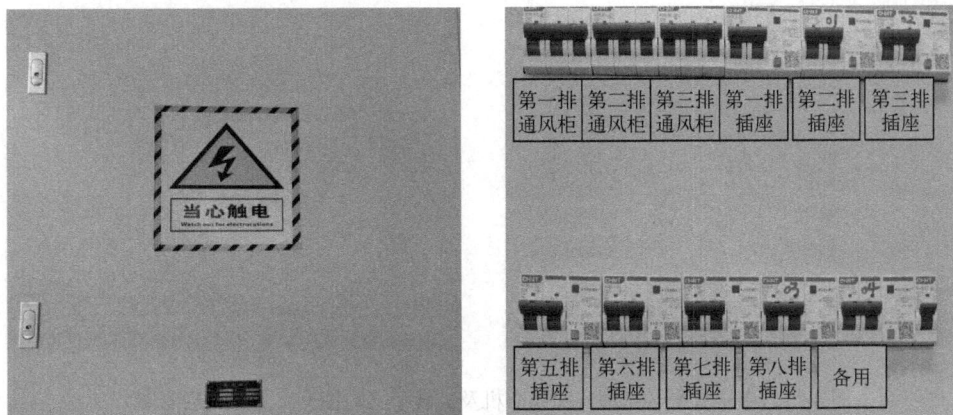

第一排通风柜　第二排通风柜　第三排通风柜　第一排插座　第二排插座　第三排插座

第五排插座　第六排插座　第七排插座　第八排插座　备用

图 4-8　实验室电箱外面（左图）和里面（右图）情况图（另见文后彩图）

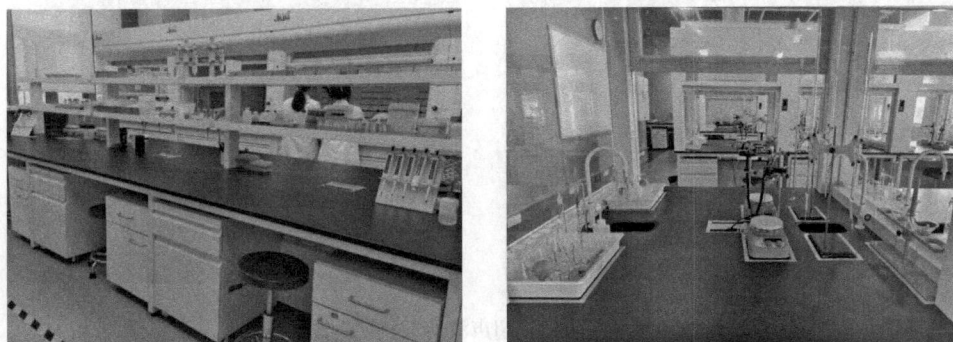

图 4-9　实验台（另见文后彩图）

图 4-10　维修通道（左图）和地面垃圾桶（右图）（另见文后彩图）

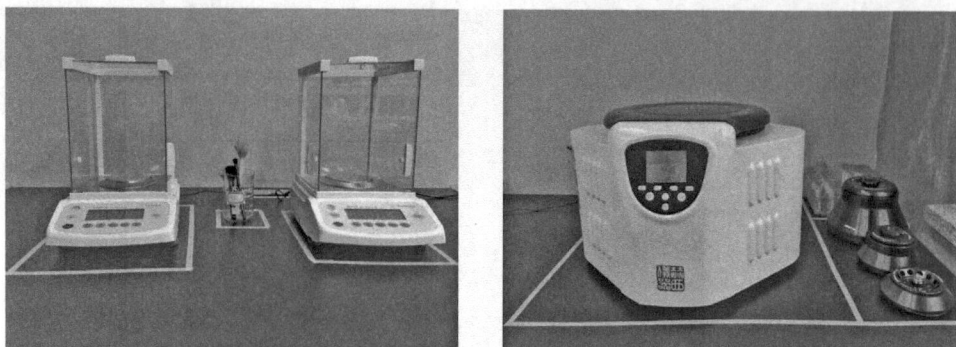

图 4-11 电子天平（左图）和离心机及其转子（右图）（另见文后彩图）

图 4-12 减压过滤装置（左图）和超声波清洗机（右图）（另见文后彩图）

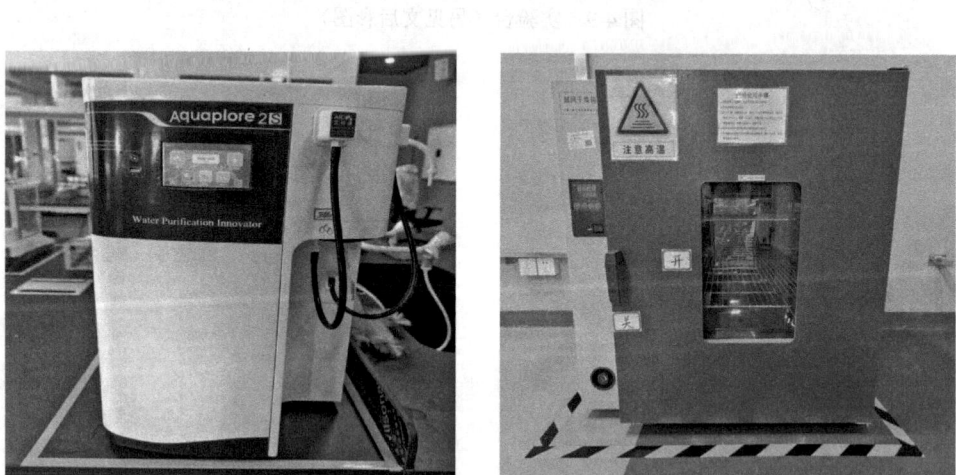

图 4-13 纯水机（左图）和烘箱（右图）（另见文后彩图）

图 4-14　通风柜内反应区、样品处理区、反应瓶处理区和废液收集区（另见文后彩图）

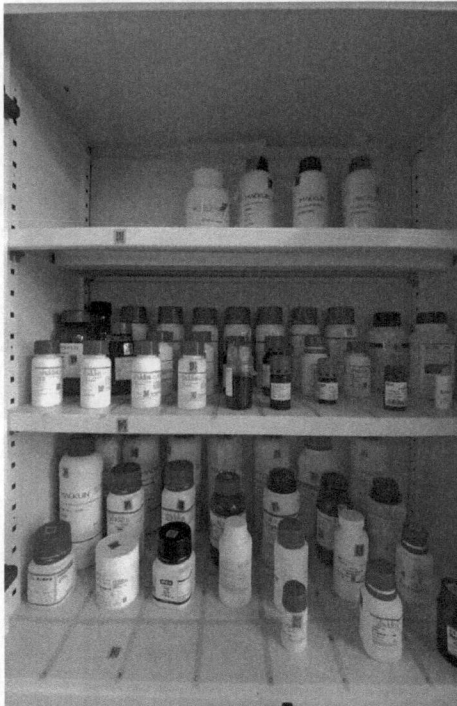

第一层药品：
聚乙二醇4000
碳酸氢钠
硅胶

第二层药品

A1 无水三氯化铁	A2 8-羟基喹啉	A3 氯化铅
B1 氯化锰四水合物	B2 氯化铝六水合物	B3 氯化镍六水合物
C1 氯化镁六水合物	C2 乙酸锰四水合物	C3 氯化钴六水合物
D1 抗坏血酸	D2 氢氧化钠	D3 氯化铜二水合物
E1 氯化钡二水合物	E2 硝酸汞	E3 亚甲基蓝
F1 无水硫酸钠	F2 无水氯化铝	F3 氯化铟
G1 硫酸亚铁铵六水合物	G2 1,10-菲咯啉一水合物	
H1 无水氯化钙	H2 乙酸镍(二)四水合物	H3 亚硝基铁氰化钠
Ⅰ1 氯化铬六水合物	Ⅰ2 氯化亚铁	Ⅰ3 醋酸锌

第三层药品

A1 氯化钾	A2 碳酸氢二钠十二水合物	A3 DL-酒石酸钾钠	
B1 二苯偶氮碳酰肼	B2 柠檬酸钠	B3 二(羟甲基)氨基甲烷	
C1 氯化钾	C2 二苯氨基脲	C3 表面活性剂S9	
D1 柠檬酸钠二水合物	D2 酒石酸钾钠	D3 聚乙烯吡咯烷酮	D4 N-2-羟乙基哌嗪-N-2-乙磺酸
E1 固体亚硫酸钠	E2 水杨酸钠	E3 聚乙烯吡咯烷酮K30	E4 N-2-羟乙基哌嗪-N-2-乙磺酸
F1 聚乙二醇	F2 氢氧化钠	F3 硫脲	F4 二苯基碳酰二肼

图 4-15　试剂柜（另见文后彩图）

图 4-16 冰箱

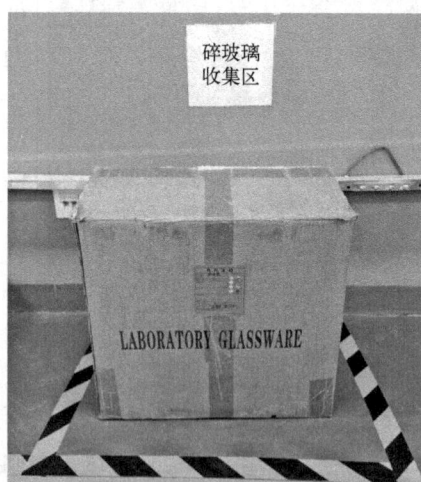

图 4-17 固体废物收集区

4.3 实验室 6S 管理的持续改进

6S 管理活动难度不大，短期开展容易，重点是如何能长期保持规范化管理，并持续改进。实验室 6S 管理的持续改进需要实施标准化管理，包括摆放标准化、标识标准化、管理要求标准化等。标准化管理应充分考虑易于遵循和实施的原则，需要突出重点、语言简洁易懂、责任清晰、目标和方法明确，且需要根据实施情况，不断修订完善。同时需要定期对实施效果进行检查（可参考表 4-2 进行检查），对于发现的不符合现象，应通过 4M1E 法（第 3 章）找出不符合原因，及时采取有效改进措施，预防同样或类似的问题再次发生，运用 PDCA 循环方法实现 6S 管理的持续改进。

PDCA 循环又叫戴明环，其中：

P（plan）——计划，即制订纠正和预防措施的实施计划；

D（do）——执行，即按计划实施；

C（check）——检查，即检查纠正和预防措施的效果；

A（ation）——处理，即对检查的结果进行处理。有效果的改进措施或经验应加以肯定，并通过标准化方式进行巩固；未得到解决的问题进入下一个 PDCA 循环。即在 PDCA 循环中，上一个循环是下一个循环需要解决问题的依据，下一个循环是对上一个循环的预防和纠正。通过持续改进，将事后处理转换成事前预防，包括预防整理、预防整顿等，做到及早预防、及时应对、及时处理。

6S 实验室管理的主要目的是为实验室成员创造一个安全、干净、整洁的工作环境，提升团队成员素养。6S 实验室管理的对象是"实验室环境"与"人员素质"，其管理的核心是人员素质的提升。团队素质的不断提高是 6S 管理活动持续开展和持续改进的根本基础，而持续改进则是 6S 管理活动的终极目标。

表 4-2　实验室 6S 检查示例

序号	对象	标准
1	人员	(1) 穿戴工作服和规定的安全防护工具； (2) 水壶等生活用品应在指定区域按要求摆放整齐
2	设备	(1) 状态标识正确且有效，使用和维护记录清晰； (2) 关键步骤应做可视化操作指引，以保证使用性
3	物料	(1) 有明确标识，名称标志对外； (2) 无过期现象，按要求保存； (3) 容器、托盘等无破损； (4) 工具、夹具按要求分类存放，用后及时归位
4	安全	(1) 安全警示区应标识清晰，特殊区域有防撞保护； (2) 大功率电器等特殊设备应有明显标识且无安全隐患； (3) 危险化学品应隔离堆放、远离火源、有明显标识并有专人管理
5	地面	(1) 区域划分合理且标识清晰； (2) 过道通畅； (3) 整洁、干净、无积水、无污染源
6	墙面	(1) 墙面整洁、干净、无脱落、未挂非必需品； (2) 贴挂整齐； (3) 电器开关状态安全且标识清晰

序号	对象	标准
7	门窗	（1）各实验室有门牌标识； （2）玻璃门窗有防撞标识、无破损； （3）整洁干净
8	天花板	（1）无脱落； （2）未悬挂非必需品
9	仓库	（1）样品分区合理且标识清晰； （2）及时处理已完成的实验样品
10	资料	（1）实验室的受控资料需要有明确的受控标志，如受控、作废等； （2）实验室不出现非受控资料

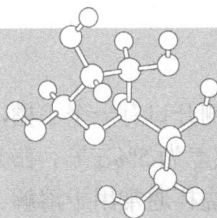

第 5 章
常用玻璃仪器的功能与使用

反应仪器是开展自然科学实验所需的重要工具。科学实验中使用到的化学物质种类繁多，理化性质各异，如具有腐蚀性的酸、碱、盐等无机物，具有挥发性和强溶解性的乙醇、丙酮、乙醚等有机溶剂，具有强毒性的氰化钾、苯、金属铊等，或如吡啶、硫化氢、乙硫醇等具有强烈刺激性气味的药品等。开展实验时盛装这些化学物质的反应仪器材质最好的选择无疑是玻璃（氢氟酸类和强碱类药品需使用塑料瓶盛装），因其具有耐腐蚀、耐高温、耐溶剂性等优点，并且在一定的温度下能够熔融成型而制成各种不同的形状。因此，化学实验室所使用的反应仪器大部分是玻璃材质。但不同的玻璃仪器，其结构、规格、性能、操作方法及使用范围都不同，使用者应根据实验目的、实验方法进行合理的选择。

为了更好地帮助读者了解并掌握不同玻璃仪器的用途及使用方法，本章节将根据结构和用途对不同的玻璃仪器进行分类，并详细介绍化学实验室中常用的玻璃仪器。

5.1 常见玻璃仪器的功能与使用注意事项

依据实验室玻璃仪器的构造、功能及使用注意事项，将常用玻璃仪器分为以下八大类：

（1）烧器类玻璃仪器　此类玻璃仪器可以间接或直接加热，如烧杯、锥形瓶、烧瓶等。

（2）量器类玻璃仪器　此类玻璃仪器可以准确测量或粗略量取液体体积，如量筒、容量瓶、移液管、滴定管等。

（3）瓶类玻璃仪器　此类玻璃仪器一般用来存放固体或液体化学药品，如称量瓶、试剂瓶、滴瓶等。

（4）管、棒类玻璃仪器　此类玻璃仪器一般是指用来暂时存放、混合、输送化学试剂的容器或棒管类仪器，如试管、冷凝管、比色管等。

（5）气体操作玻璃仪器　此类玻璃仪器主要用于各种气体的发生、收集、贮存、处理、分析测量等，如洗气瓶、气体干燥瓶等。

（6）加液和过滤类玻璃仪器　此类玻璃仪器多为各种漏斗和配套使用的过滤仪器，如分液漏斗、抽滤瓶等。

（7）标准磨口玻璃仪器　此类玻璃仪器具有磨塞和标准磨口，可以组合使用。

（8）其他　可单独或者配合其他玻璃仪器使用的仪器，如表面皿、研钵、干燥器、色谱柱等。

以下对各类常见玻璃仪器的功能与使用注意事项进行详细介绍。

5.1.1　烧杯

烧杯（图5-1）是化学实验室最常见的玻璃器皿，呈圆柱状，顶部一侧开口有一个小槽，一般外表面标有刻度，可粗略估计液体的体积，但分度不太精确，最大误差为5%左右，在分度表上常印制有"APPROX"字样（表近似），因此，不能作为度量依据。烧杯通常用于溶解、反应或稀释较大量的溶液试剂，促进溶剂蒸发等，操作时多用玻璃棒或磁力搅拌加速反应溶

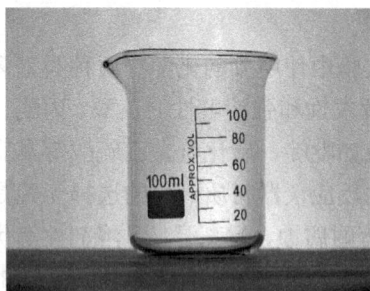

图5-1　烧杯

解，也可用于称量具有腐蚀性的固态药品或组装水浴加热装置。烧杯按其容积大小来区分，常见有50mL、100mL、250mL、500mL等规格。

注意事项：

（1）溶解或者需要加热时所盛液体不超过容积的1/3。

（2）加热酸性或其他腐蚀性溶液时，杯口用表面皿覆盖，以免液体溅出。

（3）用玻璃棒搅拌时，沿杯壁均匀顺时针旋转玻璃棒，不要触及杯壁与杯底。

（4）不能长时间存放化学药品试剂，用完尽快清洗干净。

5.1.2　锥形瓶

锥形瓶（图5-2）又被称为锥形烧瓶或三角烧瓶，常由硬质玻璃制成，瓶身较长，切面呈三角形，口径小，底面较大，重心在下部，结构稳定，不易倾倒。因手持其瓶身振荡时充分反应且不易溅出，常用于滴定反应操作，也可用于组装气体发生器、洗瓶、蒸馏装置的接收器或代替试管等气体反应的发生器。锥形瓶可置于电炉或水浴中加热，其规格按容积大小区分有100mL、250mL等。

图5-2　锥形瓶

注意事项：

（1）振荡操作时，锥形瓶所盛液体一般不能超过容积的1/2，过多容易喷溅。

（2）滴定操作时，只能振荡，不能搅拌。

（3）加热时，需要在加热台上垫加热垫。

5.1.3　烧瓶

烧瓶（图5-3）是可耐一定程度加热的有颈玻璃器皿，一般用作液体剂量较大的反应容器，也常组装于各种气体发生装置或有液体参与反应的反应器中。常见的有圆底烧瓶和平底烧瓶，圆底烧瓶一般用作有加热要求的反应容器，因其底部厚薄均匀，无边棱，可长时间加热。平底烧瓶可用作轻度加热条件的发生器，也常用来装配洗瓶等，一般不选用平底烧瓶作为加热反应容器，因其底面积较小且边缘有棱，加热会产生应力导致碎裂。其规格按容积大

小分，常用的有 150mL、250mL、500mL 等。另外，蒸
馏烧瓶也属烧瓶类，其主要用于混合液体的蒸馏或分馏，
不同之处在于瓶颈部位有略向下的支管，可用于分离互
溶的、沸点相差较大的液体。常压蒸馏烧瓶的支管位于
瓶颈不同位置，沸点比较高液体的蒸馏，选用支管在下
端的；沸点比较低的液体的蒸馏，则选用支管在上端的。
除常压蒸馏烧瓶外还有减压蒸馏烧瓶，蒸馏烧瓶的规格
按其容积大小区分有 50mL、150mL 等。

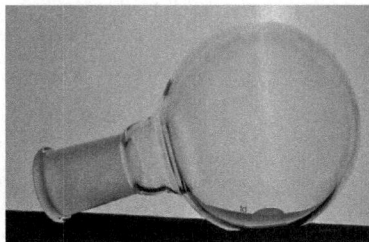

图 5-3　烧瓶

注意事项：

（1）圆底烧瓶加热液体时，液体体积不能超过其容积的 2/3。

（2）加热时烧瓶外壁应无液珠，不能直接加热，应放在加热垫、水浴或油浴中，使其受热均匀。

（3）蒸馏烧瓶使用时如需加温度计等配件，需选用合适的橡胶塞并检查气密性。

（4）实验结束后，应先撤去热源，静置冷却至室温，再处理废液，清洗。

5.1.4　量筒

量筒（图 5-4）是用来度量液体体积的玻璃量器（少数为塑料或其他材质），规格以标称总容量表示，实验室常用的量筒规格有 10mL、50mL、100mL 等。杯壁外表面刻有单位"mL"，如 10mL 量筒分度值为 0.2mL，50mL 量筒分度值为 1mL。量筒的精确度较低，总容量越大，其精确度越小，误差也越大。因此，应根据实验需要，选择能一次量取的最小总容量的量筒，分次多次累加量取会带来更大的误差。

注意事项：

（1）量筒不能加热，不能量取热溶液，不能作为反应容器。

（2）读数时，视线与凹液面最低点相平。

（3）量筒无"0"刻度，通常可以不润洗。

（4）量筒不能长时间盛装液体。

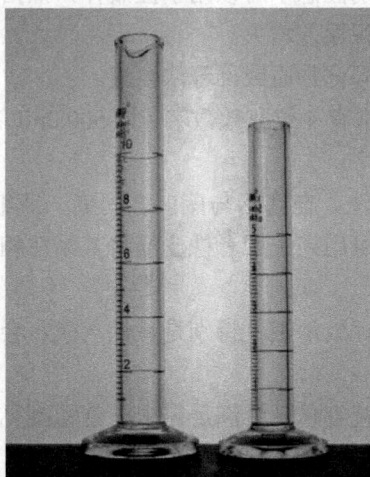

图 5-4　量筒

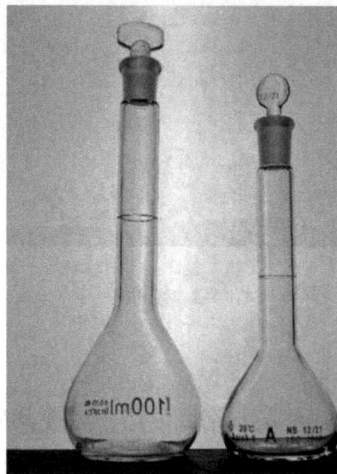

图 5-5　容量瓶

5.1.5　容量瓶

容量瓶（图 5-5），用于配制准确浓度的溶液，一种细颈、梨形的平底玻璃器皿，有标配的磨口玻璃塞，瓶身上标有温度、容量等，颈上的标线表示在标定温度下所盛液体凹液面与之相切时，液体体积刚好与容量瓶标称体积相等。

使用步骤：

（1）查漏　使用前应先检验是否漏水，具体操作：瓶中装半瓶水，塞紧瓶塞；右手食指按住瓶塞，左手托住瓶底，将瓶旋转倒立 2min 左右，用干燥的滤纸片贴在瓶口隙缝处检查有无水渗出来。如不漏水，将瓶重新直立，轻轻转动瓶塞 180°，塞紧后再倒立 2min 左右，仍不漏水便可开始使用。

（2）清洗　将检漏合格的容量瓶先后用洗液、自来水、蒸馏水清洗干净，直至内壁不挂水珠。

（3）物质的溶解　把精准称量的固体溶质放到洁净干燥的烧杯中，先加少量溶剂，溶解，冷却至室温后，借用玻璃棒引流，移液到容量瓶。特别注意：玻璃棒的一端贴在瓶内壁稍低于颈部标线处，其他部分不可接触瓶口。

（4）淋洗　用溶剂分多次且每次少量清洗盛过溶液的烧杯，用玻璃棒引流，清洗液转移到容量瓶里。

（5）定容　向容量瓶内加溶剂直至液面低于瓶颈标线 1cm 左右时，用一次性滴管慢慢滴加至溶液凹液面与标线刚好相切，如果不慎超出刻度线，则需重新配制。

（6）摇匀　盖紧瓶塞后，一只手按住瓶塞，另一只手托住瓶底，倒转、旋摇，使溶液混合均匀（静置后液面略低于标线属正常现象，因少量溶液润湿瓶颈内壁所损耗，不影响实验）。

注意事项：

（1）容量瓶不可加热。特别注意不可以用手握瓶体，热溶液需冷却至室内温度后才可以转入容量瓶中，否则易导致体积误差增大。

（2）不可在容量瓶里溶解固体物质或稀释浓溶液。

（3）容量瓶溶液的读数通常有 4 位有效数字（如 500.0mL），不可因溶液超出或是未到标线而估计更改小数位后边的数字。

（4）使用结束后应立即清洗，在塞子与瓶口之间夹一薄纸条，避免久置后粘连打不开。固定搭配的瓶塞须妥善保管，可用绳子或者橡皮筋将其系在相应的瓶颈上，以防掉落破碎或混淆使用。

（5）不可在容量瓶长时间存放溶液，特别是碱性溶液，会腐蚀玻璃容量瓶使瓶塞粘住瓶体而打不开。

（6）使用容量瓶前，先检查容积是否满足需求。若配制见光易分解的溶液，应选用棕色容量瓶。

5.1.6　单标线移液管

单标线移液管（图 5-6）用于准确量取一定体积的溶液，属于量出式玻璃仪器，是一种中间有膨大部分，下端为尖嘴状，上端管颈处刻有一条标线的细长玻璃管。常用的有 5mL、10mL、25mL、50mL 等规格。

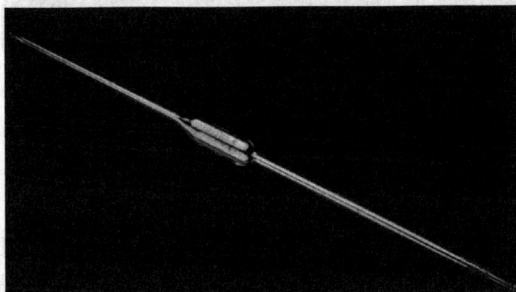

图 5-6　单标线移液管

使用步骤：

（1）溶液的吸取　将洗净的管子下端尖嘴伸入液面以下约 1cm 处，左手持洗耳球，挤出里面的空气，将其转接到移液管管口上，慢慢放松洗耳球，使溶液自然吸入移液管中，此时关注液面位置，液面超过标线后，拿走洗耳球并迅速用右手食指指腹按压着管口，让移液管离开液面，并使管尖垂直靠在容器内壁上（容器保持倾斜），微微放松食指或微微转动移液管，让液面缓缓下降，当凹液面低处与标线刚好相切时，迅速按紧管口，使液体不再流出。

（2）溶液的放出　小心移出移液管，放入接收容器中（此过程管中液体不能漏出），管尖贴靠在接收容器的内壁上，保持移液管垂直而接收容器倾斜，抬起右手食指，让液体完全自由流出，移液管管尖端处残留的微量液体不能借外力吹出（管上注明"吹"字样的除外）。正确的操作方法是把管尖轻轻靠在容器壁上，停留约 15s，让残留在管尖的液体沿着容器壁流下。

注意事项：

（1）使用移液管移取溶液时，需配合洗耳球使用。实验中，移液管与容量瓶常配合使用，因此在使用前常需要校准两者的相对体积。

（2）移液管不可在烘箱中烘干，也不能移取太热或太冷的溶液。

（3）在移取准确浓度的溶液时，需用待取溶液进行润洗。

（4）使用后，应立即用自来水和蒸馏水冲洗干净。

（5）移液管有旧式和新式，旧式管体标有"吹"的字样，需用洗耳球吹出管内尖端处残余的微量液体。新式管没有"吹"字，不能吹出管内残余的液体，否则量取的液体将超过额定的体积。

5.1.7　刻度移液管

刻度移液管（图 5-7），是带有刻度的量出式玻璃量器，用于移取非固定体积量的溶液，常用来取小体积溶液，其精准度不如单标线移液管。

使用方法及注意事项与单标线移液管类似，不再重复介绍。

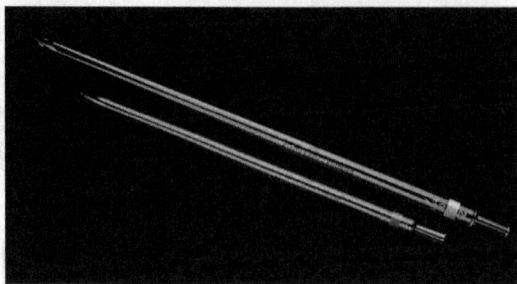

图 5-7　刻度移液管

5.1.8　滴定管

滴定管（图 5-8）是用来进行滴定分析实验操作的容器，有 5mL、25mL、50mL 等不同的规格，常有碱式滴定管、酸式滴定管。碱式滴定管的最下端是尖嘴玻璃管，尖嘴玻璃管上部连有带小玻璃珠的橡胶管，以便调控溶液的流出速度，橡胶管的下端可盛装碱性溶液或还原性溶液，不可盛装酸性和强氧化性液体（如 $KMnO_4$ 溶液）；酸式滴定管下端有玻璃活塞，一般用来盛放酸性溶液及氧化性溶液，不可盛装碱性溶液。现有聚四氟乙烯材质的滴定管活塞，酸液和碱液两用均可。

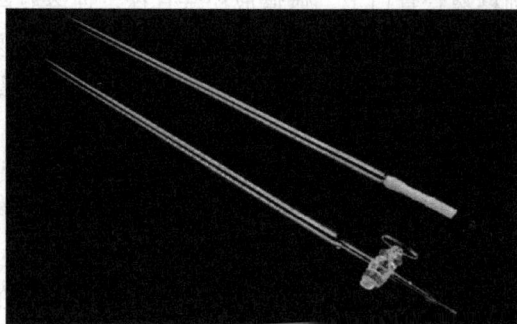

图 5-8　滴定管

使用步骤：

（1）使用前准备

查漏：滴定管内装入适量的水，直立于管架上静置约 2min，观察缝隙中是否有水渗出或有无水滴滴下，将活塞旋转 180°后再观察，不漏水即可使用。如有漏水，酸式滴定管在使用前需在活塞上均匀涂抹少量的凡士林（方法：将洗干净的滴定管活塞拔出来，用滤纸将活塞及塞套擦干，在活塞粗端和活塞套的细端两头沿圆周各涂上一薄层凡士林，然后把活塞插入套内来回转动，直到外面观察时呈透明状态即可）。碱式滴定管如漏水则需更换橡胶管或尖嘴玻璃管。

洗涤：洗净的滴定管内壁应能被水均匀润湿而无条纹，且不挂水珠。

润洗：去离子水洗净后，为了保证装入滴定管的溶液浓度不被稀释，需用适量待装液润洗 3 次（每次约 10mL）。

赶气泡：将标准溶液充满滴定管后，应检查下部是否有气泡。有气泡时须将气泡及时赶出。酸式管：打开旋塞，快速放液即可把气泡赶出；碱式管：橡胶管向上翘起约 45°，通过挤压玻璃珠让液体推动气泡往尖嘴方向移动，直至气泡被赶出，或用手指弹动橡皮管，将气泡赶到尖嘴处，再通过挤压玻璃珠让液体推动气泡往尖嘴方向移动，直至气泡被赶出。

（2）读数　读数时，应手持滴定管让其自然竖立，并将尖管下端悬挂的液滴拭去，同时视线要与液面平视，数值应估读到 0.01mL。滴定管内的液面呈弯月形，无色溶液读数时应读取溶液弯月下缘的最低点。对于有较深颜色的溶液，要读取弯月的上缘的最高点。另外，有一些滴定管的背后有一条白底蓝带，又称"蓝带"滴定管，此类滴定管中液面呈现三角交叉点，读数时应取交叉点与刻度相交之点。

（3）操作　一般将管夹在滴定台右侧，左手操作滴定管活塞或者橡胶管的玻璃珠，右手拿锥形瓶，瓶底面高于实验台 2～3cm，滴定管下尖端垂直伸入瓶口约 1cm 处，严格控制滴定速度，一边缓慢滴加，一边右手轻轻沿圆周运动旋摇锥形瓶，同时眼睛注意锥形瓶内溶液的颜色变化。

注意事项：

（1）每次滴定建议都从零刻度线开始。

（2）滴定时，左手要持续控制旋塞，不能松开放任溶液自流。

（3）摇瓶时，手腕关节转动，使溶液沿顺时针或逆时针方向旋转。摇动需控制速度，溶液旋转时应出现漩涡，也不可摇得太慢，影响溶液反应速率。

（4）滴定时，眼睛不是盯着滴定管内液体体积的变化，而要时刻观察滴落点中心区域颜色的变化。

（5）控制滴定速度。刚滴定阶段时，滴加的速度可稍快，呈"见滴成线"，10mL/min 左右即可（每秒 3～4 滴）；滴定中期阶段，注意不能太快而呈"水线"流。临近滴定终点，应控制一滴滴地加，持续轻摇锥形瓶溶液；最后，每次加半滴后充分旋摇锥形瓶，至溶液颜色变化显著。注意滴定的过程中需用洗瓶冲洗瓶颈内壁，再充分摇匀。

（6）半滴的控制和吹洗。对于酸式管，通过稍微转动旋塞，使溶液悬在管口尖嘴处以成半滴，用锥形瓶内壁靠在尖嘴处将其沾落，洗瓶吹洗。对于碱式管，通过控制左手手指松开的先后顺序，挤出半滴溶液。滴入半滴溶液时，也可采用倾斜锥形瓶的方法，将黏附于壁上的溶液冲洗至瓶中。

（7）实验结束后，滴定管中剩余的溶液视为废液，不得将其倒回原试剂瓶。

5.1.9　称量瓶

称量瓶（图 5-9）是一种适用于分析天平准确称取一定质量易吸潮试样的玻璃瓶，也可用以烘干试样，可以防止瓶中的物质吸收空气中的 H_2O 和 CO_2 等。称量瓶常为圆柱筒形且带有磨口密合瓶盖，有高型和矮型两大类，高型一般用作称量基准物质或样品，矮型一般用于测水分或置于烘箱中烘干基准物。

注意事项：

（1）使用前要洗净烘干，使用时应小心轻放，存放在干燥器内以备随时使用。在磨口处垫一小纸条，以方便打开盖子。

（2）不能用明火加热，亦不可盖紧磨口塞烘烤，干

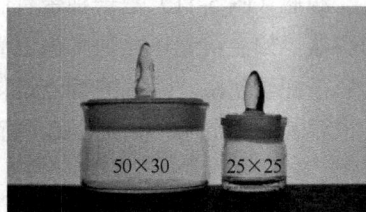

图 5-9　称量瓶

燥时温度不能太高，易造成破裂。

（3）磨口瓶塞要原配，不能互换，称量时不可用手直接拿取，应戴指套或垫以洁净的纸条。

（4）干燥失重和水分测定：取恒重后的称量瓶，打开磨口瓶盖，加入定量的样品，放置于恒温干燥箱中，干燥至恒重或连续两次称量之差在 5mg 以内，取出并将磨口盖盖上，放置于干燥器中，冷却至室温，称量重量，计算。

（5）使用完毕后清洗干净，干燥备用。

5.1.10　试剂瓶

实验室用试剂瓶（图 5-10）包括广口（大口）瓶和细口（小口）瓶，一般有透明和棕色两种，规格从 30mL 至 20000mL 不等。广口瓶主要存放取用不便而且不容易吸水潮解的固体药品，细口瓶主要存放液体试剂或易于吸水潮解的固体药品。棕色试剂瓶则用于盛装见光易发生分解、升华、挥发等反应的试剂，如硝酸银、高锰酸钾、碘化钾等。试剂瓶又分为磨口和非磨口两种。非磨口试剂瓶通常用于盛装碱性溶液或浓度较高的盐溶液等，使用橡胶塞或软木塞，以防止试剂结晶或腐蚀玻璃，导致塞子与瓶口粘结而无法打开。

图 5-10　试剂瓶

注意事项：

（1）试剂瓶只能用于贮存试剂，不能用作加热器皿，也不能注入骤冷骤热的试剂。

（2）使用时要注意原瓶用标配原塞，瓶与塞的大小规格要相匹配以利于密封，以免溶液挥发或蒸发导致浓度变化。

（3）取用试剂时，瓶塞要倒放在实验台上，用后瓶塞塞紧，必要时密封。

（4）由于瓶口内侧带有磨砂，跟玻璃磨砂塞配套，因而不能盛放强碱性试剂。如果盛放碱性试剂，要改用橡皮塞。

（5）试剂瓶不用时应清洗干净，并在瓶口与塞之间衬以纸条，以防久置后互相粘结。

（6）不能在瓶内配制溶液和久贮浓碱或浓盐溶液。

5.1.11　滴瓶

滴瓶（图 5-11）是一种带有胶头滴管，用以存放少量液体试剂或实验时需按滴加入液体的容器，如需避光保存则用棕色滴瓶。滴管与瓶之间有磨口密封，瓶口内侧为磨口，滴管与滴瓶需配套使用。滴瓶的特点是体积较小，当需要使用的液体化学药品每次用量很少时，或者很容易发生危险时，则多选用滴瓶来盛装。实验室中，通常将液体酸碱指示剂装在滴瓶中使用。

吸取液体时，先捏压橡胶头，赶走滴管的空气后，再将滴管尖嘴伸入试剂液面下，放松手指，液体即自然地吸入滴管中。

注意事项：

（1）滴瓶上的滴管与滴瓶必须配套使用，不可混用或互换。

（2）滴瓶上的滴管不要用水冲洗，滴管不可倒放、横放，以免试剂腐蚀滴管。

（3）不可长时间盛放强碱，以免强碱腐蚀玻璃塞以致滴管无法取出，也不可久置强氧化剂。

（4）滴液时，不可在液体中挤压胶帽，以免试剂溶液被空气氧化。

（5）吸取的试剂如有剩余不可倒回原试剂瓶。

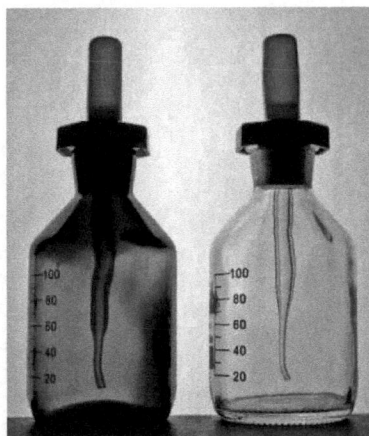

图 5-11 滴瓶

5.1.12 冷凝管

冷凝管（图 5-12）是促进可冷凝性气体冷却或回流的仪器，常用于蒸馏、分馏液体或其他有机实验。冷凝管通常由内外两根玻璃管组成，较细的玻璃管贯穿于较粗的玻璃管中。较热的气体或液体流经内管而冷凝，冷凝管的内管两端有驳口，可连接其他实验装置仪器。外管在两侧有一上一下的接口，下口通过软胶管接水龙头，冷凝管常有直形、球形、蛇形等，规格以长度表示，如 150mm。

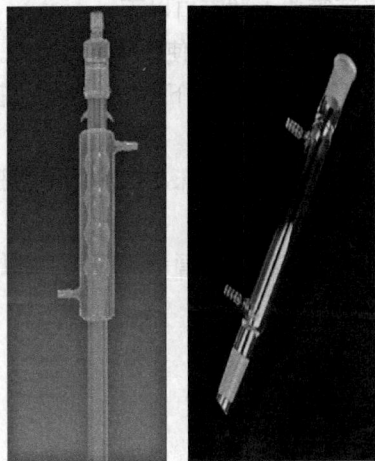

图 5-12 冷凝管

冷凝管的分类：

（1）回流冷凝管　为减少易挥发液体反应物损耗，发生装置中加回流冷凝管，使易挥发物冷凝后由气态变为液态而收集。

（2）直形冷凝管　一般用于蒸馏时蒸气温度小于 140℃ 的反应，不可用于回流。

（3）空气冷凝管　和直形冷凝管类似，蒸馏或分馏操作中蒸出产物时使用，适用于蒸馏物沸点超过 140℃ 时使用，如使用直形冷凝管通水冷却玻璃温差大会导致炸裂。

（4）球形冷凝管　结构特别，其内管有若干个玻璃球，适用的沸点范围较宽。

（5）蛇形冷凝管　因其内管为螺旋状管形，故称之蛇形。适用于沸点较低的液体的有机制备实验回流。

注意事项：

（1）进水方向要正确，从冷凝管下口进冷却水，上口出水，不得上进下出，不然轻则影响实验效果，重则会导致冷凝管爆裂。

（2）冷凝管的种类很多，要根据需要选择合适的冷凝管。

（3）使用前后都要洗净，保证管内无杂质影响实验。

（4）冷凝管属于复杂的玻璃仪器，要轻拿轻放，避免碰撞、敲打或硬物撞击。

（5）冷凝管使用时，因为进水口水压较高，为防止水管脱落，橡胶管上应以管束绑紧。

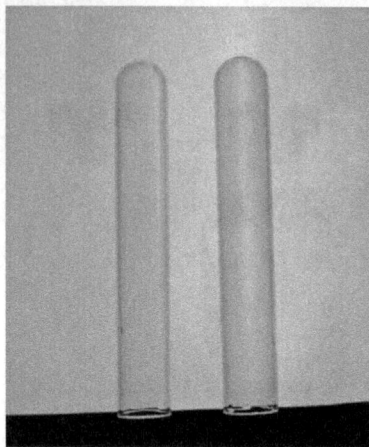

图 5-13　试管

5.1.13　试管

试管（图 5-13）可用作盛取液体试剂、固体药品或少量试剂的反应容器，也可以收集或制取少量气体。除常温下，还可在加热时使用，但加热之前应该预热，否则试管易爆裂。加热固体时，管口应略向下倾斜。常用的有普通试管和离心试管两大类。其中，普通试管的规格以外径×长度来表示，如 12（mm）×100（mm）、20（mm）×200（mm）等，离心试管以容量毫升数表示，如 1.5mL、10mL 等。

试管从造型上有平口、卷口（或圆口）等。平口试管又称细菌试管或培养试管，为圆底，管口熔光，方便用于消杀管口细菌；卷口试管的管口为卷边或圆口，用以增加其机械强度，同时便于夹持而不易脱落；具支试管不同于平口试管的是其具有侧支管，常用于组装启普发生器；另外，还有具刻度试管，通常是圆口试管，管体上有容量刻线，可直接读数。

注意事项：

（1）加热时装液量不得超过容量的 1/3，非加热使用不得超过容量的 1/2。

（2）往试管内滴加液体时滴管应垂直悬空滴加，不得将滴管伸入试管口以下。

（3）加块状固体物时，先用镊子夹取固体物放至试管口，再缓慢竖起试管使固体滑入管底。

（4）加热时管口切勿对着人；加热装有固体的试管时，管口需稍倾斜向下；加热液体时管口向上倾斜 45° 左右以增加受热面。

（5）加热前需要预热，加热过程需使试管均匀受热，外壁不能挂有水珠，加热后不能骤冷，防止炸裂或破裂。洗涤试管前需将其冷却至室温后进行。

（6）夹取试管时，需将试管夹从试管的底部慢慢往上套，夹住靠近试管口端的 1/3 部位处较为合理。

（7）加热源如用酒精灯，应使用其外焰加热。

5.1.14　比色皿

实验室常用的比色皿（图 5-14）是由石英粉烧制的，长方体形，其底及两侧面为磨砂面，另外两面为光学玻璃透光面，常应用于光谱分析的装备仪器，也有微量、半微量、荧光等比色皿出现。

注意事项：

（1）手持比色皿时，只能接触磨毛玻璃面。

（2）透光面需正对光源，如表面有水，需用无尘纸轻轻擦拭干净，不可留有水渍，以免影响检验结果。

（3）每更换一次液体，比色皿需用纯水冲洗，再用待测液润洗。

图 5-14　比色皿

（4）进行测量时，比色皿需盖上盖子。

5.1.15 洗气瓶

洗气瓶（图 5-15）是将气体通过适宜的液体介质以吸收、溶解或其他化学反应等方式除去杂质气体实现净化目的的仪器。另外，也可以用来收集气体以及计算气体体积。规格通常以容量（mL）表示，如 250mL。

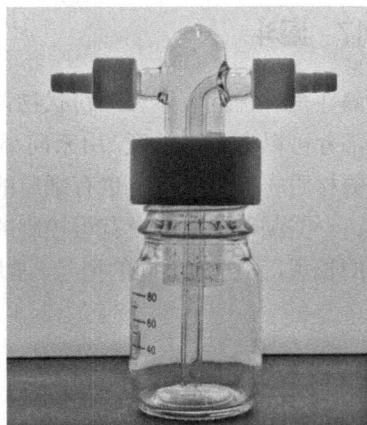

图 5-15 洗气瓶

使用方法：

（1）制气 打开橡皮塞装入固体，液体从一端流入后立即夹紧橡皮管，产生的气体从另一导管导出。为方便加液体，可将液体流入段的软管替换为长颈漏斗。

（2）贮气 根据实验需求，结合气体相对空气的密度大小，选用传统排水法、向上排空气法或向下排空气法等，用不同气体导入进出方向即可进行不同气体的收集。

（3）洗气 洗气瓶内装有吸收杂质的液体，混合气应从长端进、短端出（即长进短出或深入浅出）。

（4）验气 将验证某种气体所需的试剂溶液装入洗气瓶内，通过观察现象来验证，气体流动方向一般为长进短出或深入浅出。

（5）量气 将适量的水装入洗气瓶，如气体从一端进，水则从另一端出。可以用量筒测量排出水的体积，则为该环境条件下所产生气体的体积。

注意事项：

（1）洗气瓶内装合适的液体，使用时注意气体的流向，进气管与出气管不可以接反。

（2）洗气瓶为玻璃质，不能长时间盛放碱性液体，用后应及时清洗干净。

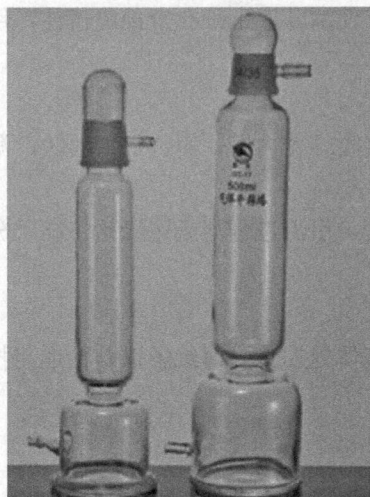

图 5-16 气体干燥瓶

5.1.16 气体干燥瓶

气体干燥瓶（图 5-16）内放置无水氯化钙、变色硅胶吸收剂等，可用于干燥带有少量水分的气体，为了得到更好的干燥效果，可使两只以上加有不同干燥剂的干燥塔串联使用。使用时将仪器洗净、烘干，由上口先装入少量的玻璃棉至塔身的束腰处（防止干燥剂落入底座），然后在塔身中放入干燥剂（如无水氯化钙、变色硅胶等），再覆盖一层玻璃棉，最后将涂抹了油脂的瓶塞塞入塔的瓶口后旋转至油脂呈透明状态后，再与整套仪器安装。根据不同气体的性质选择放置干燥剂的部位，如气体从下支管进入，再通过干燥剂后由上支管出去即可达到干燥气体的目的。

5.1.17　漏斗

漏斗是一种把液体及细粉状物体注入瓶口较小的容器中的筒形物体。在漏斗嘴部较细的管状部分可以有不同长度,用来向小口容器中转移液体,漏斗加滤纸后,可过滤固液混合物。漏斗的材质一般是玻璃,也有纸质的,纸质漏斗可用于过滤难以彻底清洗的物质,如引擎机油等。一些漏斗在嘴部设有可控制的活塞,方便控制流质流入的速度。漏斗按口径的大小和管径的长短,可分成不同的型号。常用的漏斗有普通漏斗(图5-17)、长颈漏斗、分液漏斗等。

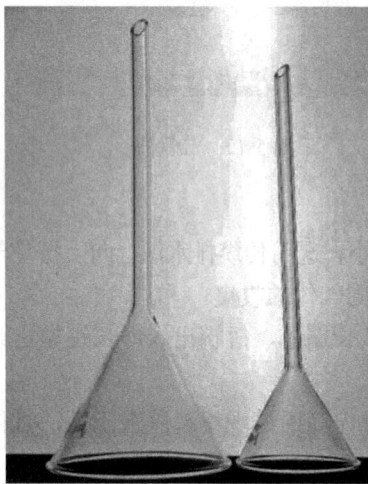

图 5-17　普通漏斗

(1)普通漏斗　主要是过滤使用。使用时漏斗的末端要紧靠烧杯内壁,防止滤液迸溅。滤纸用水润湿紧靠漏斗壁,不能留有气泡,滤纸要低于漏斗边缘,滤液要低于滤纸的边缘,防止未经过滤的液体从间隙直接流下,无效过滤。一般要用玻璃棒引流,防止滤液迸溅或液体冲破滤纸。玻璃棒下端要靠在三层滤纸处,以免戳破滤纸,降低过滤效果。

(2)长颈漏斗　用于加液或者装配气体发生器,安装时长颈漏斗要插入液面以下,防止气体逸出。颈长,容纳较多液体时不会轻易溢出,但不能用于过滤。另外,长颈部可贮存液体而对气体发生装置器发挥液封作用,因此,也被称为安全漏斗。

(3)分液漏斗　形状与长颈漏斗相似,不同之处在于分液漏斗其颈处有活塞,主要用于分液和萃取,也可以安装在气体发生装置上,但与长颈漏斗不同,可以不插在液面下,因其关闭活塞就是一个气体的密闭装置。用分液漏斗可以将液体逐滴加入,随时控制反应发生与停止,通过加入的试剂量来控制反应速度,操作非常简便。

(4)布氏漏斗　多用于减压过滤操作中需滤吸较多量固体时使用,一般为瓷质仪器,常与抽滤瓶配套使用,使用时,需用比漏斗内径略小的滤纸,使漏斗底上细孔全部覆盖住,用蒸馏水润湿滤纸,使滤纸与漏斗底部紧贴。

注意事项:

(1)过滤操作时,漏斗置于漏斗架上,斗颈下端紧靠接收容器内壁,用作加液器时,漏斗下端不能伸入液面以下。

(2)需用玻璃棒引流时,玻璃棒下端紧贴在三层滤纸处,引流过程滤纸边缘始终高于分离物液面。

(3)分液漏斗使用前玻璃活塞应涂薄层凡士林。

(4)分液漏斗如长期不用,清洗干净后,应在活塞与瓶体处加夹一薄纸条以防粘连而打不开。

5.1.18　抽滤瓶

抽滤瓶(图5-18)是一种形似锥形瓶的三角瓶,瓶壁比锥形瓶要厚,不同之处在管口处开了一个侧向连接口,一般配合布氏漏斗过滤用。为了对抗真空造成的负压,在瓶颈的下部

（肩部）和瓶底下截部位各焊接有上嘴或上下嘴两种形状。上嘴（也称上支管或单嘴）过滤瓶，是在瓶颈下端（肩部）接一个支管，用来连接抽气泵或机械泵，瓶口可放过滤漏斗，待过滤的液体通过过滤漏斗，在抽气泵的作用下形成压力差，抽滤到过滤瓶内，适用于一次性小容量液体过滤用。上下嘴过滤瓶是在单嘴过滤瓶的瓶底下截部位，与上嘴相反方向另焊接一只嘴，可用来将过滤瓶内多余的滤液放出，适用于大批量溶液的过滤。

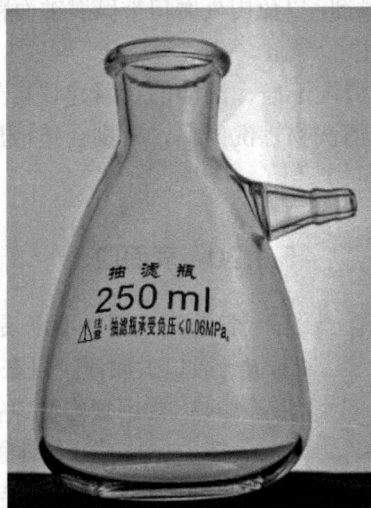

图 5-18　抽滤瓶

注意事项：

（1）漏斗下端斜口正对抽滤瓶支管。

（2）滤纸要比漏斗底部略小且把孔全部覆盖。

（3）过滤前先用溶剂润湿滤纸，抽气使滤纸紧紧贴在漏斗上。

（4）过滤物需均匀分布于滤纸上。

5.1.19　磨口玻璃仪器

　　目前实验室普遍使用标准磨口玻璃仪器，常用的标准磨口玻璃仪器有各种烧瓶、蒸馏头、干燥管、冷凝器、接收容器等。标准磨口，是指其接口部位的尺寸都是标准化的。按照磨口口径标准分为 10、14、19、24、29、40 等型号。同一规格的标准磨口仪器之间可组合装配，不同规格的磨口仪器，可以通过相应转换接头（图 5-19）装配。标准磨口仪器具有尺寸标准化、系列化、磨砂口塞的密合性好等特点，利用不多的器件可组合成多种功能的实验装置，利用率高，且仪器安装、拆卸简单方便，效率高。

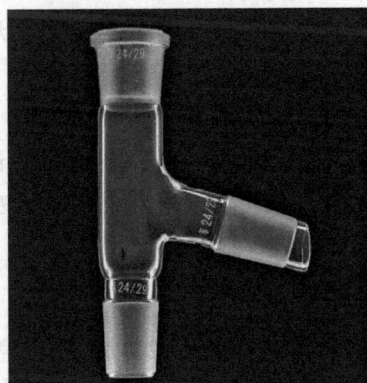

图 5-19　标准磨口仪器转换接头

　　使用注意事项：

（1）安装前，应先检查磨口处有无固体物质，若粘有固体物，接口处可能漏气。安装时还应注意接口要对齐，做到横平竖直，不可用力过度。磨口连接处不可承受歪斜应力，以免破损仪器。

（2）接口如果粘连在一起，不能用蛮力拆卸。可以先用热水泡煮接口或用电吹风对接口粘连处鼓吹热风，然后再试着拆卸。

（3）一般情况下，如没有碱性反应物，磨口处不需要涂润滑剂，以免污染反应物和产物。若反应中有碱性物，则应涂润滑剂，以免内外磨口被碱腐蚀而粘连。此外，如进行减压蒸馏，应适当地涂抹真空脂。

（4）使用完毕后，应及时清洗干净，洗净的仪器建议自然晾干，特别是磨口处必须洁净。清洗时不可用固态如粉状清洗物擦洗磨口，否则会造成磨口处密封不严，甚至损坏仪器磨口。

5.1.20　表面皿

图 5-20　表面皿

表面皿（图 5-20）是用于蒸发或浓缩溶液的器皿，形状一般口大底浅，可在三脚架上直接加热，也可用水浴等加热。常用规格按口径大小分有 6cm、9cm、12cm、18cm 等。加热时液体体积不超过其容积的 2/3，蒸发浓缩时要用玻璃棒不断搅拌，出现大量固体时停止加热，可用余热慢慢蒸干。

5.1.21　研钵

研钵（图 5-21）为实验室研碎物体常用的容器，主要用于研磨固体粉末物质或混合粉末状材料，常用研钵为玛瑙制，也有玻璃、铁、氧化铝等材质，一般有钵杵配套使用。规格有浅型和深型，按口径大小表示，如 60mm、90mm。

注意事项：

（1）使用时不能研磨硬度过大的物质，只能压碎药品，不可撞击或捣碎药品。

（2）不能在烘箱内加热烘烤，特别是玛瑙制品。

（3）使用完毕应立即清洗并干燥研钵，可用酒精擦拭加快干燥，以免残留化学品腐蚀研钵。

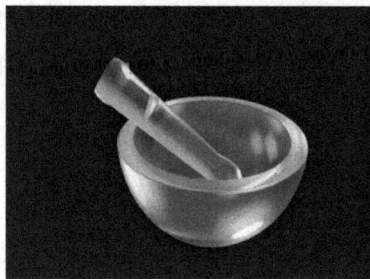

图 5-21　研钵

5.1.22　干燥器

干燥器（图 5-22）是一种带盖的圆筒玻璃容器，底部可放置干燥剂。对于容易潮解的试剂药品或需要恒重称量的玻璃容器，可置于干燥器内，用于干燥保存。

注意事项：

（1）使用前检查密封性，有无开裂破裂等。

（2）使用时需在盖子和底座的磨砂面均匀涂上一层薄薄的凡士林。

（3）使用后妥善放置，轻拿轻放。

图 5-22　干燥器

5.1.23　层析柱

层析柱（图 5-23）是凝胶层析技术中的关键仪器，通常是玻璃制或有机玻璃制。根据样品混合物中不同组分在固定相和流动相中分配系数大小不同而实现分离。层析方法比较多，其中无砂芯层析柱是较有效的分析方法。

注意事项：

（1）操作前需了解层析柱与样品之间的相容性。

（2）应选择合适的流速，层析柱中通过溶液的流速影响分离效果，流速太慢导致分离时间长，流速太快影响分离效果。

（3）层析柱藏有大量水分，必须充分干燥。

（4）操作注意安全，避免泄漏或引起火灾。

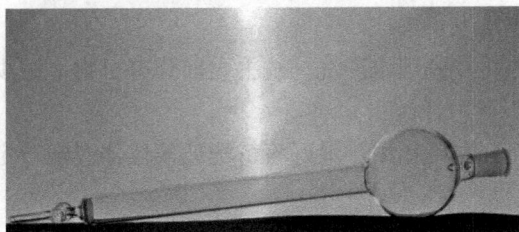

图 5-23　层析柱

5.2　玻璃仪器的洗涤和干燥

玻璃仪器是否洁净通常会直接影响实验效果及分析数据的准确度，因此，一般仪器使用前，要保持洁净干燥，常选用的处理方式为洗涤，根据仪器附着污物的不同，洗涤剂的选择也不同。

5.2.1　洗涤剂及其使用范围

实验室常用去污粉、洗衣粉、清洁液、有机溶剂等作为洗涤剂。去污粉等合成洗涤剂一般用于可直接刷洗的非精确计量及非光学要求的玻璃仪器，如试管、烧杯、试剂瓶等。

5.2.2　洗液及其配制

　　洗液一般适用于不能直接刷洗的特殊形状或要求严格的玻璃仪器，如滴定管、容量瓶、比色皿等，也可以用于洗涤放置很久的一般玻璃仪器或毛刷没有刷掉的污物。洗液去污的原理是其具有强氧化作用。以实验室常见的铬酸洗液为例，重铬酸钾与浓硫酸作用产生有强氧化作用的铬酐。浓硫酸具有氧化作用，加热时作用更强。参与反应的硫酸浓度越大，铬酸洗液的清洁力越强，产生的铬酐越多，铬酸洗液的清洁力度也越大。铬酸洗液可重复多次利用，但溶液呈绿色时表明其氧化效力不足，需更新后再用。

　　铬酸洗液的配制：按表 5-1 的配方称一定质量的重铬酸钾研细，转移至盛有一定量蒸馏水的容器内，加热搅拌，溶解后冷却至室温，将容器放在冰水浴中，缓缓将浓硫酸小心加入且不断搅拌，直至浓硫酸添加完毕并充分反应。

表 5-1　铬酸洗液的两种配方

配比方式	重铬酸钾	水	浓硫酸
A	10g	10mL	100mL
B	100g	50mL	750mL

　　注意事项：

　　（1）浓硫酸具有强腐蚀性，配制时必须特别小心并做好个人防护工作。特别要注意操作顺序，加浓硫酸前，一定要使重铬酸钾溶液冷却，且加入过程不断搅拌，以防浓硫酸遇水发生强放热反应，导致爆炸发生。

　　（2）清洁玻璃仪器之前，先用水冲洗，洗去大部分有机物，减少洗液消耗和避免因稀释而降效。

　　（3）为使铬酸洗液充分发挥作用，最好将待洗玻璃仪器浸泡一定时间，可放置过夜。

5.2.3　洗涤玻璃仪器的方法与要求

　　（1）对于一般的玻璃仪器，先用自来水冲洗，然后用洗涤剂配合毛刷刷洗，再用自来水清洗，最后用纯水冲洗 3 次（冲洗时沿壁且充分荡洗，效果最好）。

　　（2）对于计量类或光学要求的玻璃仪器，不能用毛刷刷洗。

　　（3）对于精密或难冲洗的玻璃仪器如移液管，先用自来水冲洗后沥干，再用铬酸洗液处理（一般放置过夜），最后用自来水和纯水冲洗。

　　（4）玻璃仪器洗涤干净的标准是清洗完成后仪器倒置，水自然流出后器壁不挂水珠。

5.2.4　玻璃仪器的干燥

　　（1）晾干：适用于不急用、一般干燥要求的玻璃仪器，可放在无尘处，倒置于仪器架上自然干燥，也可以放在带有透气孔的玻璃仪器柜中自然晾干。

　　（2）吹干：对于急用或不适合烘箱干燥的仪器，可以用吹风机（冷风或热风）吹，要求环境通风良好，不接触明火。

　　（3）烘干：对于一般仪器，洗净后，倾去水分，放于 70℃ 左右的烘箱中（一般不超过

120℃），也可以放在干燥箱（红外灯）中烘干。注意：对于厚壁仪器，要慢慢升温且温度不可过高，以免碎裂；计量玻璃仪器一般不可放于烘箱中加热干燥；称量瓶（如称量用）烘干后要及时放在干燥器中冷却和保存。

（4）有机溶剂干燥：对于急用的，不适合烘干的仪器，可以用少量的乙醇、丙酮等有机溶剂加入沥过水的待干燥仪器中，润洗，回收有机溶剂，最后吹干。

第 **6** 章
常用仪器的功能与使用

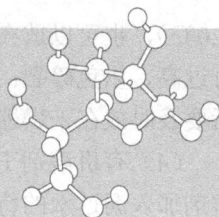

　　常用的实验仪器是进行化学合成和分析的基础。了解其原理和使用方法，对本科阶段的教学提出了细致而具体的要求，对学生进行高级项目实验和本科毕业设计具有非常大的帮助。本章主要对实验室常用的仪器进行简要功能原理介绍和使用方法说明。对电热鼓风干燥箱、真空干燥箱、加热台、磁力搅拌器、循环水真空抽滤装置、超声波清洗机、等离子清洗机、离心机、超纯水机、移液器、匀胶旋涂仪、电子天平、pH 计、电导率仪、接触角测量仪、紫外分光光度计、荧光分光光度计、傅里叶红外光谱、椭偏仪、薄层色谱、光学显微镜等 21 个常用仪器的功能、原理、使用方法和注意事项进行介绍。

6.1　电热鼓风干燥箱

1. 基本原理

　　电热鼓风干燥箱（图 6-1）是实验室十分常用的设备，专门用于快速干燥各种物品。电热鼓风干燥箱利用电热器进行加热来提供烘干条件，电热器通常使用的是电加热管，电加热管中含有加热丝，可以迅速加热并提供充分的热能。此外，鼓风干燥箱还配备了电机鼓风装置，经过电热装置的加热，将热风送出，再经过风道进入加热鼓风室，然后鼓出至烘烤室，从而实现对物品的快速干燥。在使用过程中，鼓风干燥箱会将使用过的空气吸入风道，经过再度循环，加热成热风使用，这样可以确保箱内的空气始终保持在一定的温度和湿度范围内，从而达到干燥的目的。风机的主要作用是使箱内空气对流循环，同时不影响室内环境温度，从而确保干燥过程的顺利进行。

图 6-1　电热鼓风干燥箱

2. 使用方法

　　（1）样品放置　在干燥箱中放置需要干燥的物品时，需要注意让物品均匀分布，并预留出一定的空隙，避免物品堆叠导致气体流通不畅。这样可以使干燥箱内部的热空气能够顺利流通并吸附物品表面的水分，提高干燥效果。

　　（2）风门调节　风门调节是干燥箱使用过程中一个非常重要的环节。根据物品的潮湿情况，需要将风门调节旋钮旋转到不同的位置，以控制干燥箱内部的风速和温度。一般情况下，当物品比较干燥时，可将风门调节旋钮旋转到"Z"处，以提高风速和温度，加快干燥速度；当物品比较潮湿时，可以将风门调节旋钮旋转到"三"处，以降低风速和温度，避免物品过度干燥。需要注意的是，风门的调节范围约为 60° 角，需要根据实际情况进行适当的调整。

（3）开机　在干燥箱开机前，需要先接通电源，然后按下"Power"键及风机开关。此时，电源指示灯变亮，表示干燥箱已经接通电源，可以开始工作。接下来，干燥箱会进行一系列的自检操作，包括温度传感器的检测、风机的运行等，以确保干燥箱能够正常使用。此外，需要特别注意的是，当干燥箱完成自检并进入工作状态后，PV 屏幕会显示工作室内的实际测量温度，而 SV 屏幕则会展示用户所设定的干燥温度。这表明干燥箱已经启动并进入工作状态，可以开始正式使用了。

（4）参数设置　在干燥箱使用过程中，需要根据实际情况进行参数设置，以满足不同的干燥需求。一般情况下，可以按"SET"键设置所需温度，然后通过加减键调整温度值。当 PV 屏显示"5T"时，表示已经进入定时模式，可以通过加减键设定所需时间。设置完毕后，按一下"SET"键，干燥箱就会按照设定的参数进行工作。

（5）控温检查　在干燥箱使用过程中，需要定期进行控温检查，以确保干燥箱的控温精度。一般情况下，可以在干燥箱使用一段时间后，或者当季节变化时，对干燥箱的控温精度进行检查。检查方法是将标准温度计放入干燥箱中，等待一段时间后，读取标准温度计的读数，与干燥箱的显示温度进行比较，计算出控温精度。

（6）关机　在干燥箱使用完毕后，需要进行关机操作，以确保干燥箱的安全和延长使用寿命。在运行干燥箱开关结束后，为了防止干燥的物品被风吹掉，通常，建议先关闭风机开关后再开启干燥箱的门，以避免干燥物品被风吹落。若需更换干燥物，应首先确保干燥箱的门紧闭，随后再启动风机开关，使干燥箱重新进入工作状态。如果我们需要取出物品，可以先将风门调节旋钮旋转至"Z"处，这样可以有效地减少箱内的风量，然后再把电源开关关掉，保持箱内的干燥。如果不再继续干燥物品，则可以将风门旋钮调至"三"处，然后再把电源开关关掉，防止干燥箱过度干燥带来危险。待箱内冷却至室温后，可以取出箱内干燥物品，最后将箱体内擦干，有效地保持箱内的清洁。

3. 注意事项

（1）通电前，先检查箱体的电路，注意是否有短路或漏电现象。

（2）使用之后，在保持恒温过程中只需要借助箱内控温器自动控温，勿人工干预。

（3）如果想要深入了解工作室内样品的情况，可以开启工作室外门，利用内置玻璃门观察样品状况；但是，需要避免频繁开启玻璃门，以免影响工作室的恒温环境，导致玻璃门因骤冷而发生爆裂。

（4）在使用干燥箱时，禁止随意拆卸侧门，以免打乱和改变电路，导致仪器无法正常工作，只有出现问题时，才可以拆卸侧门，按照线路排查，以确定故障问题原因。

（5）特别需要注意到，干燥箱并非防爆干燥箱，如果把易燃和挥发的物品放进去，会造成爆炸事故，切勿进行此类操作。

6.2　真空干燥箱

1. 基本原理

真空干燥箱（图 6-2）是一种常用的实验设备，可以在较低的温度条件下对物质进行快速干燥。首先，真空系统是真空干燥箱的核心部分之一，其主要功能是为干燥室提供一定的真空环境，从而降低干燥室内的水分气压，使得干燥室内的水分可以更快地蒸发。同时，真空系统还可以有效隔绝氧气，避免干燥过程中物质与氧气发生反应，从而保证干燥的质量。其次，控温系统是干燥箱的另一个重要组成部分，主要通过电阻丝对干燥室进行加热，从而提高干燥室内的水分饱和蒸气压，使得水分可以更快地蒸发。控温系统还可以根据需要，对干燥室内的温度进行精确控制，从而保证干燥的质量和效率。在真空系统和控温系统的共同作用下，干燥箱可以在低压高温的条件下，对物质进行快速干燥。这种干燥方式不仅可以有效避免物质在干燥过程中发生氧化和分解，还可以提高干燥的效率和质量，是一种非常实用的干燥设备。

图 6-2 真空干燥箱

2. 使用方法

（1）样品放置 打开干燥室箱门，将需要干燥的样品放置在干燥室的抽屉上，放置完成后关闭箱门。随后打开干燥箱及真空泵的电源，为后续操作做准备。

（2）抽真空 在确认干燥室箱门处于关闭状态且抽气管道畅通无阻后，开始打开真空泵；在真空泵运行过程中，需要时刻关注干燥室的真空度，确保干燥室处于真空状态。

（3）参数设置 在干燥室处于真空状态后，点击控温面板上的"SET"按钮，进入参数设置界面。在参数设置界面中，可以调节升温速率及保温温度，以满足不同样品的干燥需求；设置完成后再次点击控温面板上的"SET"按钮，保存参数设置。接着点击时间面板上的"SET"按钮，进入时间设置界面；在时间设置界面中，可以设置保温时间，以确保样品能够充分干燥；设置完成后再次点击时间面板上的"SET"按钮，保存时间设置。最后点击启动按钮，开始干燥过程。

（4）收取样品 在干燥过程中，需要时刻关注干燥室的温度变化，待温度下降至设定值后，关闭真空泵。把面板上的"真空"旋钮转到"关闭"状态，使干燥室气压与外界平衡；待干燥室气压与外界平衡后，打开干燥室箱门，取出样品。取出样品后，关闭干燥室箱门。

（5）关机 在完成样品收取后，依次关闭真空泵电源、干燥箱电源；最后检查干燥室箱门是否关闭，确保干燥室处于密闭状态。

3. 使用注意事项

（1）设备应放置在平整、牢固且散热效果良好的平面上，同时，设备周围应保证有一定的散热空间，以确保设备能够在高温下正常工作。

（2）设备应远离易燃物品，尤其是严禁放置在易燃易爆的环境中，以确保设备使用的安全性。

（3）务必使用独立的电源插座，避免与其他高功率设备（如冰箱、空调等）共用插线板，以免因功率过大导致电源过热或火灾等安全事故的发生。

（4）设备为高功率设备，温度较高，因此切勿直接用手触碰设备内部及取放样品，以免被高温烫伤。同时，在设备工作时也应避免触碰设备的表面，以免意外烫伤。

6.3 加热台

1. 基本原理

加热台（图6-3）的原理主要涉及温度的控制和加热的过程。加热台主要由金属加热板、温控器、热敏电阻、电源等部件组成。通过热敏电阻实时感应温度并转化为电信号，传递给温控器。温控器根据设定的温度值与实测温度值进行比较，自动调整电源输出功率以控制加热元件金属加热板的加热强度，使加热台温度保持在设定范围内。在整个加热过程中，控制单元会持续监测温度信号，并根据需要进行调节，以确保加热台的温度。

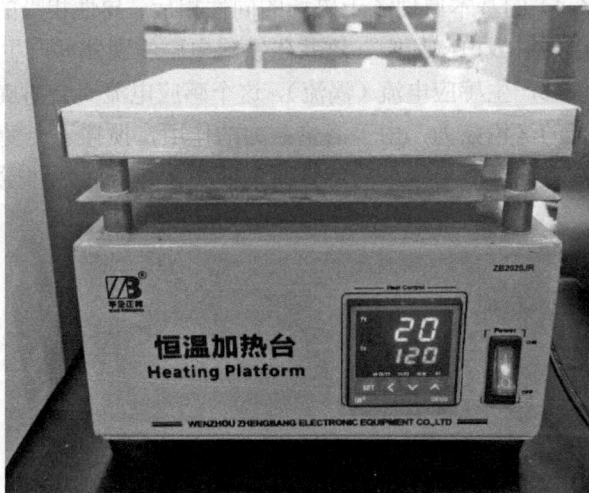

图6-3 加热台

2. 使用方法

（1）接通电源 将加热台的电源线插入具有接地线的三孔插座中，并打开电源开关。此时，显示器上会显示红色数字，表明设备已供电。

（2）设置温度 根据实验或工作需求，通过加热台的温度控制器设置所需的恒温温度，转动旋钮来改变显示器的温度示数，设置所需要的温度。

（3）启动加热 将需要加热的样品放置在加热台表面，在加热过程中，需要不断监测温度，确保加热台保持恒定温度。如果发现温度偏离预设值，可以通过调整加热功率来使温度恢复到设定值。

（4）关闭加热 将旋钮转到原位，等待加热台表面工作面板彻底冷却，一般建议等待至少1h以确保安全。在确认加热台表面已完全冷却后，关闭电源开关以切断电源。

3. 注意事项

（1）使用时，被加热物品务必保证平整放置于炉台上，让受热均匀，以提升加热效率和使用效果。

（2）电炉的炉体部分不能用水直接冲洗或使用其他具有腐蚀性效果的清洁剂进行清洗，防止酸、碱等化学物质对炉体材料造成破坏，从而影响其使用寿命和使用效果。

（3）需要注意的是，电炉在使用过程中其炉体表面的最高温度不能超过 420℃，避免烫伤或损坏设备。在使用过程中，应注意观察炉体表面的温度变化，避免温度过高导致设备损坏。

（4）电炉在使用过程中，不能长时间处于干烧状态，以免温度过高导致设备损坏。

（5）使用完毕后，应及时切断电源，避免设备长时间处于待机状态，从而影响其使用寿命和使用效果。同时，也可以避免设备在无人看管的情况下发生意外情况。

6.4　磁力搅拌器

1. 基本原理

磁力搅拌器（图 6-4）的基本原理源于磁场的同性相斥、异性相吸的特性。具体来说，磁力搅拌器内部包含一组磁铁或电磁线圈，这些磁铁或电磁线圈能够产生一个旋转的磁场。旋转的磁场会在搅拌子内部产生感应电流（涡流），这个感应电流又会与旋转磁场相互作用，产生一个与磁场方向垂直的洛伦兹力，由于洛伦兹力的作用，搅拌子会受到一个使其旋转的力矩。这个力矩的大小和方向会随着磁场的旋转而不断变化，从而推动搅拌子在液体中进行圆周运动。

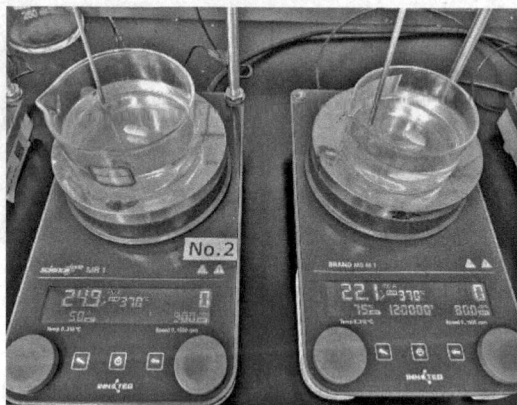

图 6-4　磁力搅拌器

2. 使用方法

（1）在进行磁力搅拌器的使用操作之前，须先连接电源，并打开电源开关，此时电源指示灯将会亮起，可以进行后续的操作。

（2）在使用磁力搅拌器之前，需要先准备好盛有溶液的容器，并将其放置在底盘的中部位置，同时将搅拌子放入器皿的底部，确保搅拌子能够完全浸没在溶液中，以便于进行搅拌操作。

（3）在进行搅拌操作时，需要顺时针调节调速旋钮，使其速度由慢至快，逐渐增加搅拌速度，直至达到所需的搅拌速度。在搅拌过程中，可以通过观察搅拌子的旋转情况来判断搅拌效果，如果搅拌子旋转不均匀或者出现卡顿现象，则需要及时调整搅拌速度或者更换搅拌子。

（4）在使用完毕后，需要及时关闭电源开关，并将反应装置拆卸下来，同时拔掉磁力搅拌器的电源插头，以确保设备的安全和稳定。在拆卸过程中，需要注意避免损坏设备，同时保持设备的清洁和卫生。

3. 注意事项

（1）使用时最好能够使仪器接地良好。

（2）往容器中盛放溶液时，请勿过满，须留下足够的空间，以免搅拌过程中溶液溢洒。

（3）为了保证搅拌效果，改变速度应该从低速逐渐调整到高速，这样可以使搅拌子有足够的时间适应运行速度，切勿从高速直接转动，导致搅拌子跳动。

（4）在搅拌过程中，搅拌子出现不搅拌和跳动时，首先要检查容器是否放置平稳，位置是否在中央，转动速度是否过快。

（5）转动定时开关时不应过快过猛，以免发生损坏。

（6）普通的加热式磁力搅拌器，不搅拌时不能进行加热，70℃以上连续加热不得超过 2h（水浴集热式磁力搅拌器无此限制）。

（7）磁力搅拌器使用前应该清洗干净并保持干燥，切勿使溶剂流进机器中，使用结束后，把温度测量探头、搅拌子逐一清洗干净，最后，为了避免残留溶液对磁盘造成损坏，需要用干净的纸巾将表面擦拭干净。

6.5　循环水真空泵

1. 基本原理

循环水真空泵（图 6-5）属于离心式机械泵，一般情况下其工作介质是水。在圆筒形状的泵壳内部，叶轮以一种偏心的方式被安装。当叶轮开始旋转时，介质水因受到离心力的作用而形成沿着泵壳旋转的水环。由于叶轮的偏心安装，水环相对于叶片会产生相对运动，导致相邻两片叶片之间的空间容积发生周期性的变化。当叶轮旋转时，密封的容腔容积逐渐扩大，气体由吸气孔吸入；在后半转过程中，密封的容腔容积逐渐缩小，气体从排气孔排出，注意在工作过程中，介质水与被压缩气体是一起排出的。水环除了起到"液体活塞"的作用，还在压缩过程中起着散热作用。此外，水环还兼具密封叶轮与配气板及冷却轴封件的作用。

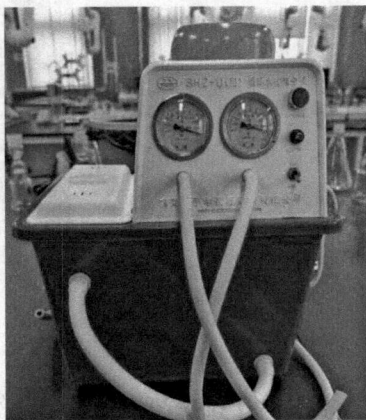

图 6-5　循环水真空泵

2. 使用方法

（1）进行准备工作时，需将循环水真空泵平稳地安放在台面上，随后打开水箱的盖子并向其中注入清洁的凉水（推荐使用纯净水）。当水面升高至水箱后部的溢水嘴位置时，应停止继续加水。注意使用过程中保持水箱中的水质清洁，如水质污染须换水后再使用。

（2）抽真空作业。将进行抽真空作业的设备装置通过橡胶管与循环水真空泵的抽气嘴紧密连接（注意确保密封性良好），接通电源并启动电源开关后，即可启动真空抽取流程。通过连接至抽气口的真空表，可以实时监测并观察当前的真空度状态。

（3）关闭真空泵。抽真空作业结束后，务必先断开真空泵与过滤设备装置的连接，再关闭真空泵的开关。若先关泵再断连接，则容易造成倒吸。

3. 注意事项

如果循环水真空泵长时间连续运行，会导致其水箱内的水温逐渐上升，这可能会进一步影响真空度的稳定性。为解决此问题，可将放水软管连接至外部水源（如自来水），同时利用溢水嘴作为排水通道。通过适当调节自来水的流入量，可以有效控制并维持水箱内水温在一个适宜的范围内，从而确保真空度的稳定不降。

6.6　超声波清洗机

1. 基本原理

超声波清洗技术的核心原理源自超声波发生器释放的高频振动能量，这些能量经由换能器高效转换为高强度的机械振荡波。随后，这些振荡波在清洗溶剂中作为载体，以密集与稀疏交替的波形模式广泛传播，驱动清洗溶剂形成动态流动。此过程中，超声波的独特传播特性在溶剂中诱发无数微小的气泡，每当气泡在正压区域迅速闭合时，会瞬间释放出超过1000大气压的强烈冲击波，这种连续不断的高压脉冲如同微型爆破，猛烈地撞击并作用于待清洗物件的表面及其细微缝隙之中。这一物理过程可有效地剥离并清除物件表面及难以触及的缝隙内附着的各类污垢，最终实现物件表面的深度清洁与净化。超声波清洗机如图6-6所示。

图6-6　超声波清洗机

2. 使用方法

（1）为了确保清洗效果和设备的安全运行，在进行清洗前，我们需要首先对清洗设备进行充分的准备。首先，需要准备合适的清洗水，如去离子水或超纯水，这些水可以溶解污染物，提高清洗效果。最后，根据实际情况，准备好清洗篮、清洗剂、过滤器等辅助工具。

（2）在清洗设备中，清洗篮是非常重要的一个工具，它可以帮助我们将需要清洗的物品逐一放入清洗槽中，避免直接将物品放置在清洗槽中，以免损坏设备并影响清洗效果。在清洗篮中，我们需要确保物品之间有足够的空间，以便清洗水能够充分接触到物品的表面。

（3）接通设备的电源，检查设备的开关是否正常工作。在确认设备的电源和开关都正常后，可以开始进行清洗操作。

（4）清洗温度和清洗时间是非常重要的两个参数，它们可以影响清洗效果和清洗效率。在清洗前，根据实际需要，调整清洗温度和清洗时间等参数，在调整参数后，按下"开始"键，进行清洗。

（5）在清洗完成后，关闭设备的开关和电源，取出清洗物品，并对清洗槽进行清洁。在取出清洗物品后，需要对清洗物品进行检查，确保清洗效果符合要求。在清洁清洗槽时，需要使用干净的布或海绵，将清洗槽的表面擦拭干净，以确保设备的卫生和清洁。

3. 注意事项

（1）在开机启动清洗槽设备之前，必须注入适量的液体，保证水位高度达到清洗槽高度的一半。若未按此步骤操作，可能引发清洗槽受热不均，并有可能造成保险丝或线路板损坏。

（2）请勿将高温液体直接注入清洗槽内，以免导致换能器松动，从而影响设备的正常使用。

（3）在使用清洗槽时，建议使用超纯水或去离子水，并定期更换槽内的水，以确保槽内无过多杂物或污垢。

（4）在进行超声波清洗时，应注意控制清洗温度。一般情况下，清洗机连续工作 10～15min 后，温度会自动升至 45～70℃，此时超声波效果最佳（超声波的空化作用在此温度区间内最强）。随着温度的升高，空化作用会逐渐减弱，且长时间在高温环境下工作，可能会对超声波换能器的寿命产生影响。因此，建议在使用超声波清洗机时，避免长时间连续使用。

6.7　等离子清洗机

1. 基本原理

等离子清洗机（图 6-7）主要由真空腔体、真空泵、控制系统以及高频等离子源构成。在真空泵将真空腔体抽到特定真空度后，高频发射器使气体电离形成等离子源，包含离子、电子、活性基团、激发态的核素（亚稳态）、光子等。在等离子体的作用下，样品表面会经历化学轰击的作用，导致污染物发生双重去除机制。一方面，部分污染物在瞬时高温的条件下直

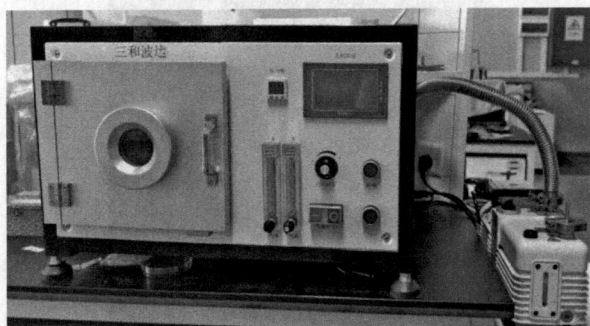

图 6-7　等离子清洗机

接蒸发，被真空系统迅速抽离；另一方面，剩余污染物则在高能量离子的强烈冲击下被有效击碎，这些碎片随后也被真空环境迅速带走。通过等离子体处理样品表面，可以实现清洁、改性、涂覆、光刻胶灰化等目的，达到常规清洗方法无法达到的效果。

2. 使用方法

（1）在开始工作之前，确保设备接通电源并打开电源开关，检查气体连接是否正常，并根据需要调节气压。

（2）将待处理的材料放置在工作台上，并关闭舱门，以确保操作过程中的安全性。

（3）在控制面板上点击"ENTER"按钮，设置进气率、功率及处理时间。

（4）在清洗过程结束后，进行破真空操作，打开舱门，取出样品。

（5）在完成所有操作后，关闭所有气源，确保舱门关闭，并关闭电源。

3. 使用注意事项

（1）为确保操作的安全，建议使用环境保持干燥、通风良好，并避免等离子体释放的有害气体的积聚。

（2）应避免在存在可燃气体或易燃材料的环境中使用，以防止出现火灾或爆炸的风险。

（3）严禁在真空腔室内放置腐蚀性液体、气体或挥发性物质。

（4）高压真空环境存在危险，设备工作时请勿触碰。

6.8　离心机

1. 基本原理

离心机（图6-8）是由一系列控制系统、驱动系统和转子组件构成的一种实验室仪器，通过加速转子高速旋转产生强大的离心力，以实现不同密度物质的分离。由于不同密度的物质所受到的离心力大小也会有所区别，这就会导致其在外场环境中的沉降速度存在差异，因此通过使用高速旋转的转子就可以轻松地实现各种不同密度液体与固体颗粒或液体与液体的混合物中各组分的分离。离心机的工作机制核心在于其内部高速旋转的转子，该转子在高速运动下生成强大的离心力场。这一力场极大地加速了液体中各类颗粒的沉降过程，使得原本混合于同一液体中的不同物质，依据它们各自独特的沉降系数和浮力密度差异，得以在离心力的作用下有效地区分开来，实现样品的精确分离与提纯。

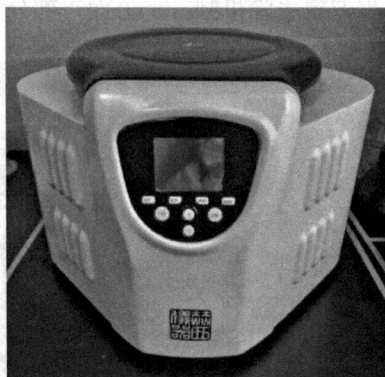

图6-8　离心机

2. 使用方法

（1）先接通电源，点击启动设备控制屏幕，这将会启动离心机并且使机器运行起来。

（2）放置样品。轻触屏幕以打开上离心机盖按钮，掀开转子盖，将样品装入置于底部的离心管中。随后盖上转子盖，再次轻微触碰屏幕以关闭上离心机盖按钮。注意必须确认上离心机盖是否盖紧，以确保样品在离心过程中不会泄漏。

（3）在控制屏幕上进行操作，设定转速及离心时间。可以根据需要调整转速和离心时间，以确保样品得到适当的处理。

（4）一旦设置完成，便可启动离心机。再次轻触屏幕以打开上离心机盖按钮，掀开转子盖，取出样品。

（5）关闭离心机。盖紧转子盖及上离心机盖，关闭电源。确保关闭电源，以避免不必要的能源浪费。

3. 使用注意事项

（1）在开始使用离心机之前，应确保机器放置的位置是稳固且平坦的，机器周围应留出足够的空间。

（2）在估算样本量时，应该注意样本的量不能超过离心管体积的 2/3。对于特定类型的样本和特定的转数，可能需要相关的专业知识和经验才能正确地平衡样本的量。

（3）在离心过程中，切勿打开离心机的盖子，因为这样会干扰机器的正常运行，导致不必要的风险。

（4）在放置样本时，应该确保样本的重量是相等的，并且对称地放在离心机的中心，以保证样本在离心过程中保持平衡。

6.9　超纯水机

1. 基本原理

超纯水机（图 6-9）的工作原理在于利用压力驱动，迫使水流经一系列处理过程。首先，水分子及处于离子状态的矿物质元素在压力作用下，能够顺利通过高精度的反渗透膜，这一过程可实现对水质的有效净化。与此同时，反渗透膜的高效阻隔性能确保了溶解在水中的绝大多数无机盐（涵盖重金属离子）、有机物杂质，以及细菌、病毒等微生物无法穿透膜层，从而被有效截留。超纯水机的系统构成通常包括三个关键部分：首先是三级预处理系统，该阶段通过物理、化学等多种手段初步净化水源，去除大颗粒杂质及部分溶解物；紧接着是 RO（reverse osmosis）反渗透膜处理单元，作为核心净化环节，实现水质的深度净化与分离；最后是去离子系统，通过阴阳离子交换树脂进一步去除水中的离子杂质，提升水的纯度。

图 6-9　超纯水机

超纯水与三级水的区别主要体现在纯水的级别划分上，包括水的电阻率、pH 范围、细菌和内毒素含量等指标。其中，三级水的级别最低，一般用于冲洗玻璃器皿等；而一级超纯水的级别最高，通常用于精密仪器和对杂质较为敏感的实验。

2. 使用方法

（1）开机：启动自来水进水阀门，接通电源，打开仪器开关，仪器开始工作。待仪器完成自检冲洗后，即可开始取水。

（2）取水：若需获取三级水或超纯水，只需轻按控制面板上对应的取水按钮。待取水完成后，再次轻触同一取水按钮即可停止出水。

（3）待机：在开机且未进行取水操作时，仪器会持续将生产的纯水导入压力水桶内，直至水桶达到满载状态。此时，系统会自动停止运行并进入待机模式。若需重新启动纯水制造过程，只需在待机状态下按下任意一个取水键，仪器便会立即响应并恢复工作。

（4）关机：关闭电源开关，关闭进水阀门。

3. 注意事项

（1）为确保超纯水机水质的合格性，超纯水设备需要定期进行清洗或更换内部滤芯。由于所有材料的滤芯都会在使用一段时间后吸附大量杂质，极易成为细菌滋生的温床，因此需要定期清洗或更换。

（2）在使用过程中，应避免阳光直射超纯水机。

（3）尽量避免超纯水机在高温环境中工作，以减少部件磨损和降低水质质量。

（4）定期进行超纯水机的清洗，可有效提高超纯水机的使用周期和使用效果，用户可根据厂家提供的清洗说明自行清洗，也可交由厂家代为清洗。

（5）超纯水取出后，易受环境污染，因此应尽量随取随用，尤其在配制高纯度化学试剂时，应尽量缩短纯水与环境的接触时间。

6.10　移液器

1. 基本原理

移液器（图 6-10），也叫移液枪，其基本原理涉及气压控制、机械运动以及精确的计量技术。以下内容将详述移液器工作原理的具体解释。

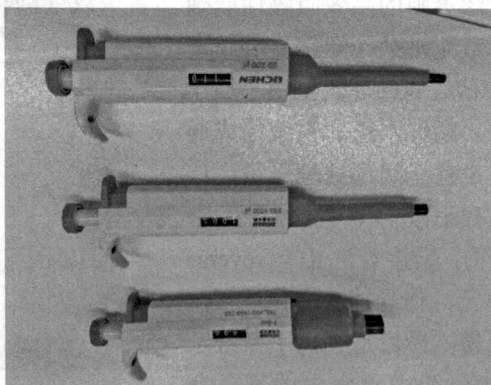

图 6-10　移液器

（1）气压控制：移液器内部有一个密封的空腔，其容积可经由操作活塞进行调节。当活塞下移时，空腔的容积增大，内部压力减小，形成负压；反之，若活塞上移，空腔的容积减小，内部压力增大，形成正压。这种压强的变化是移液器实现吸取和释放液体功能的关键因素。

（2）机械运动：移液器的活塞通常由弹簧和机械结构驱动。当操作人员按下
移液器的按钮时，弹簧被压缩，推动活塞向下移动。当操作人员松开按钮时，弹簧恢复原状，带动活塞向上移动。这种机械运动使得移液器能够实现快速、精确的液体操作。

（3）精确的计量：移液器的精度和灵敏度主要依赖于其活塞和吸头的设计。活塞的制造精度、摩擦系数会影响液体的吸取和释放效果。移液器的数量以及密封性能都会直接影响移液器的计量准确性。同时，吸头的形状、尺寸和材质也通常会配备校准证书，并定期进行校准和维护。

2. 使用方法

（1）设定移液体积：首先，根据实验需求设定移液器上的移液体积。在调节刻度时，当需要从较大的量程调整至较小的设定体积时，通过逆时针旋转刻度盘直接到达所需刻度。然而，若需从小量程增加至较大的设定体积，为了保证移液器的精确度，建议先顺时针旋转刻度盘至超过目标设定体积的刻度位置，随后再逆时针微调至精确的设定体积刻度。这一"过调再回调"的方法有助于避免直接跨越量程可能带来的误差，从而提升移液的精确性。

（2）安装移液器吸头的过程需要细致而精确。首先，将移液器垂直地对准并插入吸头，确保两者之间的接触面完全贴合，没有空隙。随后，以适中的力度左右轻轻旋转移液器约半圈，形成紧密的密封连接。在此过程中，应谨慎操作，避免移液器与吸头发生撞击，因为频繁或长期的撞击可能会导致移液器内部零件松动，严重时还可能引起调节刻度的旋钮发生故障，如卡顿或无法顺畅调节。

（3）吸液及放液。

吸液：在进行垂直吸液时，重要的是要确保移液器的吸头尖端深入液面以下至少 3mm，以充分接触待移取的液体。此外，为了提高移液的精度和准确性，吸头在正式吸液之前应在液体中进行 2 至 3 次的预润洗。通过遵循这样的操作规范，可以显著提高实验结果的可靠性和重复性。因为吸头内壁可能会残留一层"液膜"，如果不进行预润洗，可能会导致排液量偏小而产生误差。在吸取液体时，应采取慢吸慢放的操作方式，以避免因迅速松开控制而导致的液体快速吸入，这样可防止液体猛然涌入移液器内部，进而腐蚀其柱塞结构并可能引起漏气问题。

放液：放液时，如果液体量很小，应确保吸头尖端可靠地接触容器内壁。在排放液体的过程中，应当持续检查是否存在漏液的情况。一个有效的检查方法是，在完成液体吸取后，将移液器悬空并垂直放置几秒钟，然后仔细观察液面是否有所下降，以此来判断是否存在漏液问题。

3. 注意事项

（1）在使用移液器之前，需要选择合适的移液器并在调节时注意不要超过移液器的最大量程，以确保准确性和降低对测量结果的影响。

（2）在使用移液器时，禁止用手触碰吸头或吸头盒内壁，以避免污染。如果用手触碰吸头或吸头盒内壁，会导致吸头污染，从而影响测量结果的准确性。

（3）在吸取液体时，需要全程缓慢匀速，不可过快吸入。如果过快吸入，会导致液体在

吸头内产生气泡，从而影响测量结果的准确性。

（4）在吸取液体时，需要注意不要浸入液面太多，吸头不可全部浸入。如果吸头全部浸入，会导致液体在吸头内产生气泡，从而影响测量结果的准确性。

（5）在使用移液器时，全程不可带着吸头平放或倒置。如果带着吸头平放或倒置，会导致液体在吸头内产生气泡，从而影响测量结果的准确性。

（6）使用完毕后，需要及时调回最大量程。如果不及时调回最大量程，会导致移液器损坏。

6.11　匀胶旋涂仪

1. 基本原理

匀胶旋涂仪（图 6-11）的工作原理核心在于利用预设的旋转速度所产生的强大离心力，将液态样品细致入微地铺展于衬底表面，确保覆盖均匀且无遗漏。随着旋转的持续进行，样品中的溶剂逐渐蒸发，最终留下一层厚度精确可控、范围从纳米至微米级别的均匀薄膜。此设备集成了旋转台、精密控制系统、真空泵、精准喷头以及高性能马达等关键组件，共同协作以完成高质量的旋涂作业。在实际操作中，用户首先需将待处理的衬底稳妥地安置于旋转台上，随后通过控制系统精确设定旋转的速度与持续时间，把样品放置到吸盘上后，随着旋转台的启动，样品在离心力的作用下覆盖整个衬底表面。

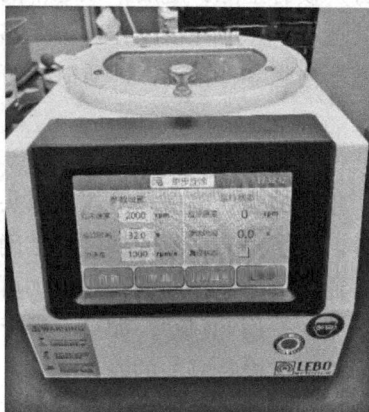

图 6-11　匀胶旋涂仪

2. 使用方法

（1）开机：启动真空泵及控制台相应开关，仪器随即开始运转。根据实验方案设定相应的转速及时间。

（2）准备：将铝箔纸裁剪成合适的形状，将旋转台底部及边缘锅壁包裹保护，以防止旋转过程中液滴飞溅对仪器造成腐蚀。接着将衬底放置于连接真空泵的真空吸附环上，启动抽真空开关，检查吸附是否牢固。

（3）沉积：通过吸管、注射器将溶液均匀地滴在衬底上。无论衬底是在旋转过程中（动态旋涂）还是沉积后旋转（静态旋涂），离心运动均会使溶液在衬底上扩散。

（4）旋转：按照设定的转速及旋转时间启动旋转。在此阶段，大部分的溶液将从基底中甩出。旋转过程中，当液体被甩出时，薄膜往往会改变颜色。当颜色停止变化时，表明薄膜已基本干燥。

（5）实验完成后，清理实验垃圾，依次关闭真空泵及控制台开关，取出铝箔纸。

3. 注意事项

（1）在使用过程中要尽量避免样品溶液接触到真空吸附环。若有接触，应立即将真空吸附环及其配套附件取下，采用无尘纸对污痕进行清理，随后进行超声处理。

（2）在进行沉积前，务必检查真空吸附环的吸附是否牢固，以避免衬底在旋转开始时脱离吸附。

（3）在实验开始前，必须使用铝箔纸将旋转台底部及边缘锅壁进行包裹保护，避免旋转过程中液滴飞溅对仪器造成腐蚀。

（4）在添加溶液至衬底时，需注意溶液的添加量。若添加过多，会导致溶液的浪费，且可能导致液体漫到衬底背面；若添加过少，则可能导致涂覆不均匀。

6.12　电子天平

1. 基本原理

电子天平（图 6-12）是一种高度精密的称重设备，它巧妙地运用了电磁力补偿技术来实现对物体质量的精确测量。这一过程基于电磁力与物体重力之间的动态平衡原理。

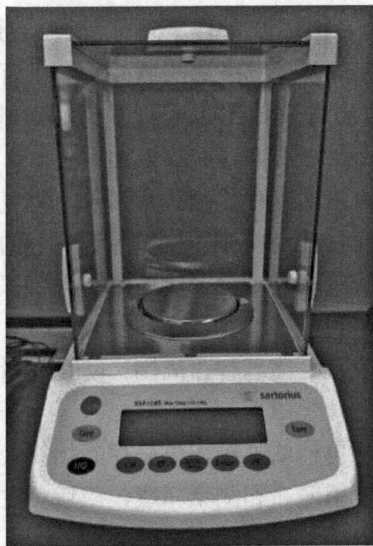

图 6-12　电子天平

当被测物体被放置在电子天平的秤盘上时，其重力（$G = mg$，其中 m 为质量，g 为重力加速度）通过秤盘、支架连杆传递到线圈上。线圈被精心放置在稳定的磁场中，这个磁场由磁钢产生。在初始状态下，电子天平通过内置的电磁力自助补偿电路调节通过线圈的电流，以产生一个与物体重力大小相等、方向相反的电磁力（F）。这个电磁力 F 的生成遵循特定的物理公式，即 F 与磁感应强度 B、线圈长度 L 以及通过线圈的电流 I 成正比，具体关系可以表示为 $F = KBLI$，其中 K 是一个与设备使用单位相关的常数。

当秤盘上的被测物体质量发生变化时（无论是增加还是减少），原有的力平衡状态被打破。此时，位置检测器会迅速捕捉到线圈在磁钢中产生的微小位移，这一位移信号随即被转化为电信号，并反馈给电磁力自助补偿电路。补偿电路根据接收到的信号自动调整通过线圈的电流强度 I，以重新建立电磁力与物体重力之间的平衡。由于电流 I 与被测物体的质量 m 成正比，因此通过精确测量并显示电流 I 的值，电子天平就能够以数字形式直观地展示被测物体的质量。

2. 使用方法

（1）水平调节：观察水平仪时，若发现水泡偏移，则需通过调整水平调节脚，来确保水泡位于水平仪的中心位置。

（2）开机、预热：接通电源，按下电源键启动天平显示屏，等待 3～5s（视工作环境而定）后显示"0.0000"的称重模式，称重单位显示 g；开机后需预热 10～30min。

（3）称量：按"TARE"键清零，将容器（或称量纸）置于秤盘上、关闭天平门，待天平显示器的读数稳定后，其数值即为容器的质量；按"TARE"键清零、去皮，显示器读数显示 0 并稳定后，将被测物体小心加入容器中，将天平侧门关闭，天平读数显示不变后的数值就是被测量物的实际重量。

（4）关机：称量操作完成后，需按下电源键以熄灭天平的显示屏，若长时间不使用，需拔掉电源。

3. 使用注意事项

（1）电子天平的精确性在多种环境条件下可能受到挑战，特别是当环境温度波动、存在气流扰动、受到外部震动或暴露于电磁干扰中时。为了确保测量结果的准确性和可靠性，在这些特殊环境下，应当谨慎使用电子天平，尽可能避免其直接暴露于这些不利因素中。

（2）每次使用电子天平时，应对其水平仪进行调整，将气泡调整至中间位置。

（3）为了确保电子天平的正常使用，应严格按照说明书的要求进行预热。

（4）在称量那些易于挥发或具有腐蚀性的物质时，为了保护电子天平免受腐蚀和潜在损坏，推荐将这些物质预先置于密封良好的容器中。

（5）当结束称量物品时，应及时清理秤盘周围，防止称量过程中洒落的药品对仪器表面造成腐蚀，并关闭天平门，盖上防尘罩。

（6）应定期对电子天平进行自校或外校，以确保其始终处于最佳状态。

（7）为了保证电子天平的使用寿命和测量精度，应避免过载使用。

6.13 pH 计

1. 基本原理

pH 计（图 6-13），即酸度计，是一种用于精确测量溶液酸碱度的仪器，通过测量溶液中氢离子（H^+）的浓度来确定溶液的酸碱性。pH 计包括参比电极、玻璃电极和电流计三大主要部件。参比电极起着维持恒定电位的作用，作为测量各种偏离电位的对照，参比电极的电势与氢离子的浓度无关。玻璃电极的功能是测量玻璃膜两侧的氢离子浓度差异产生的附加电位差来确定 pH 值。现在的 pH 计一般都是把参比电极和玻璃电极组合到一起形成复合电极。当复合电极被置于溶液中时，会构成一个原电池，此电池的电位是玻璃电极电位与参比电极电位相加的总和，即 $E_{电池} = E_{参比} + E_{玻璃}$。在温度保持恒定的情况下，该电池的电位会随着待测溶液 pH 值的变化而相应地发生变化。

电流计的作用是将原电池的电位放大数倍，并将这一放大的信号通过电表呈现出来。pH 计的主要测量范围是 0 到 14，且可以配备不同的电极类型和读数显示方式，如指针式、数字显示式等。此外，pH 计还具有不同的精度等级，如 0.2 级、0.1 级、0.01 级等，数字越小，精度越高。

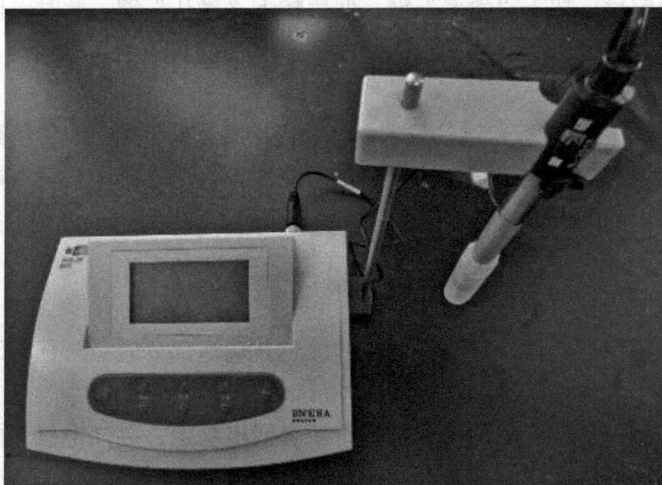

图 6-13　pH 计

在仪器使用前，需进行标定操作。一般情况下，仪器在连续使用时，建议每天进行一次标定。标定方法包括"定位"和"斜率"两种。

一点标定：即一点定位法，使用一种标准缓冲溶液定位 E_0，此方法较为简单，适用于要求不太精确的情况下测量。

二点标定法：即使用两种标准缓冲溶液进行定位，此方法精确度较高。

2. 使用方法

（1）功能设置

① 开机：仪器需要预热 30min。

② 温度设定：当设定温度时，首先用温度计获取待测液体的实际温度。然后，利用设备上的"温度设置"键手动调整到显示数值以匹配该温度。一切就绪后，点击"确认"按钮，即可完成当前温度的设定。如果需要放弃设置，请按下"pH/mV"键。

（2）电极准备

① 使用 pH 复合电极时，首先需要轻轻地将位于电极下端的电极保护瓶拔除，随后，向上拉动电极顶端的橡皮套，直至其完全脱离，从而使电极上端的透气小孔得以显露出来。

② 使用蒸馏水清洗电极。

③ pH 电极的标定：

一点标定：在仪器处于测量模式时，首先把经蒸馏水清洗过的电极浸入指定的标准缓冲溶液（例如 pH 值为 6.86 的溶液）中。接着，用温度计测量该溶液的实际温度，并按照之前所述的温度设置步骤来调整仪器上的温度显示。等待读数稳定之后，按下"定位"按钮来启动标定过程，此时屏幕会显示"Std YES"以确认。随后，点击"确定"键，仪器便进入单点标定模式。在此模式下，仪器会自动识别当前的标准溶液并展示出对应温度下的标准pH数值。

二点标定：准备两种标准缓冲溶液，分别是pH值为4.00和9.18的溶液。然后，按照之前提到的步骤进行一次单点标定操作。在清洗电极之后，将其插入第二种标准缓冲溶液（pH=9.18）中。接着，使用温度计测量该溶液的实际温度，并按照之前的步骤设置仪器的温度值。等待读数稳定后，按下"斜率"键，然后按下"确认"键。此时，仪器会自动识别当前的标准溶液，并在屏幕上显示对应温度下的标准pH值（即9.18）。最后，再次按下"确认"键，即可完成两点标定过程。

（3）pH的测定　已经被标定过的仪器，可以直接测量其他溶液。使用蒸馏水初步清洗电极头部，随后以被测溶液再次清洗电极以确保适应性。将清洁的电极插入被测溶液中，并使用玻璃棒轻轻搅拌以均匀混合溶液。之后，直接读取并记录溶液的pH值。完成测量后，清理电极并妥善存放。

3. 注意事项

（1）移除电极的保护套后，需确保电极的敏感玻璃泡部分避免与任何硬物发生接触，以防止其受损。

（2）测量工作结束后，应立即将保护套重新套回电极上，并向电极套内部滴加适量的外参比补充液，以确保电极球泡维持湿润状态，这对于维持电极性能至关重要。然而，需注意的是，应避免将电极长时间浸泡在蒸馏水中，以防影响其稳定性和准确性。

（3）对于复合电极，推荐使用浓度为3mol/L的氯化钾溶液作为其外参比补充液，该补充液可以通过电极上端的专门小孔加入，以确保补充过程简便且准确。在不进行测量的时段内，务必为复合电极盖上橡皮套，此举是为了有效防止补充液因蒸发而干涸，从而保护电极并维持其良好性能。

（4）避免将申极长时间浸泡在蒸馏水或酸性氟化物溶液中，以免影响其性能。

6.14　电导率仪

1. 基本原理

电导率，作为衡量溶液中电流传导能力的量化指标，其值与溶液中无机酸、碱、盐等电解质的浓度紧密相关。在较低浓度范围内，这些电解质浓度的提升直接导致电导率的增强，使得电导率成为评估水体中离子总浓度或盐分含量的重要依据。

电导率测量仪（图6-14）的核心原理基于欧姆定律，通过将两块平行极板浸入待测溶液，并在其间施加稳定的电位（常见为正弦波电压），随后检测由此产生的电流强度。由此，根据电导率（G）与电阻（R）成反比的关系，计算出溶液的电导率。为统一标准，电导率通常以西门子（S）为单位，并考虑电导池设计对测量结果的影响，最终报告为电导率S/cm，以准确反映不同电极配置下的测量结果。

具体而言，水的电导率与其内含的无机物种类及浓度密切相关。例如，新鲜蒸馏水初始电导率极低，介于0.2～2μS/cm之间，但随时间推移，因吸收空气中CO_2而略微上升至

$2\sim4\mu S/cm$。超纯水则展现出更低的电导率，通常小于 $0.1\mu S/cm$。相比之下，天然水与矿化水的电导率范围较广，分别在 $50\sim500\mu S/cm$ 和 $500\sim1000\mu S/cm$ 之间，反映出其富含溶解矿物质的特点。而工业废水，尤其是含高浓度酸碱盐的水体，其电导率往往远超 $10000\mu S/cm$，甚至更高。至于海水，其电导率更是高达约 $30000\mu S/cm$，体现了其复杂的盐类组成和高度导电性。

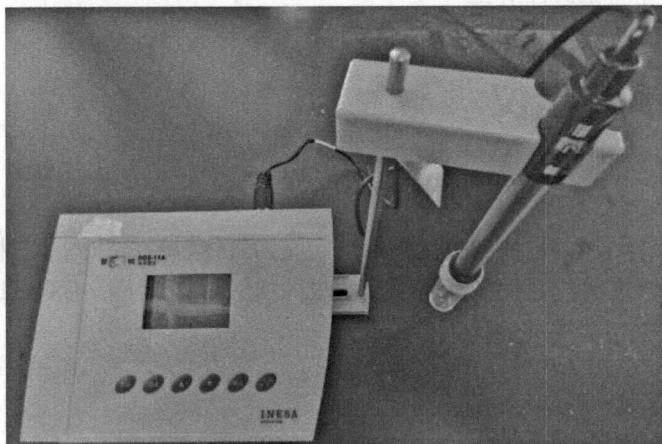

图 6-14　电导率测量仪

2. 使用方法

（1）按"ON/OFF"开关，仪器进入测量状态。

（2）根据待测溶液的电导率的大小选用不同常数的电极进行测量。不同常数对应的电导率范围如表 6-1 所示。

表 6-1　不同的电极常数对应的电导率范围

序号	溶液电导率范围	电极常数
1	$0.00\mu S/cm\sim19.99\mu S/cm$	0.01
2	$0.20\mu S/cm\sim199.9\mu S/cm$	0.1
3	$2.00\mu S/cm\sim9.99mS/cm$	1.00
4	$10.0mS/cm\sim100.0mS/cm$	10.0

（3）常数设置。按"常数"键，仪器进入常数设置状态，此时屏上显示常数值并闪烁，按"▲""▼"键选择任意一种电极常数（先估算待测液的电导率大小再进行选择），按"确认"键。

（4）确认仪器电极导线上标注的实际电极常数（每台仪器标注的电极常数值都不一样），按"▲""▼"键输入该值，按"确认"键。

（5）温度设置。按"温度"键设置溶液的温度，此时温度符号闪烁，按"▲""▼"键选择溶液的温度，然后按"确认"键。

（6）测量。先用超纯水把电极冲洗干净，再用无尘纸轻轻把残留的水吸干。把电极浸泡到待测溶液中，此时屏上会显示电导率数值，待读数稳定后此数值就是待测溶液的电导率值。

3. 注意事项

（1）为了获得最准确的电导率测量值，应定期使用标准溶液来验证电极常数。

（2）电极的阴极应保持干燥，以避免因湿润而导致测量数据不准确。

（3）用于盛放被测溶液的容器必须保持清洁，避免离子污染。

（4）高纯水在被盛入容器后应立即进行测量，以避免因空气中的二氧化碳溶入水中形成碳酸根离子而导致电导率迅速升高。

6.15　接触角测量仪

1. 基本原理

接触角，作为评估润湿程度的关键指标，定义为气体、液体和固体三相交汇的地方，气液界面的切线与固液交界线之间的夹角即为所求的接触角。为了精确测量这一角度，接触角测量仪（图 6-15）采用了先进的技术手段。

图 6-15　接触角测量仪

在测量过程中，该仪器利用内置的精密注射器针头，精确地将一滴待分析的液体滴置于特定的基片表面。随着液滴与基片的接触，液滴会稳定地附着并在基片上形成一个明显的轮廓，同时投射出一个清晰的阴影。该装置利用先进的光学放大技术，将液滴及其阴影的精细图像投射到屏幕上，从而实现对接触角的高精度测量。

依据接触角 θ 的大小，润湿程度可以划分为以下几个类别：

（1）θ 等于 $0°$，则代表完全润湿的状态；

（2）θ 小于 $90°$，表示发生部分润湿或称为亲水现象；

（3）θ 等于 $90°$，是判断润湿与否的临界点；

（4）θ 大于 $90°$，则意味着不润湿，也就是疏水状态；

（5）θ 达到 $180°$ 时，代表完全不润湿的情况。

2. 使用方法

（1）将接触角测量仪的电源开关打开。

（2）操作前准备：首先，将针头轻轻插入液态样品（如纯净水）中，通过缓慢而稳定的动作将液体吸入针筒内。随后，将针头朝上，轻轻挤压活塞，彻底排出针筒内的空气，确保无气泡干扰。接下来，调整液滴分配器的微米头至刻度为 14～15 格的位置，准备接收液体。在操作过程中，务必保持针头朝上，以防空气进入针筒。之后，将针筒垂直且稳固地装入微米头中，并迅速盖上调节体，确保密封性良好。最后，将整个装置安全地装入固定座中，为后续的液滴形成做好准备。

（3）样品放置与对焦：将待测物品小心放置在样品台上，利用"样品台高度调整钮"细致地调整样品台的高低位置，确保样品处于最佳观测位置。随后，通过"焦距调整钮"精细调节镜头焦距，直至固体样品在显示屏上呈现出清晰、无模糊的图像。

（4）针头定位与液滴形成：利用两个"针筒位置调整钮"，仔细调整液滴分配器，在水平方向和垂直方向上移动，直到其针头精确地定位于显示屏的水平中心点，且针头的高度与屏幕从上数第二格的位置大致相当。稳固针头后，输入对应的样品编号，以便记录测试数据。接下来，根据显示屏上的清晰指示，顺时针旋转液滴分配器上的"微米调节旋钮"，以平稳且缓慢的方式释放出液体。与此同时，通过微调"样品台升降旋钮"，精确控制样品台的高度，确保所释放的液体能够准确无误地落在固体样品表面上，并形成稳定的液滴形态。一旦液滴形成，再次对样品台的高度进行微调，使液滴能够恰好位于屏幕的中心区域附近。等待一段时间让液滴状态稳定后，按下"OK"键，屏幕将自动冻结当前图像。

（5）液滴形态标记：为了准确测量接触角，需要使用鼠标在液滴的关键位置进行标记。首先，将鼠标指针移至液滴的左端边缘，按下鼠标左键，屏幕上将出现一个"X"记号作为标记点。随后，鼠标将自动（或通过手动移动）移至液滴的右端边缘，再次按下左键，形成第二个"X"记号。最后，将鼠标移至液滴的最高点（即顶端），按下左键完成第三个"X"记号的标记。这三个标记点将用于后续的计算和分析，以确定接触角的具体数值。

（6）重复测量多组数据，取平均值。

3. 注意事项

（1）建议液滴量控制在 1～5μL 之间，过多会影响液滴形态，过少会导致测量误差。

（2）适当调节背景光源亮度，过亮会导致液滴外形变小，过暗会导致液滴外形变大。

（3）辅助基线位置的调整是保证水平和准确找到液-固界面的关键，否则会严重影响接触角的测量。

6.16　紫外可见分光光度计

1. 基本原理

紫外可见分光光度计（图 6-16）的工作原理核心在于分子内特定基团对紫外至可见光波段的辐射能量的吸收过程，这一过程触发电子从低能级向高能级的跃迁，进而产生独特的吸收光谱。由于自然界中每种物质都拥有其独一无二的分子结构、原子组成及空间排布，它们对光能的吸收特性也相应呈现出显著的差异性，这直接导致每种物质都具备一个特定的、固定的吸收光谱特征曲线。

正是基于上述物理现象与化学特性的紧密联系，紫外可见分光光度计得以广泛应用于物质的定性分析。通过比对未知样品与已知物质吸收光谱的相似性，可以实现对样品成分的初步鉴定。进一步地，该仪器还能进行定量分析。其原理在于，当物质浓度发生变化时，其在特定波长下的吸光度（即光被物质吸收的程度）或透过率（光穿透物质后的剩余比例）也会发生相应的变化。

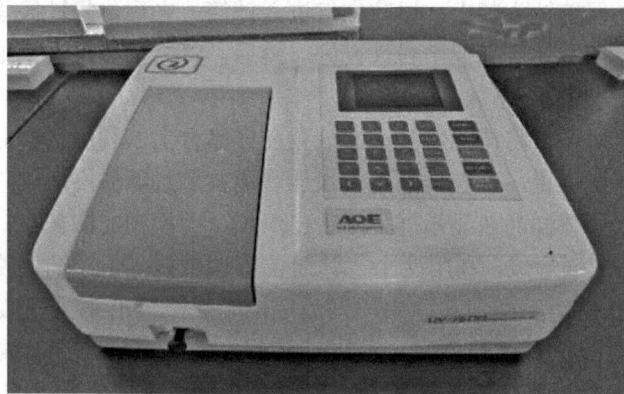

图 6-16　紫外可见分光光度计

2. 使用方法

（1）打开电源开关：按下设备电源开关，仪器开始自检并进入预热状态。预热时间通常需要至少 20min，以确保仪器稳定工作。

（2）光源与波长选择：对于需要在紫外光区工作的实验，可能需要将光源切换至氘灯（或其他紫外光源）。具体光源选择取决于实验需求和仪器配置。输入实验所需的波长值，选择所需的单色光波长。

（3）校准与测量：将待测样品和参比样品（通常为蒸馏水或空白溶液）准备好，并倒入比色皿中。注意比色皿的清洁和正确使用，避免污染和磨损。将装有参比样品的比色皿放入样品室进行调零（或空白校正），然后取出并放入装有待测样品的比色皿进行测量。记录测量结果，包括透光率、吸光度等参数。

（4）关机与保养：测量结束后，取出比色皿并清洗干净，用软布和软纸擦拭干净后倒置晾干。关闭仪器电源开关并拔下电源插头。在样品室内放入干燥剂以防止潮湿。定期检查仪器的光源、波长准确度等性能指标，并进行必要的维护和保养工作。

3. 注意事项

（1）为保障紫外可见分光光度计的平稳运行，在面临电源电压显著波动的环境条件时，强烈推荐用户配置并接入交流稳压器，以确保电源供应的稳定性和仪器性能的可靠性。

（2）每次操作结束后，请务必仔细检查样品室区域，确认是否有溶液残留或溢出。一旦发现，应立即使用干燥、干净的滤纸小心吸干，以防止溶液侵蚀仪器内部部件，保障设备长期使用的安全性与准确性。

（3）当紫外可见分光光度计处于非工作状态时，建议采用专门的防尘罩覆盖仪器，同时在防尘罩内放置适量的防潮剂。这一措施可有效防止灰尘积聚、空气污染物侵入以及湿度过高导致的仪器受潮，从而延长仪器的使用寿命并维护其性能。

（4）清洁紫外可见分光光度计外壳时，应采用微湿且洁净的软布进行擦拭，避免任何含有有机溶剂的清洁剂，以免这些化学物质对仪器外壳或表面涂层造成损害，影响仪器的外观与防护性能。

（5）应定期检查紫外可见分光光度计背部散热孔、风扇，保持其通畅，以确保仪器正常运行。

（6）钨卤素灯有使用寿命，使用较长时间后，会变暗、烧毁，必须及时更换，以确保仪器的正常使用。

6.17　荧光分光光度计

1. 基本原理

荧光分光光度计（图 6-17）的基本原理在于物质在特定波长激发光照射下产生的荧光现象。以下是其详细的工作原理：

当样品受到激发光源的照射时，其内部的原子或分子会吸收特定波长的光能量，从基态跃迁至激发态。随后，这些处于激发态的原子或分子会通过非辐射跃迁回到较低的能级，并在此过程中释放出荧光。样品发出的荧光信号经过检测器捕捉，并转化为电信号输出。这些信号经过数据处理后，可以得到样品的荧光光谱，包括激发光谱、发射光谱以及荧光强度等信息。通过测量荧光强度与样品浓度或成分之间的关系，可以确定样品中特定组分的含量。

图 6-17　荧光分光光度计

2. 使用说明

（1）开机与预热：打开荧光分光光度计的电源开关，让仪器进行预热。预热时间通常需要半小时，以确保仪器稳定工作。

（2）设置测量模式：根据实验需求，选择合适的荧光测量模式，如发射光谱、荧光寿命等。设置光源的激发波长和探测器的接收波长范围。

（3）零点校准：在没有样品的情况下进行零点校准，确保基线信号为零。

（4）放置样品：将装有待测样品的石英比色皿放入光度计的样品槽中，并保持其稳定。

（5）程序设置：根据实验要求，在计算机或仪器面板上设置相应的测量参数，如光谱扫描范围、积分时间、激发和接收光的滤波器等。

（6）开始测量：启动仪器测量程序，控制光源以相应的激发波长照射样品。探测器接收样品发出的荧光信号。

（7）数据处理：根据测量模式，得到样品的发射光谱、荧光寿命等数据。根据需要，采用相应的数据处理方法进行荧光强度校正、背景减除等操作。

（8）分析与解读：根据测量结果进行分析和解读，例如确定荧光峰的位置、强度等，或者计算荧光寿命等。

3. 注意事项

（1）光源保护：光源是荧光分光光度计的重要组成部分，其使用寿命有限。因此，应避免频繁开关光源，并且在光源关闭后，应确保光源完全冷却后再重新开启，以避免对其寿命造成折损。在日常使用中，尽量避免直接用手触摸光源，如果不慎留下指纹，应使用擦镜纸沾无水酒精进行清洁。

（2）样品室清洁：样品室是荧光分光光度计中的关键部件，经常会有样品残留，这会影响测试结果甚至可能导致仪器损坏。因此，每次使用后都应确保样品室清洁，可以使用洗耳球吹扫或擦拭。

（3）样品制备：样品的质量和稳定性对测量结果至关重要。因此，必须确保样品的纯度和稳定性，避免污染和降解导致误差。

（4）激发波长选择：不同的荧光物质对激发光的响应不同，因此应根据样品的荧光特性选择合适的激发波长。

（5）预热：为了得到稳定可靠的数据，通常需要对仪器进行预热，特别是对于氙灯，预热时间根据仪器的不同而有所差异。

（6）测试环境：针对某些极易受光影响、易于分解的荧光物质，在进行测试时需采取特定的实验条件以保护其稳定性。这包括选择较长波长的入射光以减少对物质的直接激发效应，降低入射光的强度以避免过度照射导致的分解，以及缩短光照时间以减少总体曝光量。

（7）仪器存放：仪器存放时，应确保环境干燥，防止受潮影响使用效果。同时，存放比色皿时应保持清洁，并避免直接用手接触其光学表面。

6.18　傅里叶红外光谱

1. 基本原理

分子在吸收入射光子的能量时，会经历振动能级的跃迁过程。分子在其原子核周围振动时，会选择性地吸收红外光谱中不同频率区间的能量。傅里叶红外光谱技术正是利用了这一特性，因为每个化学键都具备特有的振动频率。该技术通过精确测量样品对红外光波段的吸收情况，能够绘制出分子特有的光谱图。这些光谱图不仅可揭示分子中存在的化学键种类，还能进一步阐明这些化学键是如何组合和排列的。

2. 使用方法

（1）开机启动：首先启动傅里叶红外光谱仪（图 6-18）与电脑，并确保预热 15min；随后，启动红外光谱数据采集软件，这里以红外光谱仪 Nicolet iS50 所对应的数据采集软件 OMNIC 为例，对该软件的参数设置包括扫描次数、图谱格式以及背景处理等；最后，点击光学台，观察检测器信号的强度，并根据需要调整参数以使检测器信号达到最大。

（2）采集背景谱图：在"采集"菜单中选择"采集背景"命令，以获取一张无样品时的背景光谱。在采集过程中，数据将实时显示在采集背景窗口中。

（3）采集样品图谱：将经过 KBr 压片处理后的样品转移至样品台（KBr 片），然后点击"采集样品"，即可获得扣除背景后的样品图谱。

（4）图谱处理：对光谱特征峰的位置进行标定，并确定特征峰所对应的官能团。通过与标准库中的光谱图进行比较，得出相应结论。

（5）测量结束后，需对样品室进行清理，并关闭仪器电源。

图 6-18　傅里叶红外光谱仪

3. 注意事项

（1）在进行测量操作期间，需严格控制室内环境条件，确保温度在 15～30℃，相对湿度低于 65%。此外，室内应配备除湿装置。

（2）在选择样品测试厚度时，应确保其适当。过多或过少的样品均可能导致某些峰消失，从而无法获得完整的谱图。

（3）在处理样品时，应去除其中的水分。水的存在可能会干扰样品的图谱。

（4）在进行样品处理时，务必佩戴手套，以避免手部对样品的污染。

（5）当仪器停止工作时，应及时关闭电源开关，切断电源。

（6）实验室应保持干燥，应定期开启除湿机进行除湿。在雨季，应每天进行除湿操作。

（7）完成压片操作后，压片模具应立即进行清洁处理，确保无残留物。若需深度清洁，可使用清水冲洗，随后彻底擦干水分，并放置于干燥器中以保持其干燥状态，从而妥善保存以备下次使用。

6.19　椭偏仪

1. 基本原理

本实验的核心设备是反射式椭圆偏振光谱仪，通常简称为椭偏仪（图 6-19）。这一精密仪器采用了一种独特的光学测量方法，即通过分析偏振光在照射至待测薄膜样品表面并反射回来之后，其偏振状态所发生的细微变化，来深入解析并获取薄膜材料的关键光学特性，包括但不限于折射率、吸收系数等，同时还能精确测定薄膜的厚度。该仪器主要由光源、偏振发生器、样品、偏振分析器和检测器五大部件构成。椭偏仪的基本工作原理基于椭圆偏振光的特性，即当偏振光通过样品时，其振幅和相位会发生变化，然后通过检测器记录光的振幅和相位信息，并将该信息与已知的输入偏振进行比较，以确定由样品反射引起的偏振变化。通过分析样品对光的影响，椭偏仪可以确定样品的光学性质，如折射率、吸收系数、旋光度等。实验中，通常测得的反映反射前后偏振状态变化的椭偏参量 Ψ（Delta，相位信息）和 Δ（Psi，幅度信息）也可称为椭偏角，再通过数学拟合等手段可以获得介质的复折射率，从而可以得到材料的折射率和消光系数等重要光学常数。

图 6-19　椭偏仪

除了常用的光学常数测量，椭偏仪还可以用于测量薄膜的厚度 d，其测量范围在亚纳米到几微米之间。其基本原理仍然是通过从表面反射的光和穿过薄膜的光之间的干涉来确定 d 值：根据椭偏参量 Ψ 和 Δ 的测量值，可以确定一个对此波长没有吸收的介质的折射率及其厚度 d。反之，也可以通过已知厚度和折射率，来求出介质复折射率的实部和虚部。对于未知量更多的情况，例如欲求对光有吸收的介质的厚度及折射率，可以选取适当数目的不同入射角来增加数据量从而拟合出 Ψ 和 Δ。

2. 使用方法

（1）样品制备：根据实验需求制备所需的薄膜样品。

（2）设备启动：按照规定的顺序依次开启仪器电源、光源电源和计算机电源。

（3）样品安装与定位：将待检测的样品准确放置于样品台上，随后轻轻转动手轮至"目视"模式。通过清晰的观测窗口，仔细调整样品台的高度调节旋钮，直至观测窗中显示的光点达到最亮且最为圆润的状态，确保样品与光束的对准最优化。

（4）参数精细调整与测量：在样品台位置确定后，开始进行光学参数的细致调整。旋转起偏器和检偏器的刻度盘手轮，同时密切注视光强的变化。当观察到光强降至最低点，即达到消光状态时，迅速将观测窗遮盖严密，以防外界光线干扰。

随后，需将转镜手轮调整至光电接收器的位置，并密切留意放大器指示表的读数变化。接下来，通过不断交替旋转起偏器和检偏器的手轮，进行精细调整，直到指示表的读数达到最小值，即确认达到再次消光的状态。在这一精确状态下，从起偏器的刻度盘及其附带的游标盘上，准确记录下起偏器的方位角 P。同样，也从检偏器的刻度盘及其游标盘上，读取并记录检偏器的方位角 A。

（5）测试过程：选择合适的检测模式和参数观察检测数据，将膜厚设置为接近值。根据检测器显示的数据判断膜厚值是否正确。若出现偏差大的信号，重新筛选膜厚值，直至得到正确膜厚值。

3. 注意事项

（1）椭偏仪一般适用于厚度在亚纳米至微米之间的薄膜。然而，当薄膜厚度超过数十微米时，干涉振荡问题变得日益突出，因此椭偏仪可能无法准确测量。在这种情况下，建议选择其他表征技术来确定膜厚。

（2）对于透明样品，如其底部表面过于光滑，可能会影响光信号的收集。应对底部表面进行适当处理，如使用胶带覆盖，以改变其反射和散射特性。

（3）厚度测量需要一部分光穿过整个薄膜并返回表面。如果材料对光线有吸收，光学仪器的厚度测量将受到限制，只能测量薄的、半透明的层。为了规避这种限制，可以选择在吸收率较低的光谱区域进行测量。例如，有机薄膜可能强烈吸收紫外线和红外线，但在可见光中段保持透明。对于在所有波长都有强烈吸收的金属，用于测定厚度的最大层通常是 100nm 左右。

（4）在使用椭偏仪进行测量时，不允许使用强激光或其他强光照射样品，必须先使用目视法充分消光后，才能进行测量。

（5）在一般情况下，1/4 波片不允许转动，以避免造成测量误差。

（6）仪器应放置在光线较暗、湿度较低的室内环境中使用。

6.20　薄层色谱

1. 基本原理

薄层色谱（图 6-20），通常被叫做薄层层析，是一种层析分离技术。这个技术是用一层薄薄的硅胶涂在板上作为固定相，用溶剂来推动样品进行分离和鉴定。这个技术可以用来鉴别药品、检查杂质或者测定含量。在完成点样与展开步骤后，可以通过比较样品与对照品的比移值（R_f）来进行药品的鉴别、杂质检测或含量定量分析。薄层色谱法作为一种高效、快捷的实验技术，不仅能够实现少量物质的分离与定性分析，还能在科研和生产中用于监控化学反应的进程。此外，对于微量或少量物质的处理，薄层色谱法同样展现出其在材料分离与提纯方面的独特优势，是一种不可或缺的实验手段。

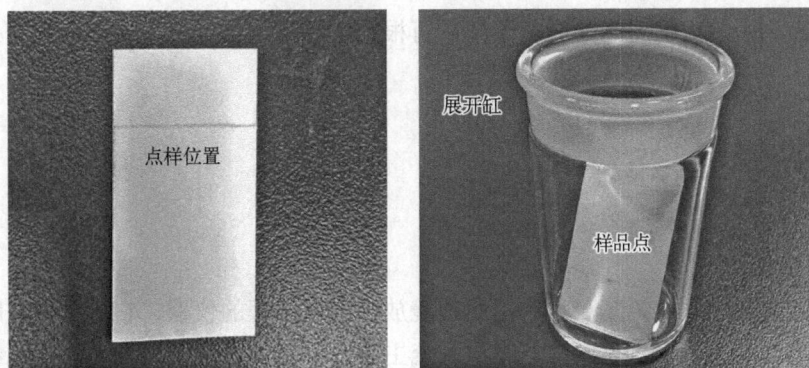

图 6-20　薄层色谱

2. 使用方法

（1）制备：在研钵中向一个方向混合 1 份固定相和 3 份水，研磨至表面的气泡完全除去，然后将混合物倒入涂布器中。在操作过程中，需确保涂布器在玻板上平稳且均匀地移动，以控制涂层厚度在 0.2~0.3mm 的理想范围内。完成涂布后，轻轻地将涂覆好的玻板从操作台上取下，并放置于水平且稳固的平台上，让其自然晾干。随后，为了彻底去除残留的水分并确保涂层的稳定性，将玻板置于预热至 110℃ 的烘箱中烘烤 30min。烘烤结束后，将玻板转移至装有干燥剂的干燥箱内，以保持其干燥状态，直至后续使用。也可以直接购买整面薄层色谱板，并自行裁剪至合适的尺寸。

（2）点样：将待测样品配制成适宜的浓度，然后使用微量毛细管吸取溶液，轻触薄层板下端约 1.5cm 处进行点样。点样量不宜过大，如果待测或待分离溶液较多，可以在不同位置平行点样。点样完毕后，需要等待板上溶剂挥发后，再进行下一步操作。

（3）展开：首先，需要精心配制适合的展开剂，其关键作用在于能够有效溶解待分离的物质，并在吸附剂的薄层上促使这些物质发生迁移。展开剂的选择应确保各组分的比移值（R_f 值）落在 0.2~0.8 的适宜范围内，以此来优化分离效果。同时，展开剂还需具备对被分离物质良好的选择性，以实现更高效、精确的分离目标。展开剂一般由不同极性的溶液按照不同比例混合而成，根据待分离物质的极性应选用不同极性的溶液。展开剂配制好后，注入展开缸中，容器中溶液高度不可高于薄层板的点样位置。将薄层板置入缸中，待展开剂沿板纵向展开至距离板上端约 0.5cm 处时，展开完毕，取出薄层板。

（4）显色：对于大部分有机化合物，可以使用紫外灯（254nm 或 365nm）对其进行辐照，观察不同物质的分离情况。根据分离情况，可以再次调整展开剂的极性，以优化分离效果。

3. 注意事项

（1）在薄层板上应用硅胶等固定相时，应注重呼吸器官的防护措施，因其微小颗粒易于被人体吸入，并且极难被代谢。

（2）在使用展开剂溶剂时，如其具有挥发性或毒性，应在通风橱中进行操作，以确保实验环境的安全。

（3）在进行点样操作时，应注意每个样品点的面积不宜过大，以免影响分离效果。

（4）对于提前制备好的薄层板，在存放过程中应注意防潮，以避免其性能受到影响。

（5）在使用展开缸进行实验前，应及时进行清洗，以防止前次实验的样品残留对实验造成污染。

（6）若需利用该方法对产品进行分离，可根据实际需求自行设计展开缸和薄层板的尺寸形状。

6.21　光学显微镜

1. 基本原理

光学显微镜（图 6-21）是一种利用凸透镜放大成像原理的仪器，它可以将人眼无法分辨的微小物体进行放大成像。显微镜的光学系统主要由物镜、目镜、光源和聚光镜组成。物镜由一组透镜组成，能够将物体清晰地放大，物镜上刻有放大倍数，主要有 5×、10×、50×、100× 等。目镜是插在目镜筒顶部的镜头，靠近观察者的眼睛，可以将物镜所成的物像进一步放大，常用目镜的放大倍数是 10×。显微镜的总放大倍数等于物镜和目镜放大倍数的乘积。光源主要采用人工光源，如卤素灯、荧光灯等。聚光器由透镜组成，可集中透射光线，使光集中到被观察的部位，调节光的强度。此外，光学显微镜还包括机械装置，如载物台、调焦手轮、物镜转化器等。

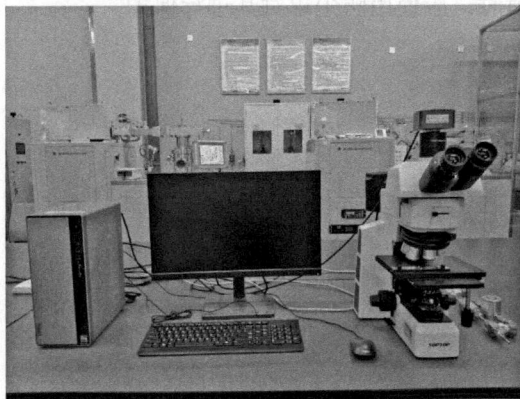

图 6-21　光学显微镜

2. 使用方法

（1）开机：接通电源并开启与显微镜连接的电脑，然后启动显微镜图像视频采集软件。将待观察的样品（硅片）放置到载物台。选择反射光照明，开启照明灯源，通过调节调光手轮，将照明亮度调节至观察舒适的程度。

（2）光路选择：通过移动光路选择杆，可选择通过目镜观察或摄像装置观察。

（3）调焦：旋转物镜转换器，选择低倍数（5×）物镜进入光路，通过转动调焦手轮的粗调手轮，直至视场内出现样品的轮廓，然后进行微调，使样品的细节清晰。注意要锁紧上限位手轮，以防止物镜与样品相碰。随后可选择高倍数（50×）的物镜进行观察。

（4）瞳距调整步骤：当进行双眼观察时，应使用双手分别稳固地握住左右两侧的目镜筒座。随后，通过绕着目镜筒座的转轴进行旋转操作，以细致地调节两个目镜之间的距离，即瞳距。这一过程应持续进行，直至达到一个理想的观察状态，即左右两侧的视野在双眼观察下能够自然地融合成一个完整的视野。

（5）图像视频采集软件使用：启动软件，如舜宇 Soptop CX40M 显微镜配备的软件 Litodigital。从相机列表中选择摄像装置型号 M3LY630T，点击捕获，获得图像，并对图像进行尺度标定，然后保存图像。

（6）样品观察与结论：通过转动载物台的手轮，观察样品表面的不同区域，判断表面是否存在微小污染物。

3. 注意事项

（1）显微镜作为一种精密仪器，其操作需要特别小心，以避免物理振动对其造成损坏。

（2）在放置显微镜的位置要注意避开阳光直射、高温高湿以及粉尘多的环境。应确保显微镜的工作表面平整。

（3）工作环境的要求如下：室温应在 5～40℃之间，最大相对湿度为 80%。

（4）在移动显微镜时，应一手握住显微镜的镜臂，另一手握住镜体的前端，小心轻放，避免抓住载物台、调焦手轮、目镜筒、灯源等部件，以免对显微镜造成损害。

（5）在工作过程中，由于灯源表面温度较高，应确保灯源附近有足够的散热空间。

（6）如果透镜表面出现油渍和指纹，应使用乙醇和乙醚混合液沾湿纱布，轻轻擦拭，避免使用有机溶剂擦拭非光学部件。

（7）在不使用显微镜时，应使用防尘罩对其进行保护。

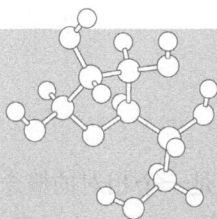

第**7**章
常用有机溶剂的性质与使用

有机溶剂是一类常压下呈现液态的有机化合物，具有良好的溶解性能，可用于溶解一些不溶于水的有机化合物。有机溶剂在化工、制药、涂料、印刷、清洗等领域有着广泛的应用。本章主要对有机溶剂的分类、选择、用途、危害、使用防护和常用有机溶剂的性质进行介绍。

7.1 有机溶剂的分类

根据化学结构和性质的不同，有机溶剂可以分为多种类型。以下是一些常见的有机溶剂分类。

7.1.1 按照官能团分类

有机物可以根据它们所含有的官能团进行分类。官能团是决定有机化合物化学性质的特定原子或原子团。以下是一些常见的官能团及其对应的有机化合物类别：

（1）烃：不含任何官能团的饱和或不饱和碳氢化合物，如正己烷（C_6H_{14}）。

（2）醇：含有一个或多个羟基（—OH）的化合物，如乙醇（C_2H_5OH）。

（3）酚：羟基直接连接到芳香环上的化合物，如苯酚（C_6H_5OH）。

（4）醚：含有醚键（—O—）的化合物，如二甲醚（CH_3OCH_3）。

（5）醛：含有醛基（—CHO）的化合物，如甲醛（HCHO）。

（6）酮：含有酮基（$>C=O$）的化合物，如丙酮（CH_3COCH_3）。

（7）羧酸：含有羧基（—COOH）的化合物，如乙酸（CH_3COOH）。

（8）酯：含有酯基（—COO—）的化合物，如乙酸乙酯（$CH_3COOCH_2CH_3$）。

（9）胺：含有一个或多个氨基（—NH$_2$）的化合物，如乙胺（$C_2H_5NH_2$）。

（10）酰胺：含有酰氨基（—CONH$_2$）的化合物，如乙酰胺（CH_3CONH_2）。

（11）硝基化合物：含有硝基（—NO$_2$）的化合物，如硝基甲烷（CH_3NO_2）。

（12）卤代烃：含有卤素原子（氟、氯、溴、碘）的碳氢化合物，如氯甲烷（CH_3Cl）。

（13）硫醇：含有巯基（—SH）的化合物，如甲硫醇（CH_3SH）。

（14）硫醚：含有硫醚键（—S—）的化合物，如二甲基硫醚（CH_3SCH_3）。

（15）硫酮：含有硫酮基（$>C=S$）的化合物，如二苯硫酮[$C_6H_5C(S)C_6H_5$]。

（16）腈：含有氰基（—CN）的化合物，如乙腈（CH_3CN）。

（17）叠氮化合物：含有叠氮基（—N$_3$）的化合物，如叠氮甲烷（CH_3N_3）。

这些官能团赋予了有机化合物特定的化学性质和反应特性，使得它们在合成化学、药物化学和材料科学等领域有着广泛的应用。

7.1.2　按照毒性分类

按照毒性对有机物进行分类并不是一个常见的分类方法，因为毒性是一个相对的概念，它取决于化合物的浓度、暴露时间、暴露方式以及生物体的敏感性等因素。然而，为了安全和监管的目的，人们通常将有机化合物根据其潜在的毒性和危害性进行分类。以下是一些基于毒性的大致分类：

（1）无毒或低毒性化合物：这些化合物通常在正常使用条件下对人类和环境的风险较低。如：戊烷、乙醚、苯甲醚、1-丙醇、2-丙醇、1-丁醇、2-丁醇、戊醇、三丁甲基乙醚、异丙基苯等。

（2）暴露毒性化合物：这些化合物在一定条件下可能对人体健康或环境造成损害，但通常需要较高浓度或长时间暴露。如：丙酮、甲乙酮、乙酸乙酯、乙酸丙酯、乙酸异丁酯、乙酸甲酯、3-甲基-1-丁醇、2-甲基-1-丙醇等。

（3）呼吸毒性化合物：这些化合物在较低浓度下就能对生物体造成急性或慢性健康影响。大部分挥发性有机溶剂具有呼吸毒性。

（4）剧毒化合物：这些化合物具有极高的毒性，即使是极小的剂量也可能致命或造成严重健康问题。

（5）致癌化合物：这些化合物被认为有潜在的致癌性，长期暴露可能增加患癌症的风险。如 2-甲氧基乙醇、氯仿、三氯乙烯、1,2-二甲氧基乙烷、四氢化萘、2-乙氧基乙醇、环丁砜、嘧啶、甲酰胺、正己烷、氯苯、二氧杂环己烷、乙腈、二氯甲烷、N,N-二甲基甲酰胺、甲苯、N,N-二甲基乙酰胺等。

（6）生殖毒性化合物：这些化合物可能对生殖系统造成损害，影响生育能力或导致出生缺陷。如二硫化碳、甲苯、环氧乙烷、苯、乙醚、二氯甲烷、N-甲基吡咯烷酮等。

（7）神经毒性化合物：这些化合物能够影响神经系统的功能，可能导致认知、感觉或运动功能障碍。如甲醇、乙腈、氯仿、四氯化碳、二硫化碳、脂肪烃类等。

在处理和使用这些化合物时，需要采取适当的安全措施，包括使用个人防护装备、确保良好的通风、遵守安全操作规程等。此外，许多国家和地区都有法规和指南来规定这些化合物的分类、标签、包装、运输和使用。

值得注意的是，即使是被归类为低毒性的化合物，在特定条件下也可能变得有害。因此，了解化合物的具体性质和安全使用指南是非常重要的。

7.1.3　按照极性分类

分子极性的产生与分子中电荷分布的不均匀性有关。在分子中，如果正负电荷的中心重合，那么分子就是非极性的；如果正负电荷的中心不重合，那么分子就是极性的。用于表征分子极性大小的物理量为偶极矩或介电常数，介电常数大表示其极性大。在研究物质的溶解情况时，我们常使用"相似相溶"这一条经验规律，该规律可简单阐释为"极性溶质易溶于极性溶剂，非极性溶质易溶于非极性溶剂"。

极性溶剂：极性溶剂是指分子结构中电荷分布不均匀，导致分子产生极性的溶剂。这种不均匀的电荷分布通常是由分子中不同原子的电负性差异造成的，使得分子中的某些区域电子云密度较高（负电荷中心），而其他区域电子云密度较低（正电荷中心）。极性溶剂的分子间作用力较强，因此它们能够溶解许多极性物质。常用的极性溶剂有水、甲酰胺、乙醇、甘油、丙二醇等。

非极性溶剂：是由非极性分子溶液组成的溶剂，非极性分子多由共价键构成，无电子或电子活性很小，也指偶极矩小的溶剂，是指介电常数低的一类溶剂，又称惰性溶剂（inert solvent）。这类溶剂电荷分布均匀，分子间作用力较弱，可以溶解非极性溶质且不与溶质发生溶剂化作用，介电常数较低。常用的非极性溶剂有苯、液状石蜡、氯仿、乙醚、四卤化碳、汽油等。

化合物的极性决定于分子中所含的官能团及分子结构。各类官能团的极性按下列次序增加：$-CH_3$，$-CH_2-$，$-CH=$，$-C\equiv$，$-O-R$，$-S-R$，$-NO_2$，$-NR_2$，$-OCOR$，$-CHO$，$-COR$，$-NH_2$，$-OH$，$-COOH$，$-SO_3H$。

表 7-1　常见有机溶剂极性表

化合物名称	极性	黏度/Pa·s	沸点/℃	吸收波长/nm
异戊烷（i-pentane）	0	—	30	—
正戊烷（n-pentane）	0	0.23	36	210
石油醚（petroleum ether）	0.01	0.3	30～60	210
己烷（hexane）	0.06	0.33	69	210
环己烷（cyclohexane）	0.1	1	81	210
三氟乙酸（trifluoroacetic acid）	0.1	—	72	—
四氯化碳（carbon tetrachloride）	1.6	0.97	77	265
甲苯（toluene）	2.4	0.59	111	285
对二甲苯（p-xylene）	2.5	0.65	138	290
邻二氯苯（o-dichlorobenzene）	2.7	1.33	180	295
乙醚（ethylether）	2.9	0.23	35	220
苯（benzene）	3	0.65	80	280
二氯甲烷（methylene chloride）	3.4	0.44	40	245
正丁醇（n-butanol）	3.7	2.95	117	210
丙醇（n-propanol）	4	2.27	98	210
四氢呋喃（tetrahydrofuran）	4.2	0.55	66	220
乙酸乙酯（ethyl acetate）	4.3	0.45	77	260
异丙醇（i-propanol）	4.3	2.37	82	210
氯仿（chloroform）	4.4	0.57	61	245
吡啶（pyridine）	5.3	0.97	115	305
丙酮（acetone）	5.4	0.32	57	330
乙酸（acetic acid）	6.2	1.28	118	230
乙腈（acetonitrile）	6.2	0.37	82	210
甲醇（methanol）	6.6	0.6	65	210
乙二醇（ethylene glycol）	6.9	19.9	197	210

续表

化合物名称	极性	黏度/Pa·s	沸点/℃	吸收波长/nm
二甲基亚砜（dimethyl sulfoxide）	7.2	2.24	189	268
水（water）	10.2	1	100	268

由表 7-1 常见溶剂极性数据比较可知：

强极性溶剂：水＞二甲基亚砜＞甲醇。

中等极性溶剂：乙腈≥乙酸＞氯仿＞二氯甲烷＞乙醚＞甲苯。

非极性溶剂：环己烷，石油醚，己烷，戊烷。

常用混合溶剂的极性顺序（由小到大，括号内数字为体积比）：

环己烷：乙酸乙酯（8∶2）→氯仿：丙酮（95∶5）→苯：丙酮（9∶1）→苯：乙酸乙酯（8∶2）→氯仿：乙醚（9∶1）→苯：甲醇（95∶5）→苯：乙醚（6∶4）→环己烷：乙酸乙酯（1∶1）→氯仿：乙醚（8∶2）→氯仿：甲醇（99∶1）→苯：甲醇（9∶1）→氯仿：丙酮（85∶15）→苯：乙醚（4∶6）→苯：乙酸乙酯（1∶1）→氯仿：甲醇（95∶5）→氯仿：丙酮（7∶3）→苯：乙酸乙酯（3∶7）→苯：乙醚（1∶9）→乙醚：甲醇（99∶1）→乙酸乙酯：甲醇（99∶1）→苯：丙酮（1∶1）→氯仿：甲醇（9∶1）

常用流动相极性比较：

石油醚＜汽油＜庚烷＜己烷＜二硫化碳＜二甲苯＜甲苯＜氯丙烷＜苯＜溴乙烷＜溴化苯＜二氯乙烷＜三氯甲烷＜异丙醚＜硝基甲烷＜乙酸丁酯＜乙醚＜乙酸乙酯＜正戊醇＜正丁醇＜苯酚＜甲乙醇＜叔丁醇＜四氢呋喃＜二氧六环＜丙酮＜乙醇＜乙腈＜甲醇＜N,N-二甲基甲酰胺＜水

以上是一些常见的有机溶剂分类，不同类型的有机溶剂具有不同的化学性质和应用特点，需要根据具体的使用需求进行选择。

7.2　有机溶剂的选择

溶质被溶剂包围的过程叫作溶剂化，水的溶剂化则被称为水合。溶剂化值指的是包围一个离子的溶剂分子数。一般来说，溶剂化程度随着电荷数的增加和离子半径的减小而增大。一个物种的反应活性随着溶剂化程度减小而提高，因为溶剂化的分子屏蔽了反应物，分散了电荷。某分子的其中一个部位可能更易于被另一种溶剂所溶剂化。比如，偶极性的非质子溶剂，例如二甲基亚砜（DMSO），会溶剂化阳离子，从而使另一部分的阴离子更容易反应。冠醚，常用作相转移催化剂，也类似地和阳离子形成配合物而使阴离子部位更具有活性。在溶剂混合物中两种溶剂可溶剂化分子的不同部分，使得组成混合溶剂后溶解性能比各自任何一种单一溶剂好。有个明显的例子，氢氧化钠的溶剂化程度的降低是如何影响其反应活性的：固体氢氧化钠（三分子水合物）的碱性比 15%氢氧化钠（十一分子水合物）碱性增强 50000倍。溶剂化是选择溶剂要考虑的众多重要因素之一。

从溶剂化角度出发，谨慎地选择溶剂非常重要，需要注意以下内容：

① 给设备和操作人员提供安全、无害的大规模生产条件；

② 溶剂的理化性质，如极性、沸点、水混溶性，影响反应的速率、两相的分离、结晶的

效果及通过共沸或干燥固体除去挥发性组分；

　　③ 其他理化性质，如混合物的黏度影响传质和传热、副产物的形成和物理运输；

　　④ 回收和套用溶剂的难易程度，会极大地影响产品成本。

　　在生产和生活中，选择合适的有机溶剂是非常重要的，因为不同的有机溶剂具有不同的化学性质和溶解能力。以下是一些指导原则，可根据反应所需选择合适的有机溶剂。

　　考虑溶解性：首先要考虑所需溶剂是否能够溶解反应中的物质。有机溶剂的溶解性取决于其极性、分子大小和其他化学性质。例如，极性物质通常需要极性溶剂来溶解，而非极性物质则需要非极性溶剂。

　　考虑反应条件：有机溶剂的选择还应考虑反应的温度、压力和其他条件。例如，在高温下进行反应时，需要选择具有较高沸点的有机溶剂，以确保它在反应过程中不会挥发掉。

　　考虑安全性：有机溶剂的选择还应考虑其毒性、易燃性和挥发性。在选择溶剂时，需要考虑其对人体健康和环境的影响，并采取相应的安全措施。

　　考虑成本和可用性：在选择有机溶剂时，还需要考虑其成本和可用性。有些溶剂可能价格昂贵或者在某些地区难以获得，因此需要权衡利弊。

　　考虑产品纯度：有机溶剂的选择还应考虑最终产品的纯度要求。有些溶剂可能会在产品中残留，影响产品的纯度，因此需要选择对产品影响较小的溶剂。

　　此外，共沸物是恒定沸点的混合物，有着固定的摩尔组成。共沸物由两种、三种或者更多组分组成，可以是均相或非均相的。常见的共沸物是沸点降低的共沸物，即混合物的沸点比任意组分的沸点都要低。常用的共沸物中，浓盐酸是个例外，形成的是沸点升高的共沸物。所有非均相的共沸物的沸点都降低。不同的液体如果沸点接近就可以形成共沸物。许多有机溶剂可以与水形成共沸物，因此可利用这一性质除水。共沸物的主要价值在于能有效去除反应混合物中易挥发的组分，共沸除去易挥发组分可以促进反应进行，且有益于分离后处理。六甲基二硅烷（酸催化脱三甲基硅烷保护基的副产物）能和醚类、醇类、乙腈及三甲基硅醇形成共沸物。即使共沸物不能完全除去杂质组分，也能用于降低沸点。共沸物如果能够回收套用，也是一种较为经济的溶剂。当一对共沸物的组成接近 1:1 时，从其中一种溶剂中分离出另一种溶剂更容易。通常对共沸物进行减压蒸馏时会进一步降低馏出物中较少组分的比例，如乙酸乙酯-水共沸物，这也被称为"破坏型共沸物"。在异丙醇-水共沸物中，没有发现该现象。

　　溶剂的选择需要综合考虑各种因素，而首要的一点是保证安全。在实验条件下，各组分的理化性质可能比溶剂的极性对反应的影响驱动力更大。当一个溶剂可以与一个比较难以除去的杂质共沸时，可用此溶剂除去这种难除的杂质。一般情况下，需要经过很多筛选实验才能决定哪个溶剂才是某种生产过程中最理想的溶剂。

7.3　有机溶剂的用途

　　有机溶剂常用作反应介质，用于溶解和催化化学反应。它们在有机合成、催化剂制备、聚合物生产等方面发挥着重要作用。常见的几种溶解性能良好的化工溶剂，被称为"万能溶剂"。

　　（1）二甲基亚砜　二甲基亚砜广泛用作溶剂和反应试剂，可用作润滑剂、溶剂萃取剂、树脂的溶剂和添加剂等。它也可用作合成纤维的染色溶剂、去染剂、染色载体，在电子元件、集成线路清洗中也大量使用。

（2）四氢呋喃　四氢呋喃因其良好的溶解性能，被广泛用作溶剂，特别是在涂料、树脂、塑料、橡胶和合成纤维等领域。它可以溶解多种有机化合物，包括 PVC、聚偏氯乙烯和丁苯胺等，因此常用作表面涂料、防腐涂料、印刷油墨、磁带和薄膜涂料的溶剂。

（3）乙酸异丙酯　乙酸异丙酯，也称为醋酸异丙酯，是一种在工业上具有广泛应用的有机化合物。它是一种无色、易燃、具有水果香味的液体，能够与多种有机溶剂混溶，因此有"万能溶剂"之称。乙酸异丙酯的生产主要依赖于乙酸和异丙醇作为原料，通过酯化反应生成。生产过程可能涉及间歇或连续酯化反应，使用酸性催化剂如硫酸或盐酸，并采用蒸馏等分离技术来提纯产品。

（4）二甲基甲酰胺　二甲基甲酰胺（DMF）是一种具有优良溶解性和稳定性的有机化合物，能与水、不饱和烃、芳香烃等混溶，在工业生产中有广泛的应用。DMF 可用作溶剂，具有很强的溶解能力，属极性惰性溶剂，它对铁和软钢没有腐蚀性，但接触钢和铝会使溶剂变色。在合成纤维工业中，DMF 用于聚丙烯腈纤维等的湿纺丝过程，是制造合成革/人造革等的重要有机溶剂。DMF 还可用作底涂剂。在腈纶行业中主要用于腈纶的干法纺丝生产；在医药工业中，DMF 用于合成多种药物，如磺胺嘧啶、强力霉素、可的松、维生素 B6 等；还可用于零件的淬火和电路板的清洗、危险气体的载体、药品结晶用溶剂等。

有机溶剂在生产和生活中有着广泛的用途，以下是一些常见的应用领域。

7.3.1 涂料和油墨工业

有机溶剂被广泛用于制备各种类型的涂料和油墨。它们可以用于调节涂料的黏度和干燥速度，也可以作为颜料和树脂的溶剂。

酯类溶剂虽然极性较醇类溶剂低，但它们对极性树脂具有出色的溶解能力。在涂料工业中，酯类溶剂因其特性而被广泛应用于多种涂料配方，尤其是作为丙烯酸树脂型（特别是羟基丙烯酸型）塑胶涂料的主要活性溶剂，常用的酯类溶剂包括醋酸乙酯和醋酸正丁酯。随着酯类化合物中醇和酸基团的碳链增长，它们对极性树脂的溶解力会有所降低，然而对非极性树脂的溶解力却会相对增强。以醋酸正丁酯为例，它对硝化棉、丙烯酸树脂和醇酸树脂等均显示出良好的溶解性。在涂料配方中，醋酸正丁酯常与芳烃溶剂配合使用，这得益于其较低的黏度，使其特别适宜于高固体分涂料的应用。此外，醋酸正丁酯也是聚氨酯涂料中使用最广泛的溶剂之一。乙酸异丙酯因气味芳香，溶解能力强，挥发速度介于乙酸乙酯与乙酸丁酯之间，在许多高档涂料中有特殊的用途，如手机漆等。个别高档油墨用乙酸乙酯挥发速度太快，用乙酸正丁酯有气味残留，因此，乙酸异丙酯是非常好的油墨溶剂。

酮类溶剂因其化学稳定性而受到青睐，特别是由于羰基的存在，它们作为氢键受体，展现出卓越的溶解力。以丁酮为例，它是木器涂料、丙烯酸树脂涂料和乙烯树脂涂料中常用的溶剂，其相对挥发速率略低于丙酮。然而，由于丙酮和丁酮的挥发速率过快，它们很少用于船舶涂料和重防腐涂料中。在涂料配方中，选择二丙酮醇作为主活性溶剂，不仅能确保树脂的充分溶解，还能赋予涂膜良好的流平性。

7.3.2　清洗剂和去污剂

污渍清洗剂就是指通过熔融或分散能够清洁目标污渍，无残留的有机化合物。非水有机溶剂包含烃与卤化烃、醇、醚、酮、酯、酚等化合物，它们适用于溶解有机化学污渍，如油污及一些有机物垢。由于有机溶剂具有较强的溶解能力，因此常被用作清洗剂和去污剂，用于清洗机械设备和工业设施。二甲基甲酰胺（DMF）作为性能优良的溶剂，在湿法合成革生产中作为洗涤固化剂使用。

7.3.3　医药和制药领域

有机溶剂在制药工业中被用于提取、分离和纯化化合物，同时也用于制备药物。

乙醇在医药原料药、中间体生产过程中是常用的溶剂之一，几乎是医药企业必备的。在中药提取分离过程中，最常用的方法是水提醇沉、醇提水沉。在原料后端的精制工艺中，乙醇也是最常用的溶液。例如采用大孔吸附树脂分离纯化法分离中药的成分或部分，通常会在化学原料药的合成制备过程中采用乙醇-水体系梯度洗脱的方式；在原料精制过程中，乙醇也常用于结晶溶液；在生物制剂领域，乙醇溶液可以作为细胞研究中的固定液，用于固定细胞，帮助观察细胞形态和结构；乙醇还可以在核酸提取中用于沉淀 DNA。

7.3.4　印刷和染料工业

有机溶剂可溶解染料和颜料，用于印刷、染色和涂覆过程。在汽车工业中，溶剂染料经常用于为汽油燃料和其他烃基燃料油着色。由于溶剂染料的化学相容性好，所以也广泛应用在塑料工业中，用于为多种固体材料添加颜色。常用于溶剂染料的极性有机溶剂是乙醇。此外，二甲基甲酰胺也可以在染料行业作为染料溶剂。

7.3.5　化妆品和个人护理产品

有机溶剂在化妆品和个人护理产品中被用作溶剂和稀释剂，用于制备香水、指甲油、口红等产品。

以香水为例，添加有机溶剂的香水，香味更容易散发，这样才能令人更容易闻到香水的气味；普通的水很难溶解香料，而且挥发很慢，无法实现香水的使用效果。

化妆品中会添加一些溶剂，最常用的溶剂是水，另外还有乙醇、乙酸乙酯、甲苯等。乙醇俗称酒精，是一种优良的溶剂，能溶解部分油脂、着色剂、香精和植物成分等多种原料，并可与水混溶。当乙醇的体积分数为 70%～75% 时，对细菌具有强烈的杀伤作用，可以作为杀菌剂，但乙醇对皮肤有一定刺激性，可能引起某些消费者过敏。异丙醇为无色、可燃，具有芳香气味的透明液体，稍有杀菌作用，可替代酒精用于化妆品中，例如用作化妆品溶剂和指甲油中的偶联剂。乙酸乙酯、甲苯均为无色液体，一般作为溶剂用于指甲油中，它们易燃、易爆，贮存时应该远离火源，且对皮肤和黏膜的刺激性较大，可能引起某些消费者过敏。丙二醇是一种无色、黏稠、稳定的液体，具有吸湿性，几乎无味且无臭。它能够与水、乙醇以及多种有机溶剂任意混溶。

7.3.6　燃料添加剂

改进石油产品的质量主要依赖于加工技术的进步。然而，鉴于燃料用油机具的需求日益严格以及环境保护标准的不断提升，仅通过改变加工流程往往无法完全满足使用要求。因此，可以使用添加剂来满足性能需求。在这一过程中，一些有机溶剂被用作燃料添加剂，广泛应用于汽油、煤油、柴油和燃料油等四种油品，以提高燃料的性能和清洁度。

在汽油中，通常需要添加胺类清净剂，如聚醚胺和烯基丁二酰亚胺等。同时，还需加入辅助剂，包括破乳剂、载体、抗冻剂、防锈剂、抗氧剂以及其他碱性有机化合物，以改进燃料的性能。

抗氧剂、金属钝化剂、防冰剂、抗静电剂和防锈剂等在航空煤油的添加剂中被广泛使用。

为了改善柴油的燃烧性能，脂肪族烃、醛、酮、醚、过氧化物、脂肪族及芳香族硝基化合物等添加剂是目前常用的种类。其中硝酸戊酯和二硝酸酯的效果尤为显著。在柴油添加剂中，最广泛应用的是十六烷值改进剂和柴油流动改进剂（也称为柴油降凝剂）。十六烷值改进剂旨在提高燃料的抗爆性能，而柴油流动改进剂则用于降低燃料的凝固点，改善其流动性。

总之，有机溶剂在化工、制药、涂料、清洁、印刷、医药、化妆品等领域都有着重要的应用，它们在这些领域中发挥着不可替代的作用。

7.4　有机溶剂的危害

在进入 20 世纪 90 年代后，有机溶剂职业性中毒事件发生频繁，造成了严重后果。有机溶剂的实际应用非常广泛，但其复杂的化学性质和物理性质难以被完全掌握，如果因为操作疏忽或者性质掌握不够导致有机溶剂使用不当，可能带来中毒、火灾以及一些潜在的危害，主要包括以下几个方面。

7.4.1　有机溶剂对人体的危害

有机溶剂中毒可表现为一系列症状，通常包括头痛、疲劳、食欲不振和眩晕。当空气中挥发性有机溶剂浓度较高时，会引发急性中毒。急性中毒会抑制中枢神经系统，严重时导致意识丧失和麻醉效果。急性中毒的初期症状可能包括兴奋、嗜睡、头痛、眩晕、疲劳、食欲不振，以及意识丧失。另外，长期暴露于低浓度的有机溶剂蒸气中可能导致慢性中毒，影响造血系统功能，引起鼻出血、牙龈出血和皮下组织出血，进而可能导致贫血。

7.4.1.1　一般有机溶剂对人体的危害和影响

（1）对神经系统破坏　有机溶剂对神经系统的破坏作用主要表现为抑制神经传导冲动，引发麻醉效果，进而可能导致神经系统障碍或神经炎。具有此类效应的溶剂包括酒精、苯、二氯乙烷、汽油、甲酸戊酯、二甲苯、三氯乙烯、丁醇、松节油、煤油、丙酮、酚、三氯甲烷、异丙苯等。

① 急性中毒症状可能包括轻微的头痛、头昏、眩晕，以及严重的头痛、恶心、呕吐、心率减慢、血压升高、躁动、谵妄、幻觉、妄想、精神异常、抽搐、昏迷，甚至死亡。

②　慢性中毒则可能表现为神经衰弱，如头疼头晕、失眠多梦；中毒性脑病；脑神经损害，如双目失明、听力障碍；脑功能障碍综合征；周围神经病，如手足麻木、肌肉无力萎缩，以及运动神经传导速度减慢。

（2）对肝脏机能损伤　有机溶剂对肝脏机能的损伤可能导致恶心、呕吐、发烧、黄疸和中毒性肝炎，进一步诱发脂肪肝和肝硬化。具体表现为肝区痛、无力、消瘦、肝脾肿大和肝功能异常。接触高剂量或长期接触有机溶剂可能引起肝细胞损害，特别是含有卤素或硝基官能团的溶剂，如氯化烃类，包括四氯化碳、氯仿、三氯乙烯、四氯乙烷、苯及其衍生物等，对肝脏的毒性尤为明显。四氯化碳短期内过量接触可能导致急性肝损害，而长期低浓度接触可能导致慢性肝病，包括肝硬化。丙酮虽无直接肝脏毒性，但可能加重乙醇对肝脏的损害。

（3）对肾脏机能破坏　肾脏为液态有机溶剂在体内的主要代谢器官，因此最容易中毒，其引起的肾损害通常表现为肾小管型，肾功能可能逐渐减退。四氯化碳急性中毒可能导致肾小管坏死和急性肾衰竭。酚、醇、卤代烃类中毒可能导致急性肾小管坏死、肾小球损害，以及急性肾衰竭，其中非少尿型肾衰竭较为常见。烃化物如汽油吸入中毒可能导致肺出血肾炎综合征（Goodpasture syndrome）。长期接触多种溶剂或混合溶剂可能导致肾小管性功能不全，表现为蛋白尿、脲酶尿。溶剂接触还可能引起原发性肾小球肾炎。

（4）造血系统破坏　有机溶剂可能导致骨髓损伤，进而引发贫血。例如，苯及其衍生物（如甲苯、氯化苯）在一定剂量下能够抑制骨髓的造血功能。通常首先表现为白细胞减少，随后是血小板减少，最终可能导致红细胞减少，发展成为全血细胞减少症。某些对苯敏感的个体可能会发展为白血病。某些乙二醇醚类化合物可能引起溶血性贫血（由于红细胞渗透脆性增加）或再生障碍性贫血（由于骨髓受到抑制）。三硝基甲苯可能引起高铁血红蛋白血症、溶血和再生障碍性贫血。

（5）黏膜及皮肤刺激　有机溶剂对黏膜具有刺激性，可能导致黏膜出血、发炎、嗅觉丧失等症状。敏感皮肤则会引起红肿、发痒、红斑和坏疽。几乎所有的有机溶剂都能使皮肤脱脂或溶解脂质，成为原发性皮肤刺激物。有机溶剂可能导致急性皮肤损害，如皮疹、红斑、水肿、水疱、糜烂和溃疡。长期接触会诱发慢性皮肤损害，导致皮肤角化、脱屑和皲裂。有机溶剂对皮肤和黏膜的刺激作用还可能引起接触性和过敏性皮炎、湿疹、结膜炎等，例如三氯乙烯可能引起严重的剥脱性皮炎。长期接触石油可能导致皮肤色素沉着。

（6）生殖系统损害　大多数有机溶剂能够通过胎盘的脂质屏障，并且也能进入睾丸。研究表明，接触有机溶剂的女性出现月经异常的比例高于其他职业群体的女性。

①　酯类：邻苯二甲酸二丁酯（DBP）和邻苯二甲酸二异丁酯是广泛认知的内分泌干扰物。它们对动物的激素系统具有明显的干扰作用，这种干扰可能是人类出生缺陷、发育异常和代谢紊乱风险增加的原因之一。研究已经表明，DBP 暴露与女性子宫肌瘤和子宫内膜异位症风险增加有关。

②　卤化烃类：三氯乙烯（trichloroethylene，TCE）在 2017 年被国际癌症研究机构归类为一类致癌物。研究表明，暴露于 TCE 的妇女在 50 岁之后患乳腺癌的风险增加，且风险与累积暴露量和潜伏期成正比。1995 年，首次报道了 23 名接触 2-溴丙烷及混合溶剂的工人出现生殖功能障碍，女性表现为卵巢衰竭。

③　芳香烃类：苯（B）、甲苯（T）、乙苯（E）、对二甲苯（X），统称为 BTEX。研究表明，BTEX 可能影响卵巢功能，接触苯可能导致女性卵巢功能减退和增生、卵巢和子宫发育

延迟、月经周期黄体期缩短，并对胎儿发育产生不良影响；苯中毒还可能导致男性性欲降低、阳痿和精子异常。

（7）对呼吸系统的损害　有机溶剂普遍对呼吸道具有刺激作用，通常影响上呼吸道。吸入有机溶剂的蒸气会导致吸入性肺炎，严重时引发肺水肿等症状。

（8）对心血管系统的损害　有机溶剂对心脏的主要影响是增加心肌对内源性肾上腺素的敏感性。有机溶剂中毒后，可能引起急性或慢性心肌损害，还可能出现各种类型的心律失常。如长期接触二硫化碳会导致动脉粥样硬化。

（9）复合损害效应　当人体同时暴露于两种或更多种有机溶剂时，这些溶剂的毒性可能会相互叠加或相互抵消。例如，一方面乙醇能够抑制甲醇在肝脏中的代谢过程，从而减轻甲醇的毒性作用，因此在甲醇中毒的紧急处理中，乙醇可以作为解毒剂使用。另一方面，乙醇和其他醇类溶剂可能增加四氯化碳的毒性，加剧对肝脏和肾脏的损害。这种复合损害效应突显了在处理有机溶剂中毒时需要考虑的复杂性，以及不同溶剂之间可能存在的相互作用。

7.4.1.2　有机溶剂对人体造成危害的主要途径

（1）皮肤接触引起的损害　有机溶剂的蒸气可刺激黏膜，溶解皮肤油脂，渗透组织，干扰正常的生理功能。当皮肤脱水和干裂时，污染物和细菌更容易透过皮肤组织，造成感染。有机溶剂还能引起表皮角质化，刺激表皮，导致红肿和起泡。溶剂的吸收程度受皮肤状态（是否破损）和溶剂脂溶性的影响。例如，二甲基甲酰胺在有机合成、染料、制药、石油提炼和树脂等行业中广泛使用，工人可能因接触其蒸气而中毒，尤其是在设备维护时未采取适当的防护措施或生产过程中发生泄漏时。

（2）呼吸系统引起的损害　吸入有机溶剂的蒸气是人体接触大多数有机溶剂的主要途径，这种蒸气可直接刺激上呼吸道和肺部。有机溶剂蒸气通过呼吸系统进入人体，然后通过血液或淋巴系统转移到其他器官，对呼吸系统、神经系统和造血系统造成严重影响，因此，通过呼吸途径引起的中毒现象尤为受到关注。

（3）消化系统引起的损害　有机溶剂通过消化系统进入人体通常是由于在污染环境中进食、吸烟或手口接触等行为。首先，口腔会受到损害，然后有害物质进入食道和胃肠道，引起恶心和呕吐，最终，通过消化系统，这些物质可能对其他器官造成损害。

7.4.2　有机溶剂因其物理、化学性质产生的危害

（1）易燃性和爆炸性　大多数有机溶剂均为易燃危险化学品，具有较低的闪点，通常在 $-41℃$ 到 $46℃$ 之间，以及相对较低的沸点，范围在 $30℃$ 到 $200℃$ 之间。这些溶剂的密度普遍较小，大约在 0.8（相对于水的密度为 1）左右，且它们的爆炸浓度下限普遍低于 10%。由于这些溶剂所需的点火能量非常低，一般在 0.2～0.3mJ 之间，例如苯为 0.2mJ，丙烷为 0.29mJ，因此它们具有很高的挥发性和易燃性。这使得它们容易在空气中形成可燃的气体混合物，一旦遇到点火源，如明火或高温，可能会引起火灾或爆炸。以汽油为例，作为一种常用的萃取溶剂，它的易挥发特性使其极易挥发成气体，增加了火灾和爆炸的风险。

（2）流动性、导电性　有机溶剂大多都具有流动性。一方面，流动性使得有机溶剂在运输过程中可能发生泄漏和溢出，而且流动性强的物质之间的摩擦也较为频繁，则有机溶剂内部积聚的热能也会升高，如果该有机溶剂的沸点较低，就很容易发生火灾。摩擦还会导致静

电的产生，一旦摩擦的频率和强度增高，对于导电性能优良的有机溶剂来说就更可能产生不同程度的电火花现象。另一方面，流动性强的小分子有机溶剂会沿着运输管道缝隙溢出，对管道造成进一步的破坏，从而引发更多的有机溶剂溢出，造成恶性循环，既增大后续处理的难度，又浪费了化工生产的原材料。

（3）挥发性有机化合物（volatile organic compounds，VOCs）　挥发性有机化合物（VOCs）是大气污染的主要来源之一，是灰霾和光化学烟雾等大气环境问题的重要前体物。室外 VOCs 的主要来源包括燃料燃烧和交通运输。为了从根本上解决 PM 2.5、O_3 等污染问题，改善大气环境质量，国家需要积极推进 VOCs 关键前体的污染防治工作，对建立有效的 VOCs 污染防治体系提出了新的要求。

当室内 VOCs 浓度超过安全阈值时，人们可能会在短期内经历头痛、恶心、呕吐和四肢乏力等症状。若不迅速撤离，这些症状可能会加重，严重时可能导致抽搐、昏迷，甚至记忆力减退。长期暴露于高浓度 VOCs 环境中可能对人体的肝脏、肾脏、大脑和神经系统造成伤害，严重时甚至可能导致血液疾病，如白血病等。

（4）致癌性　一些有机溶剂被认为具有致癌性，长期接触可能增加患癌症的风险。在常用的有机试剂中，苯会引起急性或慢性白血病，氯乙烯会引起肝血管肉瘤，此外二噁英、甲醛、丙烯酰胺、氯仿、硝基苯等有机溶剂也是具有致癌性的。

因此，在使用有机溶剂时，需要采取相应的安全措施，包括加强通风、佩戴个人防护装备、避免长时间接触、遵守操作规程等，以降低潜在的危害。同时，也需要在环境保护和安全生产方面加强管理，选择更环保、更安全的替代品，以减少对人体健康和环境的影响。

（5）吸收、分布与代谢、排出　有机溶剂在吸入后，大部分会在肺部滞留，而体力劳动可能使通过肺部的摄入量增加 2～3 倍。有机溶剂在体内的分布倾向于富含脂肪的组织，例如神经系统和肝脏。此外，大多数有机溶剂能够通过胎盘，并且有可能进入母乳，这可能对胎儿和哺乳期婴儿的健康产生影响。

大多数溶剂的生物半衰期相对较短，通常从几分钟到几天不等。其主要排出途径是通过呼出气以原始形态排出，少量则以代谢物的形式通过尿液排出。

7.5　有机溶剂的使用防护

在使用有机溶剂时，需要采取一系列的防护措施，以降低潜在的危害。以下是一些常见的防护措施。

（1）通风　在使用有机溶剂之前，必须确保工作场所有良好的通风系统，例如抽风机、排风扇、排气罩等，以保持空气清新并将有机溶剂的挥发物排出室外。在没有良好通风条件的情况下，应使用局部排风设备或呼吸防护设备并确保设备正常运转。

（2）隔离　化工行业中，有毒有害的岗位要与无毒无害的岗位隔离，避免有毒气体扩散，威胁到其他作业者的健康。

（3）个人防护装备　在接触有机溶剂时，应佩戴适当的个人防护装备，如防护眼镜、防护手套、防护面具和防护服等，以减少皮肤、眼睛和呼吸道的接触。在每次使用前，应检查防护手套等防护装备是否存在破漏的情况。在实验中，尽量避免有机溶剂的吸入，尤其是挥发性较高的有机溶剂。在操作过程中，应尽量避免产生有机溶剂的气雾，必要时应佩戴防毒面具。尽量避免有机溶剂与皮肤接触，如有接触，应立即用肥皂和水清洗，并及时更换干净的衣物。

① 防护手套。当作业人员需要佩戴手套接触有机溶剂时，应查阅所使用有机溶剂的化学品安全数据说明书，确认手套材质、强度、厚度、渗透性和老化速率，根据使用需求选择合适的种类。

② 防护服和防护围裙。氯丁橡胶或聚亚酰胺等材料制成的防护服或防护围裙可以满足防护大多数有机溶剂溅洒的需求。使用前应确认材质、厚度等关键因素。

③ 眼部防护用具。在存在飞溅风险的环境中工作时，应佩戴眼部护具。眼部护具应具备预防化学液体飞溅伤害眼睛的功能，同时并确保其能与视力矫正眼镜一起使用。

④ 防护鞋。选择防护鞋应充分考虑有机溶剂的暴露形式和浓度水平，抵抗浸润、喷溅和有机蒸气等风险。

⑤ 防护膏（膜）。在无法使用防护服或手套（例如，手套妨碍操作时）的情况下，可使用防护膏（膜）来防止有机溶剂对皮肤的污染。

⑥ 防护面罩。立即威胁生命和健康浓度（IDLH）是指环境中空气污染物浓度达到极端危险水平，可能导致致命、永久性健康损害或立即丧失逃生能力。应根据不同的有机溶剂作业环境选择相应的防护面罩，包括 IDLH 浓度环境和非 IDLH 浓度环境。防护面罩的类型包括自吸过滤式、送风过滤式、供气式和携气式等。

除了上述个人防护措施，必要的操作培训、安全管理以及建立应急方案也同样重要。

7.5.1　安全操作

严格遵守操作规程，避免有机溶剂的泼溅和飞溅，避免产生火花或明火，以减少火灾和爆炸的风险。在使用任何有机溶剂前，应了解其相关物理和化学性质，包括其毒性、易燃性和可能导致的危险，了解如何在有机溶剂泄漏或发生火灾时进行紧急响应。在相关作业中严格遵守警示标识的提醒，摒弃侥幸心理，重视违规操作可能导致的后果，以确保自身和他人生命安全以及所属单位的财产安全。

（1）易燃有机溶剂　易燃有机溶剂若处理不当，可能引发火灾甚至爆炸。这些溶剂与空气形成的混合物一旦点燃，会迅速扩散，且燃烧猛烈，尤其在氧气充足的环境中（例如氧气钢瓶漏气时），火焰会更加剧烈，能够迅速引燃周围易燃物。当易燃有机溶剂的蒸气与空气混合达到一定浓度范围时，还可能发生爆炸。在使用易燃有机溶剂时，应注意以下安全措施：

a. 将易燃液体容器存放在试剂架的较低层。

b. 保持容器密封，仅在需要倾倒液体时才打开盖子。

c. 在无火源且通风良好的地方（如通风橱内）使用易燃有机溶剂，且使用量不宜过大。

d. 储存易燃溶剂时，应尽量减少存储量，以降低风险。

e. 加热易燃液体时，优先使用油浴或水浴，避免直接使用明火。

f. 使用易燃有机溶剂时，需特别注意使用温度和实验条件，如溶剂的闪点、自燃温度和燃烧浓度范围。

g. 化学气体与空气混合物的燃烧可能导致爆炸，因此燃烧实验应谨慎操作。

h. 使用过程中，应警惕常见火源，包括明火、热源及静电电荷。

（2）有毒有机溶剂　有机溶剂的毒性主要表现在与人体接触或被吸收后，可能引起局部麻醉刺激或全身功能障碍。所有挥发性有机溶剂的蒸气在长时间、高浓度接触时均可能对人体产生毒性。例如，醇类（甲醇除外）、醚类、醛类、酮类、部分酯类、苄醇类溶剂可能损害神经系统；羧酸甲酯类、甲酸酯类可能引起肺部中毒；苯及其衍生物、乙二醇类可能导致血液中毒；卤代烃类可能引起肝脏及新陈代谢中毒；四氯乙烷及乙二醇类可能引起严重的肾脏中毒。在使用有毒有机溶剂时，应注意以下安全措施：

a. 尽量避免皮肤直接接触有机溶剂，并采取适当的个人防护措施。

b. 确保实验场所通风良好。

c. 有毒有机溶剂溢出时，先移开所有火源，并通知实验室安全负责人。火势较小容易控制时及时使用灭火器灭火，火势较大时应快速撤离并拨打 119 报火警。

7.5.2　制订针对易燃液体火灾的基本应对策略

（1）报警：一旦发现火灾，立即拨打 119 报警。

（2）撤离：迅速撤离火灾现场，确保人员安全。

（3）不要使用水进行灭火：易燃液体火灾通常不应使用水来扑灭，因为水可能会使火势扩散。

（4）使用适当的灭火器：使用干粉灭火器、泡沫灭火器或二氧化碳灭火器，这些对易燃液体火灾更为有效。

（5）切断火源：如果可能，切断火源或移除附近的可燃物，以减少火势蔓延。

（6）防止爆炸：易燃液体火灾可能导致容器爆炸，因此要确保安全距离。

（7）使用防火墙：如果条件允许，使用防火墙或防火毯来隔离火源。

（8）专业处理：等待专业的消防人员到达现场，并按照他们的指示行动。

（9）不要自行处理：当火势较大时，不要尝试自行扑灭。

（10）事后处理：火灾扑灭后，需要对现场进行彻底的清理和安全检查，以防止复燃或环境污染。

安全总是第一位的，非专业人员在火灾发生时应尽快撤离并寻求专业帮助。

7.5.3　储存、处理和管理

储存和运输有机溶剂时，应遵守相关法律法规，做好安全防护措施。储存有机溶剂时，应远离热源和火源，避免阳光直射，应遵循安全储存原则，如分类存放。储存容器应尽量做好密闭工作，尽量避免敞口操作，杜绝滴漏跑冒，减少有机溶剂挥发气体的散发，同时也要防止外部空气进入设备容器内形成爆炸性气体混合物。在处理废弃的有机溶剂时，应按照相关法规和标准进行处理，储存在专门存放场所，避免露天存放，避免对环境造成污染。实验室应建立有机溶剂购置和使用登记制度，记录所购买及使用的有机溶剂种类、数量，并妥善保存相关记录。实验室应在适当位置提供清洗设施并提供适当的清洁及护肤品，方便有机溶剂作业人员在使用有机溶剂之后及时清洗双手。

7.5.4 加强安全知识培训

实验室、化工厂等工作单位应对有机溶剂作业人员进行安全知识培训,内容包括但不限于有机溶剂的用途、危害、操作要点、预防措施、紧急处理等。对于条件充分的单位,每半年至少应进行安全培训一次;当使用的有机溶剂种类、作业方式及防护用品发生重大变化时,应及时进行培训。

7.5.5 健康监测

对长期从事有机溶剂作业的人员应定期进行健康监测,包括呼吸系统、皮肤、肝功能、血常规等全身健康状况的检查,及时发现和处理潜在的健康问题。对于患有各种精神疾病、神经系统器质性疾病,严重的肝、肾及内分泌疾病,严重的过敏性疾病和慢性皮肤病等疾病的人员,应禁止其从事有机溶剂相关作业。

7.5.6 建立健全的监督管理机制

根据国家和地方相关法律法规,相关单位应制订一套完整的有机溶剂管理制度,包括但不限于有机溶剂的使用、储存、运输和废弃等,确保所有操作都有明确的指导方针和规定。明确各级管理人员的职责,加强对有机溶剂使用的监督和管理。对从事相关作业的人员进行全面的培训,确保其具备应对突发事件的基本能力。制订应急预案以应对可能出现的有机溶剂泄漏或其他突发事件,建立应急响应机制,并定期进行相关演练。

总之,在使用有机溶剂时,应采取一系列的防护措施,保护自己的健康和安全。同时,也需要加强对有机溶剂的管理和监控,以降低对环境和健康的影响。

7.6 常用有机溶剂的性质

常用的有机溶剂有很多种类,以下是一些常见的有机溶剂及其物理、化学性质。

7.6.1 甲酰胺

结构式 CH_3NO,分子量 45.04。透明油状液体,略有氨臭,具有吸湿性,可燃。能与水和乙醇混溶,微溶于苯、三氯甲烷和乙醚。相对密度 1.133(25℃),熔点 2.55℃,沸点 210℃,闪点 154.4℃,折射率 1.4468,黏度 3.76mPa·s(20℃)。低毒,对皮肤和黏膜有暂时刺激性,小鼠经口 LD_{50} 大于 1g/kg。

7.6.2 乙腈(甲基氰)

结构式 CH_3CN,分子量 41.05。无色透明液体,有醚的气味。相对密度 0.7857(25℃),熔点-43.8℃,沸点 81.6℃,闪点 2℃,折射率 1.3441,黏度 0.325mPa·s(30℃),临界温度 274.7℃,临界压力 4.83MPa。能与水、甲醇、醋酸酯类、丙酮、乙醚、氯仿以及各种不饱和烃相混溶,与水形成共沸混合物。易燃,爆炸极限 3.0%~16%(体积分数)。有毒,大鼠经口

LD_{50} 3.8g/kg。空气中容许最高浓度 3mg/m³。在存储时应保证库房的阴凉、通风、干燥。

7.6.3　甲醇

结构式为 CH_3OH，分子量 32.04。无色澄清易挥发液体，相对密度 0.7914（25℃），熔点 -97.49℃，沸点 64.8℃，闪点 11.1℃，燃点 470℃，折射率 1.3285，表面张力 $22.55×10^{-3}$N/m（20℃），蒸气压 12.265kPa（20℃），相对蒸气密度 1.11，黏度 0.5945mPa·s（20℃），能与水、乙醇任意比混溶，甲醇对金属特别是黄铜有轻微的腐蚀性。易燃，蒸气能与空气形成爆炸混合物，爆炸极限 6.0%～36.5%（体积分数）。纯品略带乙醇味，粗品刺鼻难闻。有毒。饮用 7～8g 可导致失明，饮用 30～100g 就会死亡。空气中甲醇蒸气最高容许浓度 5mg/m³。

7.6.4　乙醇

结构式为 C_2H_5OH，分子量 46.07。无色透明液体，有酒香味，也有刺激性的辛辣味。工业乙醇含量为 95%，相对密度 0.793（25℃），沸点 78.32℃，闪点 21.1℃，折射率 1.3614，表面张力 $22.27×10^{-3}$N/m（20℃），比热容 2.42kJ/（kg·K）（20℃），蒸气压 5.732kPa（20℃），溶解度参数 δ=12.7，黏度 1.41mPa·s（20℃），溶于苯、甲苯，与水、甲醇、乙醚、醋酸、氯仿任意比例混溶，与水形成共沸混合物。毒性较弱，有麻醉性。在空气中，乙醇的最高容许浓度为 1880mg/m³。

7.6.5　丙醇

结构式为 $CH_3CH_2CH_2OH$，分子量 60.1。无色澄清液体，有类似乙醇的气味。熔点 -127.0℃，沸点 97.15℃，闪点 15℃，蒸气相对密度（空气=1）2.07，密度 0.8053g/mL（25℃），折射率 1.38556，爆炸极限（在空气中）2.1%～19.2%（体积分数）。临界温度 263.56℃，临界压力 5.1696MPa（20℃），黏度 2.256mPa·s（20℃）。能与水、乙醇和乙醚等多数强极性有机溶剂混溶。其蒸气与空气混合后可形成具有爆炸性的混合物，一旦遇到明火或高温，便可能引发燃烧或爆炸。此外，该物质与氧化剂接触时，可能会发生化学反应，甚至导致燃烧。有毒，大鼠经口 LD_{50} 1.87g/kg。空气中最高容许浓度 980mg/m³。

7.6.6　丙酮

结构式为 CH_3COCH_3，分子量 58.08。相对密度 0.7899（25℃），熔点 -94.9℃，沸点 56.5℃，闪点 -18℃，燃点 561℃，折射率 1.3588，黏度 0.316mPa·s（25℃），表面张力 $23.7×10^{-3}$N/m，比热容 1.28kJ/(kg·K)，溶解度参数 δ=9.8。能与绝大多数极性溶剂混溶，如水、甲醇、乙醇、乙醚、苯、氯仿、吡啶等。易燃，易挥发，蒸气与空气形成爆炸性混合物，低毒，有麻醉性和刺激性，空气中最高容许浓度 400mg/m³。

7.6.7　二氧六环

结构式为 ，分子量 88.10。无色液体，稍有香味。相对密度 1.03375（25℃），熔点 12℃，沸点 101.32℃。闪点 12℃，燃点 180℃，折射率 1.4175，黏度（20℃）1.3mPa·s，表

面张力 $36.9×10^{-3}$N/m（20℃），溶解度参数 δ=10.1。溶于水和乙醇、乙醚等有机溶剂。能与水形成共沸混合物（含水 18.6%），其沸点 87.8℃。易燃，蒸气与空气形成爆炸性混合物，爆炸极限 1.97%～22.5%（体积分数）。微毒，大鼠腹注 LD_{50} 0.799g/kg。空气中最高容许浓度 3600mg/m³。

7.6.8　四氢呋喃

结构式为 ，分子量 72.11。无色透明液体，有类似乙醚气味。相对密度 0.8892（25℃），熔点-108.5℃，沸点 66℃，闪点-14℃，燃点 321.1℃，折射率 1.4073，黏度 0.55mPa·s（20℃），表面张力 $28.8×10^{-3}$N/m，溶解度参数 δ=9.2。能与水、醇、醚、酮、酯、烃类多种有机溶剂混溶，被称为"万能溶剂"。易燃，空气中暴露会间接形成有爆炸性的过氧化物，爆炸极限 2.3%～11.85%（体积分数）。有毒，大鼠经口 LD_{50} 1.65g/kg。高浓度有麻醉作用，麻醉浓度与致死浓度相差不多，空气中最高容许浓度 590mg/m³（或 0.02%）。

7.6.9　甲乙酮

结构式为 $CH_3COCH_2CH_3$，分子量 72.1。无色透明液体，有类似丙酮气味。相对密度 0.8049（25℃），熔点-86.9℃，沸点 79.6℃，闪点-5.6℃，燃点 515.6℃，黏度 0.42mPa·s（25℃），20℃时水中溶解度 26.8%（质量分数），溶解度参数 δ=9.3。溶于水、乙醇和乙醚，可与油混溶。易燃，蒸气与空气形成爆炸性混合物，爆炸极限 1.81%～11.5%（体积分数）。低毒，大鼠经口 LD_{50} 3.0g/kg，空气中最高容许浓度 590mg/m³。

7.6.10　正丁醇

结构式为 $CH_3CH_2CH_2CH_2OH$，分子量 74.12。无色透明液体，有特异的芳香气味。相对密度 0.8097（25℃），熔点-89.8℃，沸点 117.7℃，闪点 40℃，燃点 340·420℃，折射率 1.3993，黏度 2.05mPa·s（25℃），表面张力 $24.60×10^{-3}$N/m（20℃）。20℃在水中的溶解度 7.8%（质量分数），溶解度参数 δ=11.4。与乙醇、乙醚、丙酮、苯等多种有机溶剂混溶。易燃，易挥发，其蒸气与空气能形成爆炸性混合物，爆炸极限 1.4%～11.25%（体积分数）。低毒，大鼠经口 LD_{50} 4.0g/kg。空气中最高容许浓度 200mg/m³（0.01%）。

7.6.11　乙酸乙酯

结构式 $CH_3COOCH_2CH_3$，分子量 88.11。无色透明液体，相对密度 0.90（25℃），熔点-83.8℃，沸点 77.1℃，闪点 7.2℃，燃点 425.5℃，折射率 1.37239，黏度 0.449mPa·s（25℃），比热容 1.92kJ/(kg·K)，蒸气压 9.7kPa（20℃），溶解度参数 δ=9.1。能与醇、醚、氯仿、丙酮、苯等多数有机溶剂混溶。微溶于水，25℃在水中溶解度 8.08%（质量分数）。易挥发，蒸气与空气形成爆炸性混合物，爆炸极限 2.2%～11.4%（体积分数）。毒性很小，对皮肤和黏膜有刺激性，大鼠经口 LD_{50} 5.0g/kg。空气中最高容许浓度 300mg/m³（或 0.04%）。

7.6.12　乙醚

结构式 $CH_3CH_2OCH_2CH_3$，分子量 74.12。无色、易挥发的液体，有甜味。相对密度 0.7147（25℃），熔点-116.2℃，沸点 34.5℃，闪点-45℃，燃点 160℃，折射率 1.3526。微溶于水，能与多种有机溶剂混溶。在空气中爆炸极限 2.34%～6.15%，容易形成爆炸过氧化物，所以必须用硫酸钠处理才能蒸馏。乙醚水溶液加入无机盐可进行盐析。易燃，遇高温、氧化剂时有发生燃烧爆炸的危险。对人有麻醉性。

7.6.13　异丙醚

结构式 $(CH_3)_2CHOCH(CH_3)_2$，分子量 102.17。无色、易挥发液体，有乙醚气味。相对密度 0.7258（25℃），熔点-85.8℃，沸点 58.4℃，闪点-27.8℃，黏度 0.379mPa·s（35℃），折射率 1.3684。微溶于水，与许多有机溶剂混溶。能与水、异丙醇、丙酮、乙醇组成共沸物。易燃，蒸气与空气的混合物极易爆炸，爆炸极限 1.4%～21%（体积分数）。微毒，有麻醉性，大鼠经口 LD_{50} 8470mg/kg。空气中最高容许浓度 0.05%。

7.6.14　二氯甲烷

结构式 CH_2Cl_2，分子量 84.93。无色透明的流动性液体，具有类似醚的刺激性气味。相对密度 1.3266（25℃），熔点-95.14℃，沸点 40℃，黏度 0.43mPa·s（20℃），折射率 1.4244，溶解度参数 $\delta=9.78$。二氯甲烷在水中的溶解度较低，但能与绝大多数常用的有机溶剂相互溶解。它可以与含氯溶剂、乙醚、乙醇以及 N,N-二甲基甲酰胺以任意比例混溶。二氯甲烷不易燃烧。有毒，有麻醉作用。大鼠经口 LD_{50} 1.6g/kg。空气中最高容许浓度 740mg/m³（或 0.05%）。

7.6.15　氯仿

结构式 $CHCl_3$，分子量为 119.38，是一种无色透明且易挥发的液体，具有特殊的甜味。相对密度 1.489（25℃时），熔点-63.55℃，沸点 61.6℃，折射率 1.4467，溶解度参数 $\delta=9.4$。氯仿与乙醚、乙醇、苯、石油醚、四氯化碳、二硫化碳和油类等有机溶剂能以任意比例混溶，在水中的溶解度较低。氯仿不易燃烧，具有麻醉作用。在毒性方面，大鼠经口氯仿的 LD_{50} 值为 0.909g/kg。在职业安全方面，空气中氯仿的最高容许浓度为 240mg/m³（或 0.005%）。

7.6.16　溴乙烷

结构式 BrC_2H_5，分子量 108.97。无色透明易燃、易挥发性液体，具有醚臭和辛辣味。与乙醇、乙醚、氯仿及其他有机溶剂可混溶，微溶于水。蒸气有毒，在空气中和遇光时变成淡黄色。相对密度 1.4612（25℃），熔点-119.3℃，沸点 38.4℃，蒸气压 51.462kPa（20℃），燃点 511℃，折射率 1.4244。蒸气与空气形成爆炸性混合物，爆炸极限 6.75%～11.25%（体积分数）。液体能与多数中性或酸性有机溶剂混溶，形成共沸物。大鼠经口 LD_{50} 0.002g/kg，毒性高于氯乙烷，而低于溴甲烷。空气中最高容许浓度 890mg/m³。

7.6.17　苯

苯（C_6H_6），分子量 78.11。无色透明易挥发性液体，有强烈的芳香味。相对密度 0.87372（25℃），熔点 1.53℃，沸点 80.1℃，闪点 10~12℃，燃点 562.2℃，折射率 1.5118，黏度 0.601mPa·s（25℃），表面张力 $28.18×10^{-3}$N/m（25℃），溶解度参数 $δ=9.15$。与乙醚、乙醇、丙酮、四氯化碳和醋酸等可混溶，不溶于水，容易产生和积聚静电。极易燃烧，蒸气与空气能形成爆炸性混合物。爆炸极限 1.4%~7.1%（体积分数）。苯的蒸气对人有强烈的毒性，空气中最高容许浓度 40mg/m³（或 0.0025%）。

7.6.18　四氯化碳

结构式为 CCl_4，分子量 153.82。无色透明液体，相对密度 1.5947（25℃），熔点-22.95℃，沸点 76.8℃，黏度 0.965mPa·s（20℃），溶解度参数 $δ=8.6$。与乙醇、乙醚、苯、甲苯、氯仿、二硫化碳、石油醚等溶剂可混溶，微溶于水。易挥发、不燃烧，性质稳定，但在碱性条件下会水解生成二氧化碳和水。毒性极大，有较强的刺激性和麻醉性，空气中最高容许浓度 25mg/m³（或 0.001%）。

7.6.19　二硫化碳

结构式为 CS_2，分子量 76.14。无色或微黄色透明液体，纯品有乙醚气味，工业品一般有黄色和恶臭。相对密度 1.2566（25℃），熔点-116.6℃，沸点 46.3℃，闪点-30℃，燃点 100℃，折射率 1.461，黏度 0.363mPa·s（20℃），溶解度参数 $δ=10.0$。易溶于乙醇、乙醚、苯、油类、氯仿和四氯化碳，几乎不溶于水。易燃，蒸气与空气形成爆炸性混合物，爆炸极限 1%~50%（体积分数）。有毒，蒸气对皮肤、眼睛有强烈的刺激性，有麻醉作用。空气中最高容许浓度 10mg/m³（或 0.001%）。

7.6.20　环己烷

环己烷（C_6H_{12}），分子量 84.16。无色有类似汽油气味液体。相对密度 0.77853（25℃），熔点 6.5℃，沸点 80.72℃，闪点-20℃，燃点 245℃，折射率 1.4263，黏度 0.888mPa·s（25℃），表面张力 $24.38×10^{-3}$N/m（25℃），溶解度参数 $δ=7.18$。溶于乙醇、甲醇、丙酮、苯、四氯化碳，不溶于水。易燃，蒸气与空气形成爆炸性混合物，爆炸极限 1.3%~8.3%（体积分数）。无毒，有麻醉性，大鼠经口 LD_{50} 5.5g/kg。空气中最高容许浓度 100mg/m³。

7.6.21　己烷

己烷（C_6H_{14}），分子量为 86.17，是一种无色透明的易挥发液体。相对密度 0.659（25℃），熔点-95.3℃，沸点 68.70℃，闪点-22℃，燃点 260℃，折射率为 1.37506，黏度为 0.307mPa·s（25℃），溶解度参数 $δ$ 为 7.2。己烷在乙醚、丙酮、氯仿中易溶，可溶于乙醇（50/100，体积比），但在水中溶解度较低，15.5℃时 100g 水中仅溶解 0.0138g。己烷易燃，其蒸气与空气可形成爆炸性混合物，爆炸极限为 1.2%~6.9%（体积比）。它属于低毒性化合物，但接触皮肤和眼睛可能引起炎症。吸入己烷蒸气可能刺激上呼吸道黏膜,高浓度吸入可能导致神经麻醉和中毒,严重时可能引起麻痹甚至瘫痪。在职业安全方面,空气中己烷的最高容许浓度为0.05%。

7.6.22　煤油

为 $C_9 \sim C_{16}$ 的多种烃类混合物。沸程为 180~310℃。纯品为无色透明液体,含有杂质时呈淡黄色。平均分子量在 200~250 之间,相对密度 0.8(25℃),熔点 24~25℃,沸点 175~325℃,闪点 40℃以上,运动黏度 40℃为 1.0~2.0mm²/s,芳烃含量 8%~15%,硫含量 0.04%~0.10%。易燃,与强氧化剂不相容。低毒,大鼠经口 LD_{50} 5.0g/kg。

第 8 章
实验部分

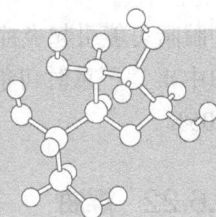

本章精编 30 个实验，其中包含 5 个基础验证性实验、5 个趣味性实验和 20 个体现专业特色的综合性实验。开设基础验证性实验的主要目的是锻炼学生的基础实验能力：掌握常规玻璃器皿洗涤方法；容量瓶、移液管、酸式/碱式滴定管的使用方法，溶液的配制方法；电子天平、超纯水机、加热台、pH 计、电导率仪的结构原理和正确使用方法；常压过滤、减压过滤、蒸发浓缩和重结晶等基本操作；加深对沉淀溶解平衡应用原理、重结晶提纯物质原理的理解。趣味性实验主要是为激发学生的学习兴趣，进一步巩固和提高学生的基本操作能力和理论基础。综合性实验主要是增强学生的综合能力。本章体现专业特色，涵盖能源、材料、光学、集成电路、环境、食品等专业领域。

8.1　基础验证性实验

5 个基础验证性实验包括溶液的配制及密度测定、氯化钠提纯、酸碱滴定、弱电解质电离常数的测定、由胆矾精制五水硫酸铜。

实验一　溶液的配制及密度测定

（4 学时）

一、实验目的

1. 了解和掌握实验室常用溶液的配制方法。
2. 了解移液管、容量瓶等玻璃器皿的正确使用方法。
3. 掌握电子天平的正确使用方法。
4. 掌握液体密度的测量方法。

二、实验原理

配制溶液是开展化学实验前的重要步骤之一，对于初次进入实验室的学生来说，掌握溶液配制的正确方法是十分必要的。根据不同的实验要求，配制的溶液可分为普通溶液和标准溶液。普通溶液一般指浓度为某一范围的溶液，通常情况下在空气中不稳定的物质配制出来的溶液即为普通溶液，如氢氧化钠固体、盐酸浓溶液等。普通溶液因浓度不确定，常用于定性分析实验，如调节 pH 值，除去杂质离子或者验证某种离子的存在等等。而标准溶液是指已知准确浓度的溶液。一般情况下能在空气中稳定存在的物质配制出来的溶液即可作为标准溶液，无须再进行浓度标定。标准溶液因浓度确定，常用于进行化学反应或定量分析实验。

普通溶液若要作为标准溶液使用，需要进行浓度的标定，即先配制成接近所需浓度的溶液，再用基准物或者标准溶液通过滴定的方法标定其浓度。而标准溶液则可直接配制，即准确称量物质的质量，溶解后定容至定量体积的容量瓶内即可获得准确浓度的标准溶液。

配制溶液可分为三步：第一步是根据溶液的浓度称取/量取所需物质的质量/体积，第二步是对物质进行溶解/稀释，第三步是使用对应的容量瓶对已溶解/已稀释的溶液进行定容。

称量固体物质的质量一般使用电子天平。根据固体物质的性质，称量方法分为递减称量法和固定质量称量法。递减称量法适用于在空气中易潮解或易与空气中的成分发生反应的物质，使用该方法时需快速地完成称量。先称量物质+称量皿的总质量 m_1，倒出少量物质后，再称量物质+称量皿的总质量 m_2，m_2 与 m_1 的质量之差就是倒出的物质的质量，如此重复多次，直至倒出的质量达到所需的质量为止。固定质量称量法则适用于在空气中稳定存在的物质。称量时使用电子天平的去皮/归零键，便可直接称取所需物质的质量。

量取液体物质的体积，则可使用携带刻度的器皿，使用频率较高的有量筒、移液管。量筒可粗略量取液体体积，移液管则可精准量取体积。随着技术的发展，移液器在实验室迅速普及，移液器操作简单，通过转动旋钮调至所需的刻度，并配合针管的使用，即可快速准确地移取液体体积。移液器因其操作方便、精确度高等优点，逐渐取代了移液管。

溶解/稀释物质一般在烧杯内进行，配合玻璃棒进行搅拌或引流，加速固体物质的溶解或保证液体引流的平稳，操作较为简单。

溶液的定容一般在容量瓶中进行，容量瓶有唯一的刻度，也可准确量取液体体积。容量瓶有多种不同的规格，颜色上也有透明与棕色之分，遇光易分解的物质需要使用棕色容量瓶配制。注意配制完的溶液须及时转移至试剂瓶中存放，不可长期存放在容量瓶中。

液体密度的公式为 $\rho = \dfrac{m}{V}$，根据公式只需准确称量液体的质量和体积，通过计算便可得到液体的密度。但此方法只适用于性质比较稳定、黏度较小的溶液。

三、仪器耗材与试剂

1. 仪器耗材：电子天平，量筒，移液管，容量瓶，洗耳球，烧杯，玻璃棒。
2. 试剂：氯化钠，去离子水。

四、实验步骤

1. 溶液的配制

本实验中使用 200mL 容量瓶配制 0.1mol/L 氯化钠溶液，具体步骤如下：

（1）计算配制 0.1mol/L 氯化钠溶液所需氯化钠的质量。

（2）使用电子天平准确称量氯化钠的质量。

（3）把氯化钠置于烧杯中，加入适量的去离子水，使用玻璃棒搅拌以加速氯化钠溶解。

（4）待固体完全溶解后，把溶液转移至 200mL 容量瓶中进行定容。结束后溶液及时转移至烧杯中暂存，溶液待用。

2. 溶液密度的测定

（1）用电子天平称量一个干燥的空烧杯的质量 m_0。

（2）使用移液管准确量取 10mL 已定容的溶液置于干燥的空烧杯内，使用电子天平称量总质量 $m_总$。

（3）根据公式 $\rho = \dfrac{m_总 - m_0}{V}$，计算 0.1mol/L 氯化钠溶液的密度。

五、数据收集

将实验所得数据记录在表 8-1 中。

表 8-1　NaCl 溶液的密度测量实验数据

检测项目	实验数据
NaCl 的摩尔质量	
NaCl 的浓度	0.1mol/L
所需 NaCl 的实际称取质量	
干燥烧杯的质量 m_0	
干燥烧杯+10mL NaCl 溶液的总质量 $m_总$	
NaCl 溶液的密度	

六、思考题

1. 如何把浓盐酸配制成 0.1mol/L 的稀盐酸？
2. 如何测量 0.1mol/L 氢氧化钠溶液的密度？

实验二　氯化钠提纯

（4 学时）

一、实验目的

1. 掌握常压过滤、减压过滤、蒸发浓缩等基本操作。
2. 通过沉淀反应了解提纯氯化钠的方法。
3. 学习在分离提纯物质的过程中，定性检验某种物质是否已经除去的方法。

二、实验原理

氯化钠是食盐的主要成分，我国食盐的产品结构组成包括井矿盐、湖盐和海盐，占比分别为 87%、10% 及 3%。粗盐，也称为原始盐或天然盐，是海水、盐井或盐池经自然蒸发得到的一种结晶状物质。这种盐是未经精炼的，通常呈现为大颗粒形态。粗盐的主要成分是氯化钠（NaCl），但与精制食盐相比，它可能含有较多的杂质，如矿物质、泥土和其他盐类。这些杂质赋予了粗盐独特的颜色和风味，但在某些情况下，也可能影响其口感和安全性。因此，在食品加工和烹饪中使用粗盐之前，通常需要进行适当的清洗和处理以减少杂质。

提纯的方法一般可分为物理提纯和化学提纯。物理提纯包括过滤、蒸馏、萃取、结晶、重结晶等，一般只改变被提纯物质的形态，而不发生化学反应。化学提纯包括生成沉淀法和氧化还原法等。与物理提纯不同，化学提纯主要是使杂质发生化学反应而被除去。具体的方法是在被提纯的溶液中加入沉淀剂，使沉淀剂中的某些离子与杂质离子发生化学反应形成沉淀，再通过过滤等方法除去沉淀。因为化学提纯需加入额外的沉淀剂，故化学提纯需遵循以下原则：①不引入新的杂质；②所加入的沉淀剂只与杂质离子发生反应；③杂质发生反应形成的沉淀与被提纯的物质易于分离；④被提纯的物质易于恢复原态；⑤提纯现象明显，操作简单易行。

粗盐所含杂质包括不溶性的杂质和可溶性的杂质。不溶性的杂质主要是泥沙，可通过常压过滤除去。可溶性的杂质包括 K^+、Ca^{2+}、Mg^{2+} 和 SO_4^{2-}，通过加入 $BaCl_2$、$NaOH$ 和 Na_2CO_3 溶液，生成难溶的硫酸盐、碳酸盐或者碱式沉淀而除去，发生以下反应：

$$Ba^{2+} + SO_4^{2-} \longrightarrow BaSO_4 \downarrow$$
$$Ba^{2+} + CO_3^{2-} \longrightarrow BaCO_3 \downarrow$$
$$Ca^{2+} + CO_3^{2-} \longrightarrow CaCO_3 \downarrow$$
$$Mg^{2+} + 2OH^- \longrightarrow Mg(OH)_2 \downarrow$$

K^+ 无法通过生成沉淀法除去，可利用 KCl 与 NaCl 的溶解度的差异来除去。KCl 的溶解度随着温度的升高而增大，NaCl 的溶解度则受温度的影响甚小。在蒸发浓缩的过程中，随着溶液中水分的不断蒸发达到 NaCl 的饱和度，NaCl 先以晶体的形式析出，而 K^+ 则仍然留在溶液中。待溶液蒸发至黏稠状态（剩余少量水分），则可通过减压抽滤的方法实现固液分离，即可把残留的 K^+ 除去。

提纯后，需再一次对氯化钠（精盐）的纯度进行验证，方法是定性检验。与定量检验需确定溶液中特定成分的具体含量不同，定性检验重在"质"的方面，目的是确定溶液中是否存在某种成分。当检验 Ca^{2+}、SO_4^{2-} 时，可分别加入饱和草酸铵溶液、氯化钡溶液，观察溶液中是否有白色沉淀生成；检验 Mg^{2+} 时，可加入镁试剂，镁试剂是一种有机染料，在酸性溶液中呈黄色，在碱性溶液中呈紫红色，被 $Mg(OH)_2$ 沉淀吸附后呈天蓝色，以此来检验溶液中是否有残留的 Mg^{2+}。

三、仪器耗材与试剂

1. 仪器耗材：电子天平，电加热台，常压过滤装置（含漏斗架、漏斗），减压过滤装置（含水泵、抽滤瓶），量筒，烧杯，试管，滤纸，pH 试纸，玻璃棒，胶头吸管，培养皿，烘箱。

2. 试剂：粗盐，HCl（2mol/L），NaOH（2mol/L），$BaCl_2$ 溶液（1mol/L），Na_2CO_3 溶液（2mol/L），$(NH_4)_2C_2O_4$ 溶液（饱和），镁试剂，去离子水。

四、实验步骤

1. 粗盐的溶解
用电子天平称取 8g 的粗盐置于烧杯中，加入约 30mL 去离子水，加热搅拌至粗盐溶解。

2. 除去 SO_4^{2-}

① 向上述溶液中边搅拌边滴加 1mol/L 的 $BaCl_2$ 溶液，直到不再生成沉淀，停止搅拌。静置片刻后沉淀发生了沉降，用胶头吸管吸取少量的上清液于干净试管中，滴加几滴 $BaCl_2$ 溶液，振荡，观察是否出现浑浊。如有浑浊，说明 SO_4^{2-} 未除尽，需再加 $BaCl_2$ 溶液；如果不浑浊，表示 SO_4^{2-} 已除尽。

② 小火加热溶液使沉淀颗粒长大沉降（注意不可使溶液沸腾），用漏斗常压过滤，获取滤液。

3. 除去 Ca^{2+}、Mg^{2+}

① 在上述滤液中边搅拌边滴加适量的 2mol/L 的 NaOH 溶液及 2mol/L 的 Na_2CO_3 溶液，直到不再生成沉淀。停止搅拌，静置片刻后发现沉淀发生了沉降，用胶头吸管吸取少量的上清液于干净试管中，滴加几滴 Na_2CO_3 溶液，观察是否出现浑浊（方法同步骤 2）。

② 小火加热溶液使沉淀颗粒长大沉降（注意不可使溶液沸腾），用漏斗常压过滤，获取滤液。

4. 溶液的中和

在上述滤液中边搅拌边滴加 2mol/L 的 HCl 溶液，直到滤液的 pH 为 4～5。

5. 蒸发浓缩

加热蒸发浓缩上述溶液，并不断搅拌至黏稠状（注意不可蒸干，需剩余少量液体）。趁热减压抽滤后获得精盐结晶，将精盐转移至培养皿内并置于烘箱内烘干。30min 后取出精盐并冷却至室温，称量质量并计算产率。

6. 检验产品纯度

称量粗盐及精盐各 1g，分别加入约 7mL 的去离子水使其溶解成溶液，将溶解后的粗盐和精盐分别各盛于 3 支小试管中定性检验溶液中是否有 Ca^{2+}、Mg^{2+} 和 SO_4^{2-} 的存在，并比较实验结果。

① SO_4^{2-} 的检验：往溶液中滴加 3～5 滴 1mol/L 的 $BaCl_2$ 溶液，观察有无白色沉淀生成。

② Ca^{2+} 的检验：往溶液中滴加 3～5 滴饱和草酸铵溶液，稍等片刻，观察有无白色沉淀生成。

③ Mg^{2+} 的检验：往溶液中加入 3～5 滴镁试剂，观察溶液是否有天蓝色沉淀生成。

五、数据收集

1. 计算产量：粗盐的质量为_____，精盐的质量为_____，产率为_____。
2. 样品纯度检验。

将实验所得数据记录在表 8-2 中。

表 8-2　氯化钠纯度检验

检测项目	检测方法	粗盐溶液检测现象	精盐溶液检测现象
SO_4^{2-}			
Ca^{2+}			
Mg^{2+}			
结论	—		

六、思考题

1. 本实验中除去 SO_4^{2-} 为什么用 $BaCl_2$ 而不用 $CaCl_2$？

2. 本实验除去可溶性杂质时，如果先加 $NaOH$ - Na_2CO_3 溶液除去 Ca^{2+}、Mg^{2+}，后加 $BaCl_2$ 溶液除去 SO_4^{2-} 是否可行？为什么？

3. 用盐酸调节溶液的 pH 值时，为什么要把 pH 调至 4～5？

4. 在提纯粗盐溶液过程中，K^+ 将在哪一步除去？为什么？

实验三　酸碱滴定

（4 学时）

一、实验目的

1. 练习并掌握滴定操作。

2. 掌握酸碱滴定的原理。

3. 通过对酸碱溶液的滴定，了解量变到质变的过程，理解滴定突跃的原因。

4. 学会正确判断滴定终点。

二、实验原理

酸碱滴定是一种基于质子转移反应的分析化学方法。在滴定过程中，一种已知浓度的溶液（称为滴定剂）被逐渐加入到另一种含有未知浓度物质的溶液中（称为待测液），直至达到化学平衡，即酸碱中和点。这个中和点通常通过指示剂的颜色变化或 pH 的突然变化来检测。酸碱滴定可以用于测定酸、碱、盐和某些氧化物的浓度，是实验室和工业分析中常用的技术。基础实验课堂中，一般是利用已知准确浓度的酸（碱）溶液来测定未知浓度的碱（酸）溶液，酸碱滴定的实质是：

$$H^+ + OH^- = H_2O$$

当滴定达到终点，也就是酸碱溶液恰好完全中和时，酸碱溶液之间的关系为：

$$c_{酸}V_{酸} = c_{碱}V_{碱} \qquad (8-1)$$

$$n_{酸} = n_{碱}$$

若已知标准酸（碱）溶液的浓度与体积，通过滴定后获得待测碱（酸）溶液所用的体积，根据式（8-1）便可求算待测碱（酸）溶液的浓度。

在酸碱滴定中，确定滴定终点通常需要使用酸碱指示剂。指示剂是一种特殊的化学物质，它具有弱酸性或弱碱性，能够根据溶液的 pH 变化而改变颜色。这种颜色变化是由于指示剂在不同 pH 下，其分子结构中的质子化状态不同，导致其吸收光谱发生变化。通过观察指示剂颜色的变化，实验者可以准确地判断出滴定反应的终点，进而确保分析结果的准确性。滴定时应根据不同的滴定体系选用适当的指示剂，以减少滴定误差。常用的酸碱指示剂有酚酞、甲基橙和甲基红。

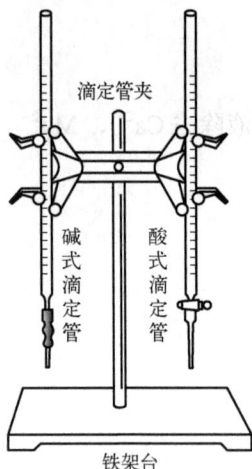

图 8-1 酸式滴定管与碱式滴定管

酸碱滴定需使用滴定管，滴定管为两端开口，细长中空的管状玻璃仪器。上端口为注液口，管口处刻有总体积与温度；下端口为滴液口，通过控制"开关"来控制液滴的大小。滴定管一般可分为酸式滴定管和碱式滴定管，酸式滴定管的"开关"为玻璃活塞，碱式滴定管的"开关"为玻璃珠（图 8-1）。滴定管管体刻有精密的刻度，最小的刻度为 0.1mL，故读数时应估读到 0.01mL。滴定管在使用前必须用待测液进行润洗，否则待测液的浓度会受到影响。

酸碱滴定的过程中应注意以下事项：

1. 在滴定的初始阶段，液滴流出的速度可适当快些，但不可成"水线"流出。

2. 在滴定的过程中，左手控制滴定流速，右手轻摇锥形瓶，眼睛应注意锥形瓶内溶液的颜色变化。刚开始滴定时，待测液滴入标准溶液后产生的颜色瞬间消散，随着滴定的进行，溶液的颜色消散得越来越慢，扩散的范围越来越广。

3. 当滴定接近终点的时候，应控制待测液逐滴滴入标准溶液中，并观察锥形瓶溶液的颜色变化，最后应控制半滴到达终点。若溶液的颜色发生突变，且 30s 内不发生变化，此时即为终点。注意滴定的过程中应用洗瓶吹出少量的去离子水冲洗锥形瓶瓶壁，以减少误差。

4. 滴定结束后，滴定管下端口不应留有液滴。

三、仪器耗材与试剂

1. 仪器耗材：电子天平，铁架台，滴定管夹，酸式滴定管（50mL），碱式滴定管（50mL），量筒，锥形瓶，烧杯。

2. 试剂：NaOH 溶液（浓度待测），HCl 溶液（浓度待测），酚酞溶液，甲基红溶液，邻苯二甲酸氢钾晶体（$KHC_8H_4O_4$），硼砂晶体（$Na_2B_4O_7 \cdot 10H_2O$），去离子水。

四、实验步骤

1. NaOH 溶液浓度的标定

（1）碱式滴定管使用前的准备

查漏：加入适量的水查看滴定管的滴液口位置是否有液体渗漏。

清洗：用自来水洗涤 3 遍，去离子水洗涤 3 遍。

赶气泡：加入适量去离子水，练习赶气泡及控制流速的操作。

润洗：用 NaOH 待测液润洗 3 遍（每次不超过 10mL）。

注液：注入 NaOH 待测液，液面装到零刻度线以上并赶气泡（注意滴定管的管口较细，需将 NaOH 待测液从试剂瓶倒出至烧杯后再转移至滴定管内）。

（2）滴定

① 准确称取三份邻苯二甲酸氢钾晶体（$KHC_8H_4O_4$），分别置于三个锥形瓶中，每份的质量为 0.3000～0.4000g，做好记录。

② 往锥形瓶中加入约 30mL 去离子水，待固体完全溶解后，加入 2～3 滴酚酞指示剂。

③ 用待标定的 NaOH 溶液滴定邻苯二甲酸氢钾溶液，摇晃锥形瓶，当溶液颜色从无色突变至浅粉色（30s 内不褪色），即可视为滴定终点。

④ 记录每次滴定前后滴定管的读数。

2. HCl 溶液浓度的标定

（1）酸式滴定管使用前的准备

查漏：加入适量的水，旋转玻璃活塞 180° 查看滴定管是否有液体渗漏。

清洗：用自来水洗涤 3 遍，去离子水洗涤 3 遍。

赶气泡：加入适量去离子水，练习赶气泡及控制流速的操作。

润洗：用 HCl 待测液润洗 3 遍（每次不超过 10mL）。

注液：注入 HCl 待测液，液面要装到零刻度线以上并赶气泡（注意滴定管的管口较细，需将 HCl 待测液从试剂瓶倒出至烧杯后再转移至滴定管内）。

（2）滴定

① 准确称取三份硼砂晶体（$Na_2B_4O_7 \cdot 10H_2O$），分别置于三个锥形瓶中，每份的质量为 0.3000～0.4000g，做好记录。

② 往锥形瓶中加入约 30mL 去离子水，待固体完全溶解后，加入 8～10 滴甲基红指示剂，此时溶液从无色透明变成亮黄色。

③ 用待标定的 HCl 溶液滴定硼砂溶液，直至溶液颜色从亮黄色突变至橙红色（30s 内不再改变），即为滴定终点。

④ 记录每次滴定前后滴定管的读数。

五、数据收集

将实验所得数据记录在表 8-3 和表 8-4 中。

表 8-3 NaOH 溶液浓度的标定

记录项目		1	2	3
$m_{KHC_8H_4O_4}$ /g				
$n_{KHC_8H_4O_4}$ /mol				
NaOH 溶液体积	初始读数/mL			
	终点读数/mL			
	净用量/mL			
c_{NaOH} /(mol/L)				
$\bar{c}_{NaOH}$ /(mol/L)				

表 8-4 HCl 溶液浓度的标定

记录项目		1	2	3
$m_{Na_2B_4O_7 \cdot 10H_2O}$ /g				
$n_{Na_2B_4O_7 \cdot 10H_2O}$ /mol				
HCl 溶液体积	初始读数/mL			
	终点读数/mL			
	净用量/mL			

续表

记录项目	1	2	3
c_{HCl} /(mol/L)			
$\bar{c}_{HCl}$ /(mol/L)			

结果讨论：_____

_____。

六、思考题

1. 为什么盐酸标准溶液不能直接配制？选择硼砂作为基准物的依据是什么？

2. 本实验中，请判断以下情况对待测液浓度的影响是偏高、偏低还是不变，并阐述理由。

① 滴定管漏液。

② 没有用待测液润洗滴定管。

③ 滴定管滴定前有气泡，滴定后没有气泡。

④ 滴定前锥形瓶内有水。

3. 标定 NaOH 溶液浓度时，已达终点的溶液久置后会褪色，这说明反应未完全吗？为什么会出现这种现象？

实验四 弱电解质电离常数的测定

（4 学时）

一、实验目的

1. 加深对弱电解质电离平衡的理解。

2. 了解用 pH 法与电导率法测定乙酸的电离常数的原理和方法。

3. 学习 pH 计与电导率仪的使用方法。

二、实验原理

弱电解质是指那些在水溶液中只能部分电离的化合物，这意味着该化合物在溶液中同时存在分子形式和离子形式。弱电解质的电离过程是可逆的，当弱电解质分子解离成离子的速率等于离子重新结合成分子的速率时，系统达到一种动态平衡的状态，这种状态称为电离平衡。在这种平衡状态下，虽然电离和重组的反应持续进行，但分子和离子的浓度保持不变。一般情况下只要测定平衡时某个物质的浓度（或分压）便可求得电离常数。本实验利用 pH 法和电导率法测定弱电解质的电离常数。

1. pH 法测定乙酸的电离常数

乙酸（HAc）是弱电解质，在溶液中部分电离，因此存在以下电离平衡：

$$HAc \rightleftharpoons H^+ + Ac^-$$

初始浓度　　c_0　　　0　　0

平衡浓度　　$c_0 - x$　　x　　x

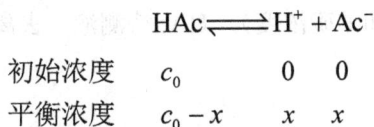

设乙酸的初始浓度为 c_0，平衡时乙酸溶液中 c_{H^+} 为 x，则乙酸的电离平衡常数为：

$$K = \frac{c_{H^+} \cdot c_{Ac^-}}{c_{HAc}} = \frac{x^2}{c_0 - x} \tag{8-2}$$

在一定温度下，用 pH 计测定乙酸溶液的 pH 值，根据 $pH = -\lg c_{H^+}$ 可求出平衡时乙酸电离出的 H^+ 浓度（x）。

乙酸溶液的初始浓度 c_0 则可用 NaOH 标准溶液滴定测得。因此可根据公式（8-2）求出乙酸的电离平衡常数 K。将乙酸溶液等比例稀释成不同浓度的溶液，分别用 pH 计测量其 pH 值，故可求得一系列 K 值，其平均值即为该测定温度下乙酸的电离常数。

此外，根据公式（8-3）可求出乙酸的电离度 α。

$$\alpha = \frac{c_{H^+}}{c_0} \tag{8-3}$$

2. 电导率法测定乙酸的电离常数

乙酸在溶液中存在如下电离平衡：

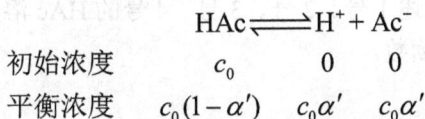

$$HAc \rightleftharpoons H^+ + Ac^-$$

初始浓度　　　　c_0　　　　0　　　　0

平衡浓度　　$c_0(1-\alpha')$　　$c_0\alpha'$　　$c_0\alpha'$

设乙酸的初始浓度为 c_0，电离度为 α'，则乙酸的电离常数为：

$$K' = \frac{c_{H^+} \cdot c_{Ac^-}}{c_{HAc}} = \frac{c_0(\alpha')^2}{1-\alpha'} \tag{8-4}$$

使用电导率仪可测量乙酸溶液的电导率。电导率是描述物质中电荷流动的难易程度的参数，符号为 κ，单位是 S/m。与金属的导电不同，电解质溶液是靠正、负离子的迁移来传递电流的，而弱电解质在溶液中只能部分电离，只有已电离的部分才能进行电荷传递。

电导率 κ 与浓度 c 的比值称为摩尔电导率，符号为 Λ_m，单位为 $S \cdot m^2 / mol$，公式为：

$$\Lambda_m = \frac{\kappa}{c} \tag{8-5}$$

当弱电解质无限稀释时，可以认为弱电解质已经全部电离，正、负离子之间的作用力非常小，此时的摩尔电导率趋于一极限值，即极限摩尔电导率 Λ_m^∞。虽然 Λ_m^∞ 有一客观存在的数值，但无法通过实验直接测出，可通过科尔劳施总结的经验式 $\Lambda_m = \Lambda_m^\infty(1 - A\sqrt{c})$（$A$ 为常数）由作图外推得到 Λ_m^∞，经计算得到乙酸的极限摩尔电导率为 $390.7 \times 10^{-4} (S \cdot m^2 / mol)$。

摩尔电导率 Λ_m 与极限摩尔电导率 Λ_m^∞ 之间的比值可看成是电离度：

$$\alpha = \frac{\Lambda_m}{\Lambda_m^\infty} \tag{8-6}$$

三、仪器耗材与试剂

1. 仪器耗材：电子天平，雷磁 PHS-25pH 计，雷磁 DDS-11A 型电导率仪，碱式滴定管，锥形瓶，容量瓶，烧杯，移液器，无尘纸。

2. 试剂：NaOH 标准溶液（已知准确浓度），HAc 待测液，去离子水，酚酞溶液。

四、实验步骤

1. 标定 HAc 待测液的浓度

用移液器准确移取三份 HAc 待测液置于三个锥形瓶中，每份 20mL，加入 2～3 滴酚酞溶液作为指示剂。用 NaOH 标准溶液标定 HAc 待测液的浓度，记录每次的读数。

2. 配制不同浓度的 HAc 溶液

用移液器分别移取 2.50mL、5.00mL 和 25.00mL HAc 溶液于三个容量瓶（100mL）中（标记为 1 号、2 号、3 号），用去离子水分别稀释至 100mL，并计算出稀释后各溶液的准确浓度。

3. 测量不同浓度的 HAc 溶液的 pH 值

① pH 计的校准：pH 计开机预热 20min 后，用标准缓冲溶液进行两点标定。

② pH 值测量：用四个干燥的烧杯，分别盛装 30mL 上述 1 号、2 号、3 号的 HAc 溶液及 HAc 溶液原液（标记为 4 号），用 pH 计由稀到浓分别测定其 pH 值，记录读数。

4. 测量不同浓度的 HAc 溶液的电导率

① 电导率仪常数的设置：电导率仪开机预热 20min 后，根据电极电线提示的常数值进行设置。

② 电导率测量：把电极放到上述 1 号、2 号、3 号、4 号的 HAc 溶液中，由稀到浓分别测定其电导率，待数值稳定，记录读数。

五、数据收集

将实验所得数据记录在表 8-5、表 8-6、表 8-7 中。

表 8-5　乙酸溶液浓度的标定

记录项目		1 号	2 号	3 号
乙酸溶液的体积/mL				
NaOH 溶液体积	初始读数/mL			
	终点读数/mL			
	净用量/mL			
c_{HAc} /(mol/L)				
$\bar{c}_{HAc}$ /(mol/L)				

表 8-6　pH 法测定乙酸溶液的电离常数

记录项目	1 号	2 号	3 号	4 号
c /(mol/L)				
pH				
c_{H^+} /(mol/L)				
α				
K				
$\bar{K}$				

表 8-7 电导率法测定乙酸溶液的电离常数

记录项目	1 号	2 号	3 号	4 号
$c\,/\,(\mathrm{mol}\,/\,\mathrm{L})$				
$\kappa\,/\,(\mathrm{S}\,/\,\mathrm{m})$				
$\Lambda_{\mathrm{m}}\,/\,(\mathrm{S}\cdot\mathrm{m}^2/\mathrm{mol})$				
α'				
K'				
$\overline{K'}$				

六、思考题

1. 根据 pH 计测量结果，讨论 HAc 的电离度 α 与浓度的关系。
2. 弱电解质的电导率与哪些因素有关？什么叫极限摩尔电导率？
3. 当 HAc 溶液浓度变稀时，电导率 κ、摩尔电导率 Λ_{m}、电离度 α'、电离常数如何变化？

实验五 由胆矾精制五水硫酸铜

（4 学时）

一、实验目的

1. 练习巩固常压过滤、减压过滤、蒸发浓缩等基本操作。
2. 掌握重结晶的正确操作。
3. 了解结晶过程的基本知识。
4. 掌握结晶与重结晶提纯物质的原理与方法。

二、实验原理

以工业硫酸铜为原料可制备纯度较高的五水硫酸铜。工业硫酸铜中含不溶性杂质（如泥沙）和可溶性杂质（主要是 Fe^{2+}、Fe^{3+}）。不溶性杂质通过过滤法可直接除去，而可溶性杂质则是通过加入适量的过氧化氢溶液使 Fe^{2+} 氧化成 Fe^{3+}，并使 Fe^{3+} 在 pH≈4 时全部水解为 $Fe(OH)_3$ 沉淀而除去，从而得到硫酸铜滤液。上述滤液经过蒸发浓缩至过饱和溶液后，开始析出晶膜，随着温度的降低，硫酸铜的溶解度逐渐降低，晶体慢慢析出。直到温度降至室温，晶体不再析出，减压过滤后得到五水硫酸铜晶体。

为了进一步提高五水硫酸铜晶体的纯度，可利用重结晶的方法，即将上述得到的五水硫酸铜晶体溶于水后又重新从水溶液中结晶的过程,但重结晶仅适用于溶解度随温度的升高（降低）而增大（减小）的物质。

晶体的形成需经历三个阶段：形成过饱和溶液、析出晶核及晶体生长。

1. 形成过饱和溶液。当晶体重新溶解于溶剂中形成溶液时，随着溶剂的蒸发，溶液的浓度不断增大，逐渐达到过饱和状态，也就是在一定的温度、压力下，当溶液中溶质的浓度已超过该温度、压力下溶质的溶解度，而溶质仍不析出的现象。

2. 析出晶核。当溶液达到过饱和状态时，便开始析出晶核。当溶液的过饱和度较小时，晶核析出的速度比较慢，数量也比较少；溶液的过饱和度较大时，晶核析出的速度加快，数量也增多。而晶核的数量对晶体的尺寸有着重要的影响，溶液中形成的晶核数量多，得到的晶体尺寸一般比较小，反之当晶核数量较少时，晶体生长缓慢，得到的晶体尺寸较大。

3. 晶体生长。随着溶剂的蒸发，溶液的过饱和度推动着晶核慢慢长大，形成晶体。

如何评价晶体的尺寸大小？可以从晶体与杂质的分离效果、产率、纯度等方面进行讨论。

如果晶体很小，说明溶液的过饱和度较大，晶核析出的速度较快，容易夹杂着母液，且小晶体的比表面积较大，容易吸附杂质，最终导致晶体与杂质的分离效果较差，纯度较低。如果晶体较大，则要求溶液的过饱和度较低，故晶体生长得较缓慢，产率较低，但分离杂质的效果较好，纯度较高。因此控制晶体的尺寸大小很重要！

三、仪器耗材及试剂

1. 仪器耗材：电子天平，电加热台，常压过滤装置（含漏斗架、漏斗），减压过滤装置（含水泵、抽滤瓶），表面皿，烧杯，滤纸，pH 试纸，玻璃棒。

2. 试剂：工业硫酸铜，去离子水，NaOH （2mol/L），3%（质量分数）H_2O_2，H_2SO_4（2mol/L）。

四、实验步骤

1. 工业硫酸铜的溶解与过滤

称取 10g 工业硫酸铜放入烧杯中，加入约 30mL 去离子水，滴加 3～4 滴 2mol/L H_2SO_4 溶液，加热搅拌至完全溶解。减压过滤以除去不溶物，收集滤液。

2. 除去 Fe^{2+}、Fe^{3+}

① 往滤液中加入 3%（质量分数）H_2O_2 溶液 1～2mL，搅拌均匀。

② 边搅拌边滴加 2mol/L 的 NaOH 溶液，调节 pH≈4（可将 pH 试纸分段置于表面皿中调节 pH，方便与色卡比对）。

③ 加热溶液至沸腾后趁热常压过滤，收集滤液。

3. 蒸发、结晶

① 将滤液转入烧杯内，加入 2～3 滴 2mol/L H_2SO_4 溶液使滤液酸化。

② 将酸化后的溶液置于电加热台上，用玻璃棒不断搅拌溶液以加快水分蒸发（注意玻璃棒不可敲击到烧杯底部和侧壁），当蒸发浓缩至滤液表面开始形成薄层晶膜时，停止加热并使其自然冷却至室温（不可急速降温），减压过滤，收集晶体，称重，记录产量。

4. 重结晶

① 上述产品置于烧杯中，按 1g 晶体加 1.7mL 水的比例加入去离子水。加热使晶体全部溶解（注意不可使溶液沸腾）。

② 趁热常压过滤，取滤液。

③ 滤液缓慢冷却至室温（若还没冷却至室温便已析出晶体，需再加适量的水让晶体溶解），再次减压过滤，取出晶体，称重，记录产量。

五、思考题

1. 蒸发浓缩前为什么要加入 H_2SO_4 溶液使滤液酸化？
2. 为什么用重结晶法提纯五水硫酸铜？
3. 除去硫酸铜溶液中的 Fe^{3+} 时，为什么控制 pH≈4.0？

8.2 趣味性实验

五个趣味性实验包括肥皂的制备、"水中花园"的制备、卵磷脂的提取、"瓶中雪"、氧化还原色彩魔术。

实验六 肥皂的制备

（4 学时）

一、实验目的

1. 理解皂化反应的定义。
2. 掌握利用皂化反应制备肥皂的原理和方法。
3. 掌握普通加热回流等实验操作。

二、实验原理

肥皂的制备可追溯到宋代，人们将天然皂荚捣碎研细，再加上香料等制备成团球状，成为最早的清洁剂。随着时代的发展和科技的进步，人们早已对肥皂的组成及结构有了深入的认识。肥皂是高级脂肪酸金属盐的总称。通式为 RCOOM，式中 RCOO 为脂肪酸根，其中 R 的碳数一般大于 10，M 为金属离子，一般是钠离子、钾离子。

肥皂一般由油脂与碱液通过皂化反应制成。但油脂与碱液不相溶导致两者混合后容易分层使得皂化反应进行得很缓慢，为了加快皂化反应进程，一般会加入乙醇。乙醇所带的羟基（—OH），能与碱液及油脂相溶，使油脂与碱液更好地溶合在一起，使得皂化反应在均匀的系统中进行，加快反应速率。

皂化反应完成后，将产物趁热倒入热的饱和食盐水中，使得脂肪酸钠从混合液中析出并浮在表面上，取出得到质地较好的肥皂，而皂化反应的副产物甘油、未反应的碱液和乙醇则溶解在食盐水中。

肥皂为什么能去污？这与其特殊的分子结构密切相关。肥皂分子的一端含有非极性的亲油部分（烃基），另一端含有极性的亲水部分（羧基）。当肥皂遇到油污分子时，其中的亲水基团会与水分子结合，而亲油基团则与油污分子结合，从而起到去污作用。肥皂分子的这种结构，还使其能在水中聚集成胶束，胶束的形成增强了肥皂的去污能力。

三、仪器耗材与试剂

1. 仪器耗材：加热式磁力搅拌器，铁夹，水泵，电子天平，减压抽滤装置，移液器，圆底烧瓶，球形冷凝管，烧杯，乳胶管，滤纸，培养皿（直径 100nm），pH 试纸。

2. 试剂：猪油，氢氧化钠，无水乙醇，饱和食盐水，去离子水。

四、实验步骤

1. 用电子天平称量 1.2g 氢氧化钠溶于 3mL 去离子水中形成氢氧化钠溶液，待用；培养皿中加入适量的水，置于加热式磁力搅拌器中开始加热（温度设定为 60℃）；用电子天平称量 4g 猪油置于圆底烧瓶内，开始水浴加热直至猪油融化，随后用移液器移取 5mL 无水乙醇与猪油混合，并立刻将上述氢氧化钠溶液转移至圆底烧瓶内。

2. 快速搭建反应回流装置。

3. 通冷凝水，开启磁力搅拌器，并设置反应温度为 90℃，使反应物保持微沸状态，加热回流 40min 后停止加热。

4. 趁热将圆底烧瓶从上述装置中取下反应，并将产物缓慢倒入盛有 100mL 热的饱和食盐水的烧杯中（盐析作用），同时不停地搅拌，静置片刻，发现肥皂因盐析作用浮在表面上，随后将烧杯置于冰水浴中冷却至室温以下。待肥皂全部析出后减压过滤，干燥，收集肥皂。

五、数据收集

1. 数据记录

将实验中的数据和现象记录在表 8-8、表 8-9 中。

表 8-8　肥皂制备数据

猪油的实际称量质量	氢氧化钠的实际称量质量	肥皂的质量

2. 性质检验

（1）酸碱性（pH）：＿＿＿＿＿＿＿＿＿＿＿＿＿＿

（2）乳化现象：

表 8-9　肥皂乳化现象检验

实验项目	5mL 去离子水+1mL 滴液体石蜡	5mL 肥皂水+1mL 滴液体石蜡
振荡前		
振荡后静置		

结果讨论：_____

_____。

六、思考题

1. 把猪油换成植物油或者其他动物油，是否也能制备出肥皂？
2. 乙醇除了使猪油和碱液更好地混合外，还起着什么作用？
3. 盐析的原理是什么？

实验七　"水中花园"的制备

（4 学时）

一、实验目的

1. 了解硅酸盐的物理化学性质。
2. 了解化学实验"水中花园"的原理。

二、实验原理

硅酸钠可溶于水，其水溶液俗称"水玻璃"。除硅酸钠外，大部分金属硅酸盐不溶于水。当金属盐晶体与硅酸钠溶液相互接触时，金属盐晶体的表面会生成难溶的硅酸盐薄膜，该薄膜把金属盐晶体包裹住。而该薄膜具有半透性，只允许水分子通过，因溶液的布朗运动导致水分子不断穿过薄膜进入内部，当内部溶液积聚到一定量而使压强达到最大值时，溶液便会向上冲破该薄膜。当破膜而出的金属盐再次遇到硅酸钠溶液时，金属盐又会与硅酸钠溶液发生反应而形成新的薄膜，新的薄膜又开始渗透、膨胀、破裂、形成新的薄膜，周而复始，就形成了金属硅酸盐向上生长的现象，俗称"水中花园"。

三、仪器耗材与试剂

1. 仪器耗材：电子天平，烧杯，试管，玻璃棒，沙子，量筒。
2. 试剂：硅酸钠，硫酸铜，氯化钴，氯化锰，氯化钙，硫酸铁，硫酸亚铁，硫酸镍，去离子水。

四、实验步骤

1. 称取 20g 硅酸钠置于烧杯中，加入 100mL 热的去离子水（80～90℃），搅拌直至固体全部溶解，形成硅酸钠溶液。
2. 取 7 根干净的试管，分别倒入 10mL 硅酸钠溶液，往各试管中加入少量沙子。
3. 各称取 0.5g 的硫酸铜、氯化钴、氯化锰、氯化钙、硫酸铁、硫酸亚铁、硫酸镍固体，分别投入上述 7 个试管中，静置 2h，注意观察现象。

4. 亦可把上述的金属盐全部投入到盛装硅酸钠溶液的同一烧杯中，形成更绚丽的"水中花园"。

五、思考题

如果把金属盐晶体溶解成溶液后再加入硅酸钠溶液中，会有什么现象？

实验八　卵磷脂的提取

（4学时）

一、实验目的

1. 了解物质在不同溶剂中的溶解度不同并掌握分离物质的方法。
2. 了解从蛋黄中提取卵磷脂的实验方法。
3. 掌握紫外可见分光光度计的使用方法。

二、实验原理

卵磷脂，又称蛋黄素，是一种天然的黄色脂质物质，存在于动植物组织及卵黄中，是细胞膜的主要组成成分之一，占了细胞干重的 40%～50%。卵磷脂的结构特殊，其一端为亲水基团（胆碱），另一端为亲油基团（不饱和脂肪酸），故卵磷脂能与体内的脂肪、血液中的甘油三酯及胆固醇互溶并溶解到水里，因此卵磷脂对生物体的健康有着重要的作用。

常见鸡蛋蛋黄中就含有卵磷脂，蛋黄的成分包括水、蛋白质、脂肪、卵磷脂和少量的脑磷脂。本实验利用乙醇和三氯甲烷提取卵磷脂。对提取后的卵磷脂进行紫外吸收光谱分析，可以鉴定卵磷脂的纯度。卵磷脂的吸收峰位于短波长紫外区，吸收波长约为 206nm 和 223nm，卵磷脂的纯度越高，吸收峰越尖锐，吸收强度越大。

三、仪器耗材与试剂

1. 仪器耗材：电子天平，研钵，减压抽滤装置，水浴锅，烧杯，玻璃棒，熟鸡蛋黄，紫外可见分光光度计。
2. 试剂：乙醇，三氯甲烷，丙酮。

四、实验步骤

1. 卵磷脂的提取

取一只熟鸡蛋黄，称取 5g 置于研钵中，加入 10mL 乙醇充分研磨，减压过滤，收集滤液。将滤渣再次转移至研钵中，继续加入 10mL 乙醇研磨，再次减压过滤，收集滤液（若滤液中有滤渣残留，可再次进行过滤，取滤液）。将两次得到的滤液合并后转移至烧杯内，置于 90℃的水浴中将乙醇蒸干（注意不可用明火加热，亦不可直接置于加热台上加热），得到黄色油状物质。冷却后加入 5mL 三氯甲烷，搅拌片刻后发现有油状物质漂浮在表面，后边搅拌边加入 5mL 丙酮，继续搅拌后发现有油脂状物质出现，即为卵磷脂。由于卵磷脂提取量太少，可将各组所得溶液集合到一起后减压抽滤，获得卵磷脂，备用。

2. 卵磷脂的纯度检验

将卵磷脂溶解至乙醇中，进行紫外光谱测试，观察其吸收峰的位置及强度（紫外可见分光光度计的原理及使用方法可参考第 6 章 6.16 紫外可见分光光度计）。

五、思考题

1. 为什么提取卵磷脂需要加入丙酮？
2. 除了利用紫外光谱测试检验卵磷脂的纯度外，还有什么方法？

实验九　"瓶中雪"

（4 学时）

一、实验目的

1. 了解物质的溶解度与温度的关系。
2. 了解物质与溶剂的相溶关系。

二、实验原理

溶解度的定义是在特定温度下，100g 溶剂中能够溶解的最大溶质质量，直至达到饱和状态。物质的溶解度受温度影响的模式可分为三种类型：①一些固体物质的溶解度受温度变化的影响不大，几乎保持恒定，如氯化钠；②某些固体物质的溶解度随温度的升高而增加，如硝酸钾；③少数固体物质的溶解度随温度的升高反而减小，如氢氧化钙。这些变化趋势反映了不同物质在分子结构和与溶剂相互作用方面的特性。了解这些趋势对于预测和控制溶液的饱和度具有重要意义。本实验利用溶解度与温度的关系自制"雪花"，可粗略地作为温度计预测天气温度。

三、仪器耗材试剂

1. 仪器耗材：电子天平，烧杯，小玻璃瓶，水浴锅，玻璃棒，天然樟脑。
2. 试剂：氯化铵，硝酸钾，无水乙醇，亚甲基蓝，去离子水。

四、实验步骤

1. 分别称量 2g 氯化铵、2g 硝酸钾置于同一烧杯中，加入 25mL 去离子水，搅拌溶解后置于 50℃水浴锅中恒温，备用。

2. 称量 5g 天然樟脑置于另一烧杯中，加入 30mL 无水乙醇，搅拌溶解后置于 50℃水浴锅中恒温，备用。

3. 混合上述两种溶液，此时会产生少量沉淀，但由于温度较高，沉淀很快重新溶解至溶液中。

4. 蘸取少量的亚甲基蓝粉末溶于步骤 3 的溶液后，溶液变成蓝色。亦可选择其他颜色的色素加入溶液中。

5. 取 2 个带盖的小玻璃瓶，将步骤 2 的溶液分装至小玻璃瓶中，盖紧盖子，将 2 个小玻璃瓶溶液分别置于空气中和 0℃水浴中冷却，对比观察现象。

五、思考题

1. 若把氯化铵换成氯化钠，会出现什么现象？
2. 本次实验中去离子水与乙醇的加入量若改变，会出现什么现象？

实验十　氧化还原色彩魔术

（4 学时）

一、实验目的

了解颜色变化与氧化还原反应的关系。

二、实验原理

氧化还原反应是常见的反应类型之一，物质发生氧化还原反应一般会有价态的变化，其实质是电子的得失或共用电子对的偏移。而这种反应在进行时有时候会发生颜色的变化，这一现象是源于反应物或产物结构和性质的改变。

如 Cu^+ 的电子排布为 $3d^{10}$，d 轨道全充满，结构稳定，不会发生 d-d 跃迁，通常为无色（如 $CuCl$）；然而当 Cu^+ 失去一个电子变成 Cu^{2+} 后，外层电子排布变成了 $3d^9$，d 轨道不排满，结构不稳定，在八面体配位场中会发生 d-d 跃迁，如 $[Cu(H_2O)_6]^{2+}$ 会吸收红光从而显蓝色。由此可见，电子结构的改变直接影响了物质对光的吸收。

氧化还原反应的颜色变化在日常生活和学习中有着广泛的应用。如氧化还原指示剂，大多数是结构复杂的有机化合物，在不同的氧化还原状态下呈现不同的颜色，通过颜色的变化来了解氧化还原反应的机理，有助于加深对理论知识的理解。

三、仪器耗材与试剂

1. 仪器耗材：电子天平，加热台，锥形瓶，烧杯，量筒，玻璃棒。
2. 试剂：靛蓝胭脂红，葡萄糖，氢氧化钠，去离子水，亚甲基蓝，30%双氧水，硫酸锰，丙二酸，碘酸钾，淀粉，稀硫酸。

四、实验步骤

1. "红绿灯"实验

靛蓝胭脂红，又名靛蓝二磺酸钠，可用作氧化还原指示剂，亦可作为食品着色剂。它处在氧化态的时候呈现绿色，被还原后呈现出黄色，在它从绿色变成黄色的过程中，会短暂出现红色，颜色的变化就像红绿灯一样。本实验中，使用葡萄糖为还原剂，氧气为氧化剂，氢氧化钠起到调节 pH 的作用。

① 分别称量 2g 葡萄糖及 1g 氢氧化钠并置于同一烧杯内，加入 100mL 去离子水，搅拌至固体完全溶解。

② 用玻璃棒蘸取少量的靛蓝胭脂红粉末伸入上述溶液中并搅拌，观察到溶液立刻从无色变成绿色。

③ 静置一段时间，溶液颜色从绿色慢慢变成红色。

④ 继续静置，溶液颜色从红色慢慢变成黄色。

⑤ 把上述溶液从烧杯转移至锥形瓶，发现溶液立刻变成红色，轻轻振荡锥形瓶，溶液颜色从红色变成绿色，反应原理如下：

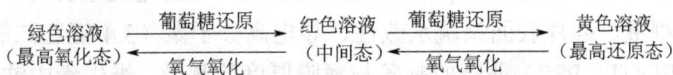

$$\underset{\text{氧气氧化}}{\overset{\text{葡萄糖还原}}{\rightleftarrows}}$$

绿色溶液（最高氧化态）⇌（葡萄糖还原 / 氧气氧化）红色溶液（中间态）⇌（葡萄糖还原 / 氧气氧化）黄色溶液（最高还原态）

2. 蓝瓶子实验

亚甲基蓝溶于水后显蓝色，在空气中较稳定，其水溶液呈碱性。在亚甲基蓝溶液中引入质子，会使溶液褪色；若迅速加入氨水或露置于空气中则可以恢复蓝色。

① 用电子天平称取 5g 葡萄糖置于锥形瓶中，加 100mL 水搅拌至固体完全溶解。

② 用电子天平称取 0.5g 氢氧化钠置于烧杯中，加入 20mL 水搅拌至固体完全溶解。

③ 将上述两溶液混合均匀，用玻璃棒蘸取少量的亚甲基蓝粉末伸入混合溶液中并搅拌，观察到溶液颜色立刻变成蓝色。

④ 静置片刻，发现溶液蓝色褪去，变成无色，振荡后发现溶液从无色变为蓝色，静置片刻，溶液颜色逐渐褪去又变成无色。

3. 循环碘钟反应

碘具有 -1、0、+5、+7 等多种价态，在合适的条件下可发生氧化还原反应，这是碘钟反应发生的前提。

① 用量筒量取 20mL 30%双氧水置于烧杯中，加去离子水稀释至 50mL，滴加 5 滴稀硫酸酸化，备用。

② 分别称取 0.8g 硫酸锰和 3.9g 丙二酸，混合置于烧杯中，加入 1.0g 淀粉，再加入 250mL 热的去离子水，搅拌混合，此时为悬浊液，量取 50mL 溶液，备用。

③ 称取 2.1g 碘酸钾置于烧杯中，加入 50mL 热的去离子水，搅拌均匀，备用。

④ 取一个 250mL 的烧杯，把上述三种溶液混合，溶液立刻变成棕黄色，持续几秒钟，变成蓝色，几秒之后，又变成棕黄色，如此一直交替地变化着颜色，就像钟摆一样，因此该反应又称为"碘钟"反应，其反应原理如下：

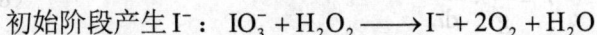

初始阶段产生 I^-：$IO_3^- + H_2O_2 \longrightarrow I^- + 2O_2 + H_2O$

当 I^- 浓度很小时：$IO_3^- + Mn^{2+} + H^+ \longrightarrow I_2 + Mn^{3+} + H_2O$（溶液呈浅棕黄色）

当 I⁻ 浓度足够大时：$I_2 + CH_2(COOH)_2 \longrightarrow ICH(COOH)_2 + I^- + H^+$（溶液呈蓝色）

I⁻ 的再生：$Mn^{3+} + ICH(COOH)_2 + H_2O \longrightarrow I^- + Mn^{2+} + HCOOH + CO_2 + H^+$

五、思考题

除了氧化还原反应外，还有哪种反应伴随着颜色变化？是什么原因引起的颜色变化？

8.3 综合性实验

综合性实验开设的目的是进一步培养学生的综合能力。20 个综合性实验为：化学反应速率的影响因素及反应级数的测定、光催化降解染料甲基橙、磺基水杨酸铁（Ⅲ）配离子的合成与稳定常数测定、从茶叶中提取咖啡因、从植物叶片提取天然色素、乙酰水杨酸（阿司匹林）的制备、鲁米诺的合成和化学发光、溶胶凝胶法制备 TiO_2 纳米材料、金溶胶的合成及性质测试、水凝胶的制备和性能测试、水硬度的测定、二硝基水杨酸（DNS）法测定淀粉水解产物的含量、基于 RCA（Radio Corporation of America，美国无线电公司）法的硅片清洗、表面改性与接触角测量、硅片表面亲疏水改性、导电高分子聚（3,4-亚乙二氧基噻吩）-聚（苯乙烯磺酸酯）（PEDOT：PSS）薄膜的制备与薄膜厚度的测量、维生素中铁的测定、碘量法测定过氧化氢的浓度、食品中亚硝酸盐的测定、未知有机物的分离和鉴定。

实验十一　化学反应速率的影响因素及反应级数的测定

（4 学时）

一、实验目的

1. 了解化学反应速率的定义。
2. 掌握温度、浓度及催化剂对反应速率的影响。
3. 掌握化学反应级数的测定方法。

二、实验原理

化学反应速率一般用来表示化学反应进行的快慢程度，通常以单位时间内反应物浓度的减少值或生成物浓度的增加值来表示，如下列计量化学反应：

$$aA + bB \Longrightarrow f F + gG$$

假设反应体系的体积 V 保持不变，以生成物 G 表示反应速率可表述为：

$$r = \frac{1}{g} \times \frac{dc_G}{dt} \tag{8-7}$$

化学反应速率与反应物的性质和温度、浓度、压力、催化剂等因素都有关系，因此可通过控制以上因素来控制反应速率以达到实验结果。

广义地说，速率方程是表示反应速率与影响它的各种因素（如温度、浓度、催化剂等）间的关系方程式。当确定反应温度、催化剂等影响因素时，描述反应速率与参加反应的物质的浓度之间的关系方程式称为反应速率方程，即：

$$r = \frac{1}{g} \times \frac{dc_G}{dt} = f(c) \tag{8-8}$$

反应级数是化学动力学中的一个基本概念，用于描述化学反应速率与反应物浓度之间的关系。具体来说，反应级数表示为化学反应速率方程中各物质浓度项的指数之和，可以通过反应机理来确定，因反应机理描述了反应的各个瞬间阶段，这些阶段会产生中间产物，从而影响反应速率。如以下反应速率方程：

$$r = k[A]^{\alpha}[B]^{\beta} \cdots \tag{8-9}$$

式（8-9）中 α、β 等分别称为物质 A、B 等的反应级数或分反应级数，A、B 等是反应物；k 为速率常数。

反应级数的数值不局限于正整数，还可以是负整数、分数或零。在化学反应动力学中，反应速率与反应物浓度之间的关系可以通过反应速率方程来描述：对于一级反应，反应速率与反应物浓度的一次方成正比。如果用[A]表示反应物 A 的浓度，则一级反应的速率方程可以表示为：$r = k[A]$，其中 r 是反应速率，k 是一级反应的速率常数。对于二级反应，反应速率与反应物浓度的二次方成正比。如果反应涉及反应物 B，其浓度为[B]，则二级反应的速率方程可以表示为：$r = k[B]^2$。这些方程反映了不同级数反应中反应速率与反应物浓度之间的定量关系。

反应级数的大小代表反应速率受物质浓度的影响程度，级数越大，代表反应速率受物质浓度的影响程度越大。

但在实际应用中，反应级数通常是通过实验方法确定的，例如通过改变反应物的浓度并观察反应速率的变化来测定。理论计算法也可以被用来确定反应级数，但需要已知反应的详细机理和参数。

本实验以 H_2O_2 与 KI 反应为例。

在弱酸性条件中，H_2O_2 与 KI 发生以下反应：

$$H_2O_2 + 3I^- + 2H^+ = I_3^- + 2H_2O \tag{8-10}$$

反应（8-10）的反应速率可表示为：

$$r = \frac{\Delta c_{I_3^-}}{\Delta t} \tag{8-11}$$

式（8-11）中 r 为反应速率。只需测定单位时间内 $c_{I_3^-}$ 的变化值，则可求算 r。但因整个反应过程溶液的颜色变化不明显，反应时间较难测定，此时可加入含淀粉的 $Na_2S_2O_3$ 溶液，$Na_2S_2O_3$ 可与 I_3^- 迅速发生反应，反应方程式如下：

$$2S_2O_3^{2-} + I_3^- = S_4O_6^{2-} + 3I^- \tag{8-12}$$

当加入的 $Na_2S_2O_3$ 耗尽时，反应（8-10）生成的 I_3^- 会立刻与淀粉作用而使溶液显蓝色。

根据反应（8-12）可得知 $\Delta c_{I_5} = \dfrac{\Delta c_{S_2O_3^{2-}}}{2}$ ，故反应（8-10）的反应速率又可表示为：

$$r = \frac{\Delta c_{S_2O_3^{2-}}}{2\Delta t} = \frac{c_{0S_2O_3^{2-}}}{2\Delta t} \tag{8-13}$$

实验表明，反应（8-10）的反应速率方程为：

$$r = kc_{H_2O_2}^{\alpha} c_{I^-}^{\beta} c_{H^+}^{\delta} \tag{8-14}$$

若保持 H_2O_2 与 H^+ 的浓度不变，则公式（8-14）可变成：

$$r = kc_{I^-}^{\beta} \tag{8-15}$$

根据实验所得数据，由 r 对 c_{I^-} 作图，若为一直线，则 $\beta = 1$，即该反应对 c_{I^-} 为一级反应。该直线的斜率即为反应的反应速率常数 k。

三、仪器耗材与试剂

1. 仪器耗材：电子天平，移液器，计时器，恒温水浴锅，烧杯，量筒，玻璃棒。

2. 试剂：H_2O_2（0.2mol/L），KI（0.1mol/L），HAc（1.0mol/L），$Na_2S_2O_3$（0.0025mol/L，含 0.3%淀粉），$CuSO_4$（0.01mol/L），去离子水。

四、实验步骤

1. 按表 8-10 序号 1 的各试剂的用量，用量筒分别量取 KI 6mL、$Na_2S_2O_3$（含 0.3%淀粉）5mL、去离子水 4mL 及 1 滴 HAc 混合于烧杯中。另取一个量筒量取 H_2O_2 5mL，将装有混合液的烧杯与装有 H_2O_2 的量筒置于 25℃的恒温水浴锅中温热 3min，把 H_2O_2 迅速倒入混合液中并用玻璃棒不断搅拌，同时开始计时，观察现象。当溶液开始显现蓝色时，记录反应时间。

按上述方法依次完成序号 2～5 的实验。

表 8-10　温度对反应速率的影响

项目	序号				
	1	2	3	4	5
反应温度/℃	25	30	35	40	45
KI（0.1mol/L）溶液体积/mL	6	6	6	6	6
$Na_2S_2O_3$（0.0025mol/L）溶液体积/mL	5	5	5	5	5
去离子水体积/mL	4	4	4	4	4
HAc（1.0mol/L）溶液体积/滴	1	1	1	1	1
H_2O_2（0.2mol/L）溶液体积/mL	5	5	5	5	5

2. 按照表 8-11 序号 1 的各试剂的用量，用量筒分别量取 KI 10mL、$Na_2S_2O_3$（含 0.3%淀粉）5mL 及 1 滴 HAc 混合于烧杯中。另取一个量筒量取 H_2O_2 5mL，将 H_2O_2 迅速倒入混合溶液中并用玻璃棒不断搅拌，同时开始计时，观察现象。当溶液开始显现蓝色时，记录反应时间。

按上述方法依次完成序号 2～5 的实验。

表 8-11 KI 浓度对反应速率的影响

项目	序号				
	1	2	3	4	5
KI 溶液体积（0.1mol/L）/mL	10	8	6	4	2
$Na_2S_2O_3$ 溶液体积（0.0025mol/L）/mL	5	5	5	5	5
去离子水体积/mL	0	2	4	6	8
HAc 溶液体积（1.0mol/L）/滴	1	1	1	1	1
H_2O_2 溶液体积（0.2mol/L）/mL	5	5	5	5	5

3. 根据表 8-12 序号 1 各试剂的用量，用量筒分别量取 KI 6mL、$Na_2S_2O_3$（含 0.3%淀粉）5mL、1 滴 $CuSO_4$ 及 1 滴 HAc 混合于烧杯中。另取一个量筒量取 H_2O_2 5mL，将 H_2O_2 迅速倒入混合溶液中并用玻璃棒不断搅拌，同时开始计时，观察现象。当溶液开始显现蓝色时，记录反应时间。

按上述方法完成序号 2 的实验。

通过此实验，考察 Cu^{2+} 对该反应的催化作用。

表 8-12 催化剂对反应速率的影响

项目	序号	
	1	2
KI (0.1mol/L)溶液体积/mL	6	6
$Na_2S_2O_3$ (0.0025mol/L) 溶液体积/mL	5	5
去离子水体积/mL	4	4
HAc (1.0mol/L)溶液体积/滴	1	1
$CuSO_4$ (0.01mol/L)溶液体积/滴	1	3
H_2O_2 (0.2mol/L)溶液体积/mL	5	5

五、数据收集

将实验所得数据记录在表 8-13～表 8-15 中。

表 8-13 温度对反应速率影响的实验结果

项目	序号				
	1	2	3	4	5
反应温度/℃	25	30	35	40	45
KI (0.1mol/L)溶液体积/mL	6	6	6	6	6
$Na_2S_2O_3$ (0.0025 mol/L)溶液体积/mL	5	5	5	5	5
去离子水体积/mL	4	4	4	4	4
HAc (1.0mol/L)溶液体积/滴	1	1	1	1	1
H_2O_2 (0.2mol/L)溶液体积/mL	5	5	5	5	5
反应时间/s					
$\Delta c_{S_2O_3^{2-}}$ /(mol/L)					
r /[mol/(L·s)]					

表 8-14 KI 浓度对反应速率影响的实验结果

项目	序号				
	1	2	3	4	5
KI (0.1mol/L)溶液体积/mL	10	8	6	4	2
Na$_2$S$_2$O$_3$ (0.0025mol/L)溶液体积/mL	5	5	5	5	5
去离子水体积/mL	0	2	4	6	8
HAc (1.0mol/L)溶液体积/滴	1	1	1	1	1
H$_2$O$_2$ (0.2mol/L)溶液体积/mL	5	5	5	5	5
反应时间/s					
KI 起始浓度/(mol/L)					
$\Delta c_{S_2O_3^{2-}}$ /(mol/L)					
r /[mol/(L·s)]					

表 8-15 催化剂对反应速率影响的实验结果

项目	序号		
	1	2	3
KI (0.1mol/L)溶液体积/mL	6	6	6
Na$_2$S$_2$O$_3$ (0.0025mol/L)溶液体积/mL	5	5	5
去离子水体积/mL	4	4	4
HAc (1.0mol/L)溶液体积/滴	1	1	1
CuSO$_4$ (0.01mol/L)溶液体积/滴	0	1	3
H$_2$O$_2$ (0.2mol/L)溶液体积/mL	5	5	5
反应时间/s			
KI 起始浓度/(mol/L)			
$\Delta c_{S_2O_3^{2-}}$ /(mol/L)			
r /[mol/(L·s)]			

六、思考题

1. 根据实验结果，总结温度、浓度、催化剂是如何影响反应速率的。
2. 根据实验结果，本实验中的反应的反应级数为多少？为什么？
3. 本次实验加入的 HAc 起什么作用？

实验十二 光催化降解染料甲基橙

（4 学时）

一、实验目的

1. 测定甲基橙光催化降解反应速率常数和半衰期。
2. 了解可见光分光光度计的结构、工作原理，掌握分光光度计的使用方法。

二、实验原理

光催化技术起源于 1972 年，当时 Fujishima 和 Honda 发现了一种现象：在光照条件下，单晶电极能够分解水。这一发现激发了科学界对光激发电子空穴分离并赋予半导体氧化还原反应能力的广泛兴趣，这一发现还大大推动了有机物和无机物光氧化还原反应的研究。

1976 年，Cary 等人报道了一项突破性的研究：在近紫外光照射下，浓度为 50g/L 的多氯联苯经 0.5h 的光反应后能够成功脱氯。这项报道引起了环境科学领域研究人员的注意，从而使得光催化消除污染物的研究变得日益活跃。大量的研究表明，光催化技术可以有效地降解包括烃类、卤代有机物、染料、农药、酚类、表面活性剂、芳烃类等在内的有机污染物，将它们转化为无害的无机化合物，如二氧化碳（CO_2）和水（H_2O），同时将污染物中的卤素、硫、磷和氮等原子转化为相应的离子。因此，光催化技术具有在常温常压下操作、降解有机污染物且不产生二次污染等显著优点。

光催化技术的研究立足于多学科交叉的领域，涉及原子物理、凝聚态物理与凝聚态化学、胶体化学、反应动力学、非均相催化、光化学和环境化学等多个学科，在不断地探索中形成了一门新兴的科学。

在光催化技术中，常用的催化剂包括各种半导体材料，如 TiO_2、ZnO、CdS、WO_3、Fe_2O_3、$SrTiO_3$、ZnS、SnO_2、FeS_2 等。其中，TiO_2 因其价格低廉、无毒、物理和化学稳定性好、耐光腐蚀能力强以及优异的催化活性等特性，成为目前研究较广泛、应用前景较广阔的光催化剂。

半导体之所以能够作为催化剂，主要是因为它们独特的电子学特性。半导体材料的能带结构在裂分后，会形成充满电子的价带和空的导带，两者之间为禁带宽度，其单位为电子伏（eV）。研究表明，在 pH=1 的条件下，锐钛矿型 TiO_2 的禁带宽度为 3.2 eV。半导体的光吸收阈值与禁带宽度有直接关系，当光子能量等于或大于半导体材料的禁带宽度时，电子可以从价带跃迁到导带，从而产生光生电荷载流子，在传递至表面后，可驱动氧化还原反应的发生：

$$\{\lambda_g\}_{nm} = 1240 / \{E_g\}_{eV}$$

具体来看，当半导体光催化剂受到能量等于或大于其禁带宽度的光照射时，半导体材料吸收这些光能，形成激子，在激子解耦后，价带中的电子被激发至导带，在导带上产生光生电子（e^-），价带上留下带正电的光生空穴（h^+），从而形成光生电子-空穴对。在传递至半导体表面后，这些光生电子具有强还原性，而光生空穴则具有强氧化性。

光生电子和光生空穴在半导体表面会发生复合，即在没有被利用的情况下，光生电子和光生空穴可能会重新结合，即复合。这种复合过程会导致吸收的光能以光能或热能的形式释放，而非表面氧化还原反应。为了提高光催化效率，通常需要采取措施以减少光生电子和光生空穴的复合，增加它们参与表面催化反应的机会。这可以通过引入光生电子和光生空穴的俘获剂或通过改性半导体来实现，以促进光生电荷的分离和利用。此外，光生电子和光生空穴也可以参与表面催化反应。光生电子与吸附在催化剂表面的氧化性物质发生还原反应，而光生空穴氧化吸附在催化剂表面的还原性物质。这些反应可以使有机污染物降解，以及活化水和氧气等分子，产生羟基自由基等强氧化性中间体，进一步促进污染物的矿化。

光生电子和光生空穴发生的一系列光催化氧化还原反应如下：

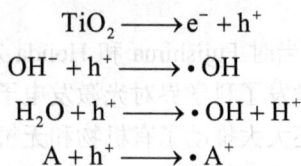

$$TiO_2 \longrightarrow e^- + h^+$$
$$OH^- + h^+ \longrightarrow \cdot OH$$
$$H_2O + h^+ \longrightarrow \cdot OH + H^+$$
$$A + h^+ \longrightarrow \cdot A^+$$

另外，光生电子可以和溶液中溶解的氧分子反应生成超氧自由基，它与 H^+ 结合形成 $\cdot OOH$：

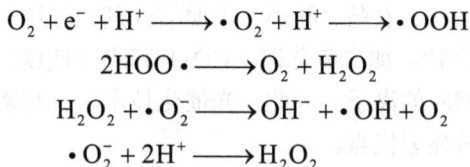

$$O_2 + e^- + H^+ \longrightarrow \cdot O_2^- + H^+ \longrightarrow \cdot OOH$$
$$2HOO \cdot \longrightarrow O_2 + H_2O_2$$
$$H_2O_2 + \cdot O_2^- \longrightarrow OH^- + \cdot OH + O_2$$
$$\cdot O_2^- + 2H^+ \longrightarrow H_2O_2$$

此外 $\cdot OH$、$\cdot OOH$ 之间可以相互转化：

$$H_2O_2 + \cdot OH \longrightarrow \cdot OOH + H_2O$$

羟基自由基（$\cdot OH$）是一种具有高度活性的自由基，它能够无选择性地氧化并分解各种难以生物降解的有机物，将其转化为完全无机化的物质。在光催化体系中，有机物的降解过程通常涉及自由基反应，这些反应是由光生电子和光生空穴引发的。

甲基橙（methyl orange，MO）是一种常用的有机染料，具有较强的抗分解和氧化能力。由于其稳定性，甲基橙常被用作光催化反应的模型污染物。在实验室中，甲基橙的浓度可以通过分光光度法进行测定，这是一种简单且常用的分析方法，能够准确测量溶液中甲基橙的含量。

在光催化过程中，光催化剂（如 TiO_2）在光照下产生羟基自由基，这些自由基能够攻击甲基橙分子，引发一系列氧化反应，最终将有机物分解为二氧化碳和水等无机小分子。这种光催化氧化过程不仅能有效去除有机污染物，而且不会产生二次污染，因此被认为是一种环境友好型的污染物处理技术。甲基橙的分子结构式如图 8-2 所示。

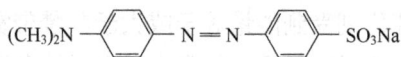

$$(CH_3)_2N \underline{\hspace{1em}} \bigcirc \underline{\hspace{1em}} N = N \underline{\hspace{1em}} \bigcirc \underline{\hspace{1em}} SO_3Na$$

图 8-2 甲基橙分子结构

甲基橙是一种较难降解的有机物，属于偶氮染料，偶氮类染料占所有染料的 50% 左右，因此将 MO 作为研究对象具有很好的代表性。在光催化体系中，有机物的降解反应通常涉及自由基反应，而甲基橙的降解过程也不例外。由于其结构特性，甲基橙在光催化过程中能够被羟基自由基无选择性地氧化，这一特性使得甲基橙成为研究光催化降解有机污染物的重要模型物质。

三、仪器耗材与试剂

1. 仪器耗材：电子天平，磁力搅拌器，离心机，722 型分光光度计，125W 高压汞灯，反应器，充气泵，恒温水浴锅，计时器，移液管（10mL、20mL），500mL 量筒，洗耳球，离心管 7 支，比色皿，擦镜纸。

2. 试剂：甲基橙储备液（1000mg/L），TiO_2，去离子水。

四、实验步骤

1. 有关可见光分光光度计的原理与使用方法，请参阅本书第 6 章、有关教材及文献资料。

2. 调整分光光度计零点

打开 722 型分光光度计电源开关，预热至稳定。调节 722 型分光光度计的波长旋钮至 462nm。打开样品池盖板，在光路断开时，调节"0"旋钮，使透光率值为 0。取一个光程为 1cm 比色皿，加入参比溶液（去离子水），擦干外表面残留的水渍（注意光学玻璃面应用擦镜纸擦拭），放入样品池中，并确保参比溶液在光路中，关上样品池盖板，在光路连通时，调节 "100" 旋钮使透光率值为 100%。

3. 甲基橙光催化降解

在进行光催化反应实验时，按照以下步骤进行：

（1）准备甲基橙溶液：向反应器中加入 10mL 浓度为 1000mg/L 的甲基橙储备液。

（2）稀释溶液：向反应器中加入 480mL 水，将甲基橙储备液稀释至总体积为 500mL，得到最终浓度为 20mg/L 的甲基橙溶液。

（3）添加催化剂：向反应器中加入 0.2g 二氧化钛（TiO_2）作为光催化剂。

（4）悬浮催化剂：开启磁力搅拌器，使二氧化钛催化剂在溶液中均匀悬浮。

（5）预处理：在避光条件下，向反应器中充入空气并搅拌 30min，以确保甲基橙分子在催化剂表面达到吸附/脱附平衡。

（6）取样：在光催化反应开始前，从反应器中移取 10mL 溶液放入离心管中。

（7）开始光催化反应：打开冷却水循环系统，以保持反应温度恒定，并开始光催化反应，反应持续时间为 25min。

（8）定期取样：在光催化反应期间，每隔 5min 从反应器中移取 10mL 反应液。

（9）样品处理：将取出的反应液通过离心分离，以去除催化剂颗粒，并取上清液用于后续的吸光度测量。

（10）吸光度测量：使用 722 型分光光度计，测定上清液的吸光度（A），以监测甲基橙在光催化过程中的脱色和分解效果。

通过测定不同时间点的吸光度变化，可以评估光催化反应的效率和甲基橙的降解速率。吸光度的降低表明甲基橙的浓度减少，即光催化反应正在进行。通过分析吸光度随时间的变化，可以得出反应动力学信息，如反应速率常数和半衰期等。

五、思考题

1. 实验中，为什么用去离子水作参比溶液来调节分光光度计的透光率值为 100%？选择参比溶液的原则是什么？

2. 甲基橙溶液需要准确配制吗？

3. 甲基橙光催化降解速率与哪些因素有关？

实验十三　磺基水杨酸铁（Ⅲ）配离子的合成与稳定常数测定

（4 学时）

一、实验目的

1. 了解比色法测定配合物的组成和稳定常数测定的原理和方法。
2. 学习分光光度计的使用及实验数据处理方法。

二、实验原理

在配合物化学中，配位化合物的形成是一个涉及中心原子或离子（M）与一个或多个配体（L）通过配位键结合的过程。这些配位键是通过共享电子对形成的，其中配体提供电子对，而中心原子提供空的轨道来接受这些电子对。

磺基水杨酸（也称为 5-磺基水杨酸或 SSA）是一种有机酸，它可以与金属离子形成稳定的配位化合物，这些配合物的颜色和组成会随着溶液的 pH 值变化而变化。这种现象是由于在不同的 pH 值下，磺基水杨酸的离子化状态不同，从而影响了它与金属离子的配位能力。以下是磺基水杨酸与金属离子形成配合物的一般情况：

pH 值为 2～3 时：在这种酸性条件下，磺基水杨酸主要以其酸性形式存在，能够与金属离子形成一个配位体的紫红色螯合物。这种螯合物通常具有 1∶1 的配位比例（一个配体对一个中心离子）。

pH 值为 4～9 时：随着 pH 值的升高，磺基水杨酸的去质子化程度增加，能够提供更多的配位位点。在这种条件下，可以形成含有两个配位体的红色螯合物，这通常意味着配体与金属离子的配位比例为 2∶1。

pH 值为 9～11.5 时：在更高的 pH 值下，磺基水杨酸进一步去质子化，能够与金属离子形成含有三个配位体的黄色螯合物。这种螯合物的配位比例可能是 3∶1（三个配体对一个中心离子）。

pH 值大于 12 时：在极端碱性条件下，有色螯合物可能会被破坏，导致金属离子与配体分离并形成沉淀。

在实验中，通过调整溶液的 pH 值并使用分光光度计测量不同溶液的吸光度，可以确定不同 pH 值下形成的配合物的组成和稳定常数。这些信息对于理解配合物的配位化学和潜在的应用非常重要。例如，这种类型的配位化学在分析化学中用于检测和定量金属离子，或者在材料科学中用于设计具有特定性质的新型材料。

如上所述，假设中心离子和配体分别以 M 和 L 表示，且在给定条件下反应，只生成一种有色配离子 ML_n（略去电荷符号），反应式如下：

$$M + nL \Longrightarrow ML_n \tag{8-16}$$

在实验中，如果中心离子 M 和配体 L 本身都是无色的，而它们的配合物是有色的，那么可以通过测量溶液的吸光度 A 来推断有色配合物的浓度。这种情况下，吸光度 A 与有色配合物的浓度成正比。利用这一原理，可以通过等物质的量连续变更法（也称为浓比递变法）来确定配合物的组成和稳定常数。测定方法如下：

配制一系列含有中心离子 M 和配体 L 的溶液，M 和 L 的总物质的量相等，但各自的物质的量分数连续变更。例如，使溶液中 L 的物质的量分数依次为 0、0.1、0.2、0.3、…、0.9、1.0，而 M 的物质的量依次作相应递减。然后在一定波长的单色光中，分别测定此系列溶液的吸光度。显然，有色配合物的浓度越大，溶液颜色越深，其吸光度越大。当 M 和 L 恰好全部形成配合物时（不考虑配合物的离解），ML_n 的浓度最大，吸光度也最大。

再以吸光度 A 为纵坐标，以配体 L 的物质的量分数为横坐标作图，得一曲线，所得曲线出现一个高峰 B 点。将曲线两边的直线部分延长，相交于 D 点，D 点即为最大吸收值。由 D 点的横坐标算出配合物中心离子与配体物质的量之比，确定对应配位体的物质的量分数 T_L：

$$T_L = \frac{n_L}{n_{总}} \tag{8-17}$$

若 $T_L = 0.5$，则中心离子 M 与配体 L 的物质的量之比为：

$$n = \frac{n_L}{n_M} = \frac{0.5}{1 - 0.5} = 1 \tag{8-18}$$

由此可知，该配合物组成为 ML 型。

配合物的稳定常数可通过计算得出。对于 ML 型配合物，若它全部以 ML 形式存在，则其最大吸光度应在 D 处，即吸光度为 A_1，但由于配合物有一部分离解，其浓度要稍小些，所以，实测得的最大吸光度在 B 处，即吸光度为 A_2。显然配合物离解越大，则 $A_1 - A_2$ 差值越大，因此配合物的离解度 α 为：

$$\alpha = \frac{A_1 - A_2}{A_1} \tag{8-19}$$

配离子（或配合物）的表观稳定常数 K 与离解度 α 的关系如下：

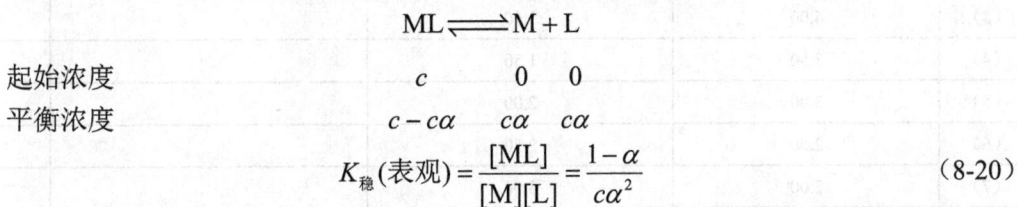

$$ML \rightleftharpoons M + L$$

起始浓度 $\quad\quad\quad\quad\quad\quad\quad c \quad\quad 0 \quad 0$

平衡浓度 $\quad\quad\quad\quad\quad\quad c - c\alpha \quad c\alpha \quad c\alpha$

$$K_{稳}(表观) = \frac{[ML]}{[M][L]} = \frac{1 - \alpha}{c\alpha^2} \tag{8-20}$$

式中，c 为 B 点所对应配离子的浓度，也可看成溶液中金属离子的原始浓度。

本实验是在 pH 值为 2～3 的条件下，测定磺基水杨酸铁（Ⅲ）的组成和稳定常数，并用高氯酸来控制溶液的 pH 值，高氯酸的优点是高氯酸不易与金属离子配合。

在不同 pH 值条件下，不同电解质 $\lg\alpha$ 值不同。在 pH=2 时，磺基水杨酸的 $\lg\alpha = 10.297$，即：

$$K_{稳} = K_{稳}(表观) \times 10^{10.297} \tag{8-21}$$

三、仪器耗材与试剂

1. 仪器耗材：10mL 试管 11 个，5mL 移液管 2 根，50mL 容量瓶 2 个，25mL 容量瓶 2 个，洗耳球，擦镜纸，滤纸碎片，7220 型分光光度计，滴管，烧杯，比色皿。

2. 试剂：高氯酸（0.01mol/L），硫酸铁铵（0.01mol/L），磺基水杨酸（0.01mol/L），水。

四、实验步骤

1. 溶液的配制

① 用移液管准确移取 4.4mL 70%的高氯酸加入到装有 50mL 水的烧杯中，后稀释到 5000mL，得到 0.01mol/L 高氯酸溶液，备用。

② 准确称量硫酸铁铵 $NH_4Fe(SO_4)_2 \cdot 12H_2O$ 结晶并溶于 0.01mol/L 高氯酸溶液中配制成 0.01mol/L 的溶液；

③ 配制 0.001mol/L Fe^{3+} 溶液：用移液管吸取 5.00mL 0.01mol/L 的 $NH_4Fe(SO_4)_2$ 溶液，注入 50mL 容量瓶中，用 0.01mol/L 的高氯酸溶液稀释至刻度，摇匀备用。

④ 配制 0.001mol/L 磺基水杨酸溶液：用移液管准确吸取 5mL 0.01mol/L 的磺基水杨酸溶液，注入 25mL 容量瓶中，用 0.01mol/L 的高氯酸溶液稀释至刻度，摇匀备用。

2. 连续变更法测定有色配离子（或配合物）的吸光度

① 用 2 根 5mL 移液管按表 8-16 的数值量取各溶液，分别放入已编号的洁净且干燥的 11 个 10mL 试管中，用 0.01mol/L 的高氯酸溶液稀释至刻度，使总体积为 10mL，摇匀各溶液。

② 首先打开 7220 型分光光度计电源，并调试仪器，选定波长为 500nm 的光源。

③ 取 4 个光程为 1cm 的比色皿，其中一个加入参比溶液（11 号溶液），其余 3 个依次分别加入各编号的待测溶液。分别测定各待测溶液的吸光度，并记录数据。

表 8-16 不同样品的实验结果记录表

溶液编号	0.001mol/L Fe^{3+}溶液的体积 V_M/L	0.001mol/L 磺基水杨酸的体积 V_L/L	磺基水杨酸物质的量分数 $T_L = \dfrac{cV_L}{cV_M + cV_L}$	吸光度 A
（1）	5.00	0.00		
（2）	4.50	0.50		
（3）	4.00	1.00		
（4）	3.50	1.50		
（5）	3.00	2.00		
（6）	2.50	2.50		
（7）	2.00	3.00		
（8）	1.50	3.50		
（9）	1.00	4.00		
（10）	0.50	4.50		
（11）	0.00	5.00		

五、数据收集

1. 作图。以磺基水杨酸的物质的量分数或体积分数为横坐标，配合物的吸光度 A 为纵坐标，绘制一条曲线。这条曲线通常在某个点达到最大吸光度，这个点对应配合物浓度最大的溶液。

2. 计算。从图中找出吸光度最大的点，这通常是配合物浓度最大的点。这个点的物质的量分数或体积分数可以用来确定配合物的组成，算出磺基水杨酸铁（Ⅲ）配离子的组成和表观稳定常数。

六、思考题

1. 本实验测定配合物的组成及稳定常数的原理是什么？

2. 连续变更法的原理是什么？如何用作图法来计算配合物的组成和稳定常数？

3. 连续变更法测定配离子组成时，为什么金属离子与配体物质的量之比恰好与配离子组成相同时，配离子的浓度最大？

4. 使用比色皿时，操作上有哪些注意事项？

5. 本实验为何选用 500nm 波长的光源来测定溶液的吸光度，在使用分光光度计时应注意哪些事项？

实验十四　从茶叶中提取咖啡因

（4 学时）

一、实验目的

1. 理解从天然产物中提取和分离生物碱的过程。

2. 掌握索氏提取器的原理和使用方法。

3. 学习使用升华法纯化固体产物。

二、实验原理

茶叶为世界三大饮料之一，广受人们的喜爱，其中含有多种有机物质，以咖啡因（又称咖啡碱）为主。根据茶叶品种和制作工艺的不同，咖啡因占总质量的 1%～5%，另外也含有 11%～12%的单宁酸（鞣酸），0.6%的色素、纤维素，以及蛋白质和对人体有益的物质等。

其中主要的功能成分咖啡因，化学式为 $C_8H_{10}N_4O_2$，是一种黄嘌呤生物碱化合物，其化学名称为 1,3,7-三甲基-2,6-二氧嘌呤。具体的分子结构式如图 8-3 所示。咖啡因是一种中枢神经兴奋剂，能够暂时恢复精力，在临床上也用于昏迷复苏。除了茶叶以外，咖啡、可乐以及部分能量饮料中也含有丰富的咖啡因。

含结晶水的咖啡因是无色针状的结晶，味苦，其溶解度良好，在水、乙醇、氯仿等多种溶剂中均有较高的溶解度。咖啡因加热至 100℃时，可失去其中的结晶水，而咖啡因分子开始升华。通过实验发现，120℃为咖啡因升华的适宜温度，当温度达到 234℃时，咖啡因分子由固态变成液态。

在本实验中，利用乙醇作为溶剂，利用索氏提取器连续多次进行抽提，然后蒸去溶剂，即可得到粗产物咖啡因。然后利

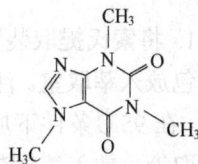

图 8-3　咖啡因的结构式

用升华法，分离粗产物中的生物碱及其他杂质，最终可以得到纯度较高的咖啡因分子。

索氏提取器是一种从固体中提取化合物的仪器，尤其适用于分离不溶物和溶解度较低的化合物，经常被用在粗脂肪含量的测定中，所以该套设备也被称为"脂肪提取器"。其仪器示意图如图 8-4 所示，主要由加热瓶（可选择 250mL 圆底烧瓶）、抽提筒以及冷凝管三部分构成。抽提筒的底部为封闭体系，主要是将虹吸管和导气管与加热瓶相连。在使用时，需要将待分离的产品包裹在滤纸中，然后将其放入抽提筒内部的萃取室里，将溶液置于加热瓶中，并将其加热升温至溶液的沸点以上。待溶液沸腾后，溶液蒸气通过导气管，在冷凝管遇冷重新被冷凝为液态溶剂，滴入萃取室，并不断累积，直至萃取室的液面高于虹吸管的最高处，虹吸现象会使所有溶液（包含溶剂和溶解度较高的组分）回流至加热瓶中，从而完成一次萃取过程。经过多次萃取，可对不同溶解度的物质进行分离。回流到加热瓶中的物质即为溶解度较高的物质，而滤纸中残存的物质则为溶解度较差的物质。

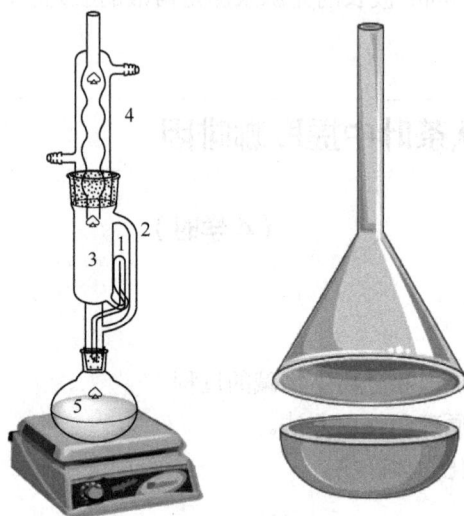

图 8-4 索氏提取器和结晶装置

1—虹吸管；2—导气管；3—抽提筒；4—冷凝管；5—加热瓶

三、仪器耗材与试剂

1. 仪器耗材：索氏提取器一套，250ml 圆底烧瓶，蒸馏装置，蒸发皿，滤纸，电子天平，茶叶，加热套，加热器，玻璃漏斗。

2. 试剂：95%乙醇，生石灰。

四、实验步骤

1. 将索氏提取装置搭好，称取 10g 的茶叶末，并用滤纸包成茶包（使茶叶不会散落即可），将茶包放入萃取室。注意：茶包顶部要低于虹吸管顶部。在圆底烧瓶中加入约 150mL 的 95%乙醇，在 95℃条件下加热，连续提取 90min 后停止加热，记录回流的次数。待溶液稍冷却后，取提取液，放入蒸馏装置，利用蒸馏装置分离溶液中大部分的乙醇，直至无液体馏出。

2. 趁热将瓶中的残液放入蒸发皿中，加入 3～4g 生石灰，并将混合物搅拌成糊状，在加热套内 80℃下将残液蒸干，其间不断搅拌，并压缩块状物。

3. 将滤纸扎出许多小孔盖在蒸发皿上，取一只与蒸发皿外径大小类似的漏斗，罩在隔以滤纸的蒸发皿上，小心加热至 220℃左右，当滤纸上出现白色毛状结晶时，即为产物。冷却后，取出滤纸，将结晶刮下，可再次将剩余物质升华，最终合并两次所得的咖啡因。称量并记录质量，计算咖啡因含量。

五、数据收集

将实验中得到的数据记录在表 8-17 中。

表 8-17　提取茶叶中的咖啡因实验数据

项目	实验数据
称取茶叶的准确质量	
索氏提取过程中回流的次数	
升华后得到咖啡因的质量	
实验测得茶叶中咖啡因含量	
茶叶中咖啡因的含量（查阅资料得到）	
提取咖啡因的产率	

六、思考题

1. 为什么提取液颜色为绿色？
2. 茶包的高度为什么要低于虹吸管？
3. 加入生石灰的原因？最终如何除去生石灰？
4. 提取得到的咖啡因产率会受到实验过程中哪些因素的影响？

实验十五　从植物叶片提取天然色素

（4 学时）

一、实验目的

1. 掌握从植物叶片中提取色素的基本原理和方法。
2. 掌握萃取和薄层色谱法的应用。

二、实验原理

自然界中的植物叶片大部分为绿色。其颜色一般来源于叶片中包含的叶绿体色素，叶绿素为植物捕获太阳能进行光合作用的重要物质，是植物生长和存活必不可缺的物质。大部分高等植物中的叶绿体色素一般由叶绿素 a、叶绿素 b、胡萝卜素以及叶黄素四种组成（图 8-5）。由于四种色素的结构有所不同，在本实验中，尝试用薄层色谱法将其分离。

本实验主要利用叶绿体色素可以溶于有机试剂的特点，将待测的植物叶片用研钵研磨，然后使色素与丙酮充分接触并溶解，再通过过滤植物组织碎片得到滤液，萃取滤液得到色素提取液后，使用薄层色谱法将四种色素再次进行分离。

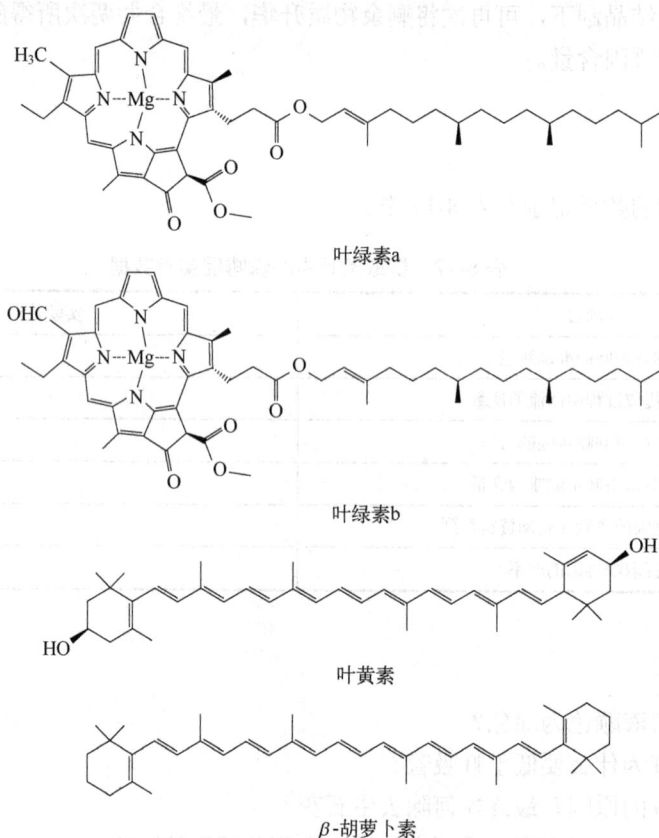

叶绿素a

叶绿素b

叶黄素

β-胡萝卜素

图 8-5　四种植物色素

薄层色谱（thin layer chromatography）常用其英文首字母缩写"TLC"表示，常用于对微量材料进行快速分离，是一个成本低、操作简单、分离效果好的色谱分离法。其具体原理为将固体相（常用硅胶）均匀地涂在薄板（铝或玻璃）上，依靠毛细作用或重力，使流动相通过固体相的一种色谱方法。操作时，将点样后的色谱板置于含有展开剂的展开缸中。待展开剂前沿接近顶端时，将色谱板取出，在紫外灯下显色观察。记录原点至样品中心及展开剂前沿的距离，计算比移值（R_f）：

$$R_f = \frac{原点中心到组分斑点中心的距离}{原点中心到展开剂前沿的距离}$$

其中展开剂的极性以及分离物质在展开剂中的溶解度均对比移值有影响，而待分离物质与固体相的相互作用亦会对比移值产生影响。

三、仪器耗材与试剂

1. 仪器耗材：研钵，分液漏斗，抽滤瓶，硅胶层析板，滤纸，铅笔，毛细管，植物叶片，250mL 锥形瓶，展开缸，紫外灯。

2. 试剂：丙酮，去离子水，石英砂，石油醚，二氯甲烷。

四、实验步骤

1. 称取新鲜的植物叶片（如菠菜）5g，剪取叶柄，将其放入研钵中加入 10mL 的丙酮以及少量石英砂研磨直至组织发白。将混合物进行抽滤，并用少量丙酮冲洗研钵和叶片残渣，合并滤液。

2. 将滤液和 15mL 石油醚以及 30mL 去离子水置于分液漏斗中，晃动倒置分液漏斗，弃去水层，再加入去离子水再次分液，共洗三次。将含色素的石油醚提取液转移至锥形瓶中，即为植物中的色素混合物。

3. 取硅胶层析板在离板边 1.5cm 处用铅笔画一条直线，再用毛细管吸取色素沿着铅笔线处画一条样线，待风干后，多次重复该步骤。将硅胶层析板置于有二氯甲烷溶液的展开缸中，待展开剂升至离板上端 0.5cm 处取出，用紫外灯观察并记录分离情况。

实验所需的分液漏斗，研钵及硅胶层析板如图 8-6 所示。

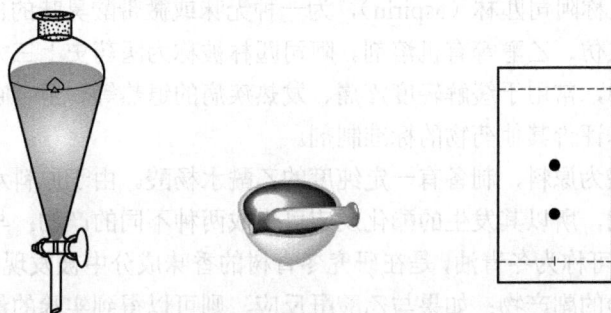

图 8-6 实验所需的分液漏斗、研钵、硅胶层析板

五、数据收集

将实验得到的数据记录在表 8-18 中。

表 8-18 各点的 R_f 值

序号	R_f 值
1	
2	
3	
……	

六、思考题

1. 分液的作用是什么？
2. 为什么用紫外灯可以观察分离情况？
3. 如果样品点低于层析液面会有什么影响？

实验十六　乙酰水杨酸（阿司匹林）的制备

（4 学时）

一、实验目的

1. 通过学习制备乙酰水杨酸，熟悉有机化合物基本的合成、分离以及提纯等基本思路和方法。

2. 巩固重结晶、过滤等基本操作。

二、实验原理

乙酰水杨酸，又称阿司匹林（aspirin），为一种无味或微带酸臭味的白色结晶，在水中溶解度差，但易溶于氯仿、乙醇等有机溶剂。阿司匹林被称为医药史上三大经典药物之一，在近百年的临床应用中，常用于缓解轻度疼痛、发热疾病的退热等。至今它仍然活跃在医药领域，并多作为比较和评价其他药物的标准制剂。

本实验以水杨酸为原料，制备有一定纯度的乙酰水杨酸。由于原料水杨酸同时包含酚羟基和羧基两种官能团，所以其发生的酯化反应可生成两种不同的产物：与过量甲醇反应，可生成水杨酸甲酯，也可称为冬青油，是在研究冬青树的香味成分中被发现的，而在该反应中，水杨酸甲酯是本实验的副产物；如果与乙酸酐反应，则可以得到实验的最终产物阿司匹林。

本实验中以水杨酸（邻羟基苯甲酸）和乙酸酐作为原料，通过乙酰化反应，乙酰基取代水杨酸分子中酚羟基上的氢原子，从而生成乙酰水杨酸。实验中以少量的浓硫酸作为催化剂，其目的主要是破坏水杨酸中的羧基与酚羟基之间形成的氢键，从而使反应更容易进行。

然而在乙酰水杨酸生成的同时，水杨酸分子上的羟基和羧基之间也可以发生酯化反应，其缩聚可导致少量的低聚物甚至聚合物副产物的生成。对此，可以利用副产物和生成物在碳酸氢钠水溶液中的溶解度不同，对其进行分离。

分离后，产物中残留的杂质包含反应未完全的原料水杨酸。此外，在分离产物时，乙酰水杨酸也会发生一定程度的水解反应，也会使反应向逆向进行，从而再次产生水杨酸。所以最终还要通过重结晶的步骤除去残留的水杨酸分子。

水杨酸中的酚羟基可与 $Fe(OH)_3$ 反应从而得到有颜色的配合物，而乙酰水杨酸中不包含酚羟基，所以提纯完成后，可以加入 $Fe(OH)_3$ 水溶液，来验证水杨酸是否已经被完全除去。

合成乙酰水杨酸的反应如图 8-7 所示。

三、仪器耗材与试剂

1. 仪器耗材：锥形瓶，吸滤瓶，布氏漏斗（图 8-8），表面皿，烧杯，试管，玻璃棒，恒温水浴锅，电子天平。

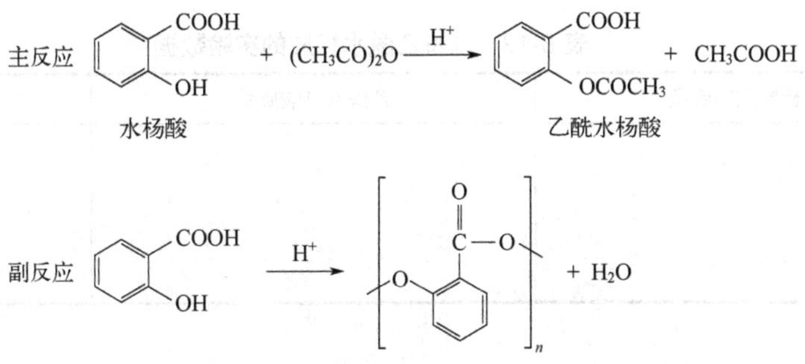
主反应
COOH
OH
+ $(CH_3CO)_2O$
H^+
COOH
$OCOCH_3$
+ CH_3COOH
水杨酸
乙酰水杨酸
副反应
COOH
OH
H^+
O
C
O
O
n
+ H_2O

图 8-7　合成乙酰水杨酸的主反应和副反应

2. 试剂：水杨酸，乙酸酐，碳酸氢钠饱和水溶液，乙酸乙酯，浓硫酸，三氯化铁 1%水溶液，去离子水。

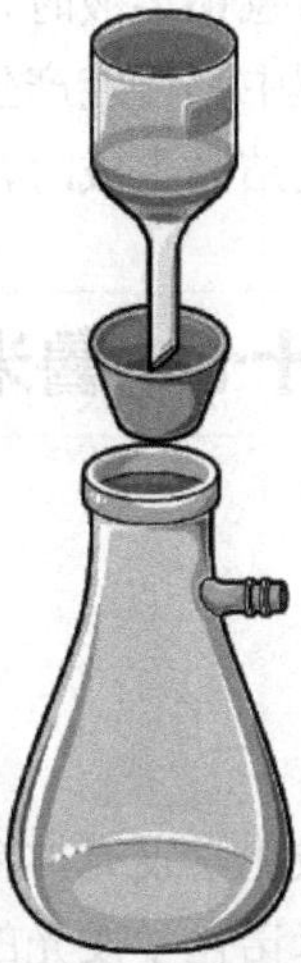

图 8-8　合成乙酰水杨酸实验提纯所需的布氏漏斗

四、实验步骤

1. 取 100mL 的锥形瓶，置入 2.14g（0.015mol）的水杨酸，5mL（5.4g，0.05mol）的乙酸酐以及 4～5 滴的浓硫酸，随即将混合物摇匀至固体全部溶解。将锥形瓶置于 85～90℃的热源上加热 10min 后冷却至室温，并观察是否有结晶生成。如未观察到乙酰水杨酸结晶，用玻璃棒去擦刮容器壁，并可以将锥形瓶置于 0℃的冰水浴进行冷却，直到观察到有白色结晶生成。

2. 向锥形瓶中加入 55mL 去离子水，并继续将体系持续放置于冰水浴中，直至反应体系稳定为 0℃后，对锥形瓶中的混合物进行减压过滤操作，并用过滤后得到的冷的滤液反复淋洗锥形瓶，并多次对滤液进行过滤，直至所有的晶体均被收集到布氏漏斗中。把粗产物转移至表面皿中，风干后称量质量。

3. 将风干后的粗产物转移至 150mL 小烧杯中，边搅拌边加入饱和的碳酸氢钠溶液约 25mL，搅拌至无气泡产生。再次吸滤，并用 5mL 左右的去离子水冲洗漏斗。用洁净的玻璃棒挤压滤饼，使漏斗中的滤液尽可能地抽出。然后用冷水对滤饼进行洗涤，洗涤 3 次后，将水分抽干，最后将固体结晶转移至表面皿上，干燥后进行称量，并对数据进行记录。

4. 取少量结晶加入盛有去离子水的小试管中，滴入 2～3 滴 1%的 $FeCl_3$ 水溶液，观察是否有深色的配合物生成。

最终得到的产物乙酰水杨酸，应为白色针状晶体。计算反应产率，并分析可能使产物损失的原因。

五、数据收集

将实验得到数据记录在表 8-19 中。

表 8-19   制备乙酰水杨酸的实验数据

称量的水杨酸准确质量	乙酰水杨酸质量	产率

六、思考题

1. 加入碳酸氢钠溶液时，为什么会产生气泡？
2. 反应过程中都可能产生哪些副产物？都是如何去除的？
3. 为什么无结晶生成时，可以用玻璃棒摩擦杯壁？

实验十七   鲁米诺的合成和化学发光

（4 学时）

一、实验目的

1. 掌握合成化学发光材料鲁米诺（luminol）的方法。
2. 研究鲁米诺化学发光的条件，了解催化剂、pH 和温度对化学发光现象的影响。
3. 探究不同催化剂对鲁米诺化学发光强度的影响。

二、实验原理

　　化学发光（chemiluminescence）是   种现象，分子通过化学反应被激发到高能态，然后在返回到基态过程中释放出光能，而系统的温度变化相对较小。这一现象在多种应用中非常重要，包括利用这一原理作为紧急和信号光源，以及在高灵敏度的光化学分析中的应用。鲁米诺（luminol），化学名为 3-氨基邻苯二甲酰肼，是一种高效的化学发光试剂，广泛应用于刑事侦查、化学示踪和免疫分析等领域。

　　鲁米诺的化学发光特性在特定条件下尤为显著，例如在存在过氧化氢（H_2O_2）和适当的催化剂（如铁离子或铜离子）时，它能发生化学发光反应。在犯罪现场调查中，鲁米诺试剂对于检测血迹至关重要，因为它能与微量血迹反应，产生明显的蓝色荧光。这一过程涉及鲁米诺的氧化，形成激发态中间体，该中间体在返回基态时以光的形式释放能量。

　　在中性溶液中，鲁米诺通常以偶极离子的形式存在，而在碱性溶液中，它会转变为二价负离子。在氧化剂的作用下，鲁米诺转换和能量释放的过程是其在化学发光分析中应用的基础。其发光反应机理如图 8-9 所示：

　　鲁米诺的合成是通过邻苯二甲酸酐硝化制得 3-硝基邻苯二甲酸，随后与肼反应生成黄色的环状二酰胺，再经硫粉/氢氧化钠还原得到鲁米诺。考虑到实验安全和演示目的，本合成实验只完成最后一步。鲁米诺合成过程如图 8-10 所示。

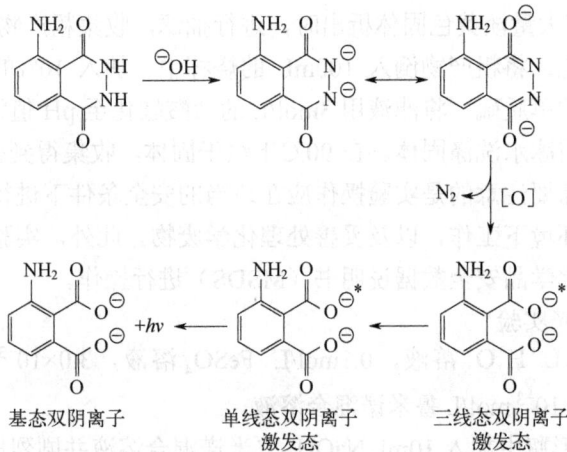

基态双阴离子　　　单线态双阴离子　　　三线态双阴离子
　　　　　　　　　　激发态　　　　　　　激发态

图 8-9　鲁米诺化学发光反应机理

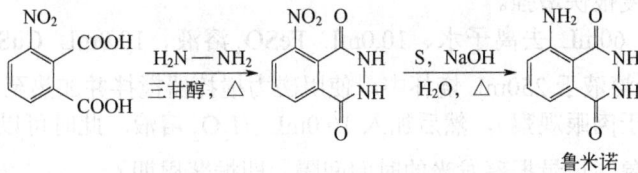

鲁米诺

图 8-10　鲁米诺的合成路线图

三、仪器耗材与试剂

1. 仪器耗材：电子天平，加热套，抽滤装置，移液枪，常压微波合成萃取仪，磁力搅拌器，试管，烧杯，锥形瓶，量筒，滴管，玻璃棒，三颈瓶，pH 试纸，薄层色谱仪。

2. 试剂：3-硝基邻苯二甲酰肼，10% NaOH 溶液，3mol/L 盐酸，10% H_2O_2，浓 H_2SO_4，NaOH，$FeSO_4 \cdot 7H_2O$，硫酸铜，硫粉，去离子水。

四、实验步骤

1. 鲁米诺的合成

（1）反应准备：准确称量 1.4g 3-硝基邻苯二甲酰肼。3-硝基邻苯二甲酰肼是一种有机化合物，通常用作合成试剂。将称量好的化合物置于三颈瓶中。三颈瓶是一种具有三个开口的玻璃反应容器，常用于有机合成实验。

（2）反应混合物的制备：向三颈瓶中加入 1.0g 硫粉，硫是一种常见的无机化合物，可用于多种化学反应。加入 26mL 10%的 NaOH 溶液。

（3）反应过程：在搅拌下加热反应混合物，使其回流 1h。回流是一种加热技术，通过冷凝回流溶剂以保持反应体系中溶剂的量。或使用 400W 的微波辐射加热反应混合物 9min。微波辐射是一种快速加热方法，可以加速化学反应。

（4）反应监测：使用薄层色谱（TLC）监测反应进程。TLC 是一种快速、简单的分析技术，用于检测反应物和产物。

（5）后处理与分离：边搅拌边滴加 3mol/L 的盐酸至反应体系的 pH 值为 6，使用精密 pH

试纸检测 pH 值。当有大量淡黄色固体析出时，进行抽滤，收集粗产物。

（6）粗产物的纯化：将粗产物倒入 100mL 的烧杯中，加入 10%的 NaOH 溶液溶解鲁米诺。抽滤以除去不溶的单质硫。将滤液用 3mol/L 的盐酸酸化至 pH 值为 6，此时会析出大量米黄色固体。抽滤，用冰水洗涤固体。在 90℃下烘干固体，收集得到鲁米诺产物。

在这个过程中，需要注意的是实验操作应在适当的安全条件下进行，包括佩戴个人防护装备、在通风良好的环境下工作，以及妥善处理化学废物。此外，实验中使用的化学品和反应条件应根据具体的化学品安全数据说明书（MSDS）进行操作。

2. 鲁米诺化学发光实验

分别配制 2.0mol/L H_2O_2 溶液，0.1mol/L $FeSO_4$ 溶液，3.0×10^{-3}mol/L $CuSO_4$ 溶液，0.2mol/L NaOH 和 8.0×10^{-3} mol/L 鲁米诺混合溶液。

（1）在 100mL 锥形瓶中加入 10mL NaOH -鲁米诺混合溶液并剧烈振荡，使空气溶入溶液中，在暗处可观察到蓝白色光辉。向上述体系中加入 5mL H_2O_2 溶液后继续振荡，2～3min 后可以看到发光强度很快增强。

（2）分别量取 60mL 去离子水、10.0mL $FeSO_4$ 溶液、10.0mL $CuSO_4$ 溶液和 10.0mL NaOH -鲁米诺混合溶液于 250mL 烧杯中。使用磁力搅拌器搅拌并加热至 45℃（在该温度时现象较明显，有利于肉眼观察），然后加入 10.0mL H_2O_2 溶液。此时可以观察到明显的鲁米诺振荡化学发光现象，记录振荡发光的时间间隔，即振荡周期 t。

（3）探究影响鲁米诺振荡化学发光反应的因素。控制加入的 $FeSO_4$ 溶液和 $CuSO_4$ 溶液的体积，研究离子浓度对振荡周期的影响。

（4）尝试根据阿伦尼乌斯公式 $\ln t = \ln A - E_a / (RT)$，计算表观活化能 E_a。

五、思考题

1. 为什么鲁米诺合成若是在碱性条件下进行，生成的鲁米诺不会发光？
2. 试分析影响鲁米诺发光强度的主要因素？

实验十八　溶胶凝胶法制备 TiO_2 纳米材料

（8 学时）

一、实验目的

1. 了解二氧化钛纳米材料在能源领域的应用。
2. 掌握溶胶-凝胶法制备纳米材料的原理与实验方法。
3. 掌握影响凝胶形成的因素和控制方法。

二、实验原理

二氧化钛（TiO_2），也称钛白粉，是一种广泛使用的无机化合物，其以独特的物理和化学性质而闻名。纳米 TiO_2 是指颗粒直径在 100nm 以下的 TiO_2，其禁带宽度为 3.2eV，具有优异的半导体特性、良好的化学稳定性和热稳定性，被广泛用于传感、催化、环境净化等多个领域。

纳米 TiO_2 的制备方法有很多种，其中溶胶-凝胶法因其反应条件温和、易于掺入微量元素等特点而得到广泛的应用。溶胶-凝胶法是指无机物或者金属醇盐等前体通过水解缩合反应逐步从溶液变为溶胶、凝胶，又经干燥、焙烧形成纳米级氧化物固体的方法。近年来，溶胶-凝胶法在玻璃、功能陶瓷粉料、氧化物涂层、半导体介电材料等领域得到很成功的应用。溶胶-凝胶法的优点在于它能够在较低的温度下制备出具有分子乃至纳米亚结构的材料，且能够精确控制材料的组成和结构。这种方法为纳米 TiO_2 等材料的合成提供了一种有效的途径。

采用溶胶-凝胶法制备纳米 TiO_2 粒子，是指以钛酸四丁酯为前体，使其通过水解和缩聚反应逐步形成溶胶、凝胶，再通过热处理将凝胶转化为纳米 TiO_2。其中，所涉及的反应如下：

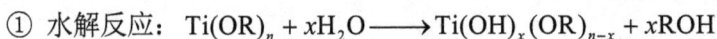

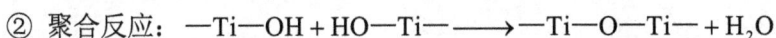

① 水解反应：$Ti(OR)_n + xH_2O \longrightarrow Ti(OH)_x(OR)_{n-x} + xROH$

② 聚合反应：$-Ti-OH + HO-Ti- \longrightarrow -Ti-O-Ti- + H_2O$

$$-Ti-OR + HO-Ti- \longrightarrow -Ti-O-Ti- + ROH$$

在溶胶-凝胶法中，氧化物的结构和形态的形成是一个复杂的过程，它依赖于水解和缩聚反应的相对程度。金属醇盐前体在溶剂中溶解后，首先发生水解反应，生成金属羟基化合物。这个反应通常是通过添加水或催化剂（如酸或碱）来促进的。随着水解反应的进行，金属羟基化合物之间进一步发生缩聚反应，形成金属-氧-金属桥接的聚合物链。当这些桥接的聚合物链增长到一定程度时，它们开始相互连接，形成三维网状结构。这个网状结构在宏观上达到一定尺寸时，会使溶胶失去流动性，从而形成凝胶。凝胶中的溶剂随后被移除，通常通过干燥过程除去。从而导致凝胶收缩，形成更为紧密的网状结构。最后，凝胶经过高温烧结，溶剂和有机残余物被彻底移除，留下氧化物的最终结构。在整个过程中，控制水解和缩聚反应的条件（如 pH 值、温度、反应时间、前体浓度等）对于调节最终产物的形态和结构至关重要。通过精细调控这些参数，可以获得具有特定形态和尺寸的氧化物纳米材料，这些特定形态和尺寸对于材料的性能有着直接的影响。

三、仪器耗材与试剂

1. 仪器耗材：量筒，烧杯若干，移液枪，封口膜，磁力搅拌器，表面皿，塑料滴管，超声清洗机，坩埚，鼓风干燥箱，马弗炉。

2. 试剂：钛酸四丁酯，无水乙醇，冰醋酸，10%（体积分数）盐酸，去离子水。

四、实验步骤

1. 对所需的玻璃器皿进行清洗及烘干（未烘干会影响实验结果）。

2. 用量筒量取 35mL 无水乙醇，加入烧杯中。

3. 用移液枪量取 10mL 钛酸四丁酯，逐滴加入到无水乙醇中，用封口膜缠绕烧杯口将其密封，避免钛酸四丁酯与湿的空气接触导致水解。将上述醇溶液强力搅拌 10min，使原料混合均匀，形成黄色澄清溶液 a。

4. 另取一烧杯，加入 35mL 无水乙醇，然后量取 2mL 冰醋酸、10mL 去离子水，快速加入乙醇中，剧烈搅拌，形成溶液 b。

5. 逐滴滴加体积分数为 10% 的盐酸于溶液 b 中，调节溶液的 pH 值使 pH 值=3。

6. 在剧烈搅拌下，将溶液 a 缓慢滴入溶液 b 中，滴加速率约为 3mL/min。

7. 滴加结束后可观察到溶液呈浅黄色，继续剧烈搅拌，直到溶液逐步变为透明且均匀的白色凝胶。反应终点可通过倾斜烧杯的方法判定，若倾斜烧杯时凝胶不流动，即反应结束。凝胶形成的时间约为 1h，通过调节 pH 值可改变成胶时间。

8. 将所得凝胶转移到表面皿中，并置于 80℃ 鼓风干燥箱中干燥 5～6h 除去水分。

9. 将干燥后的凝胶装在坩埚内，然后放入马弗炉中，在 550℃ 下保温 2h，升温速率设为 5℃/min。保温结束后自然冷却至室温，得到二氧化钛粉末。

10. 实验完成后，清洗实验容器，收拾台面。

五、思考题

1. 除了溶胶-凝胶法，TiO_2 纳米材料还有哪些制备方法？

2. TiO_2 纳米材料的表征手段有哪些，可以得到其什么性质？

3. 溶胶-凝胶法制备纳米氧化物过程中，哪些因素影响产物的粒子大小及其分布？

4. 本实验中，乙醇的作用是什么？

实验十九　金溶胶的合成及性质测试

（4 学时）

一、实验目的

1. 了解金溶胶的性质及应用。

2. 掌握金溶胶的合成原理及方法。

3. 掌握 pH 计、紫外可见分光光度计、磁力搅拌器等设备的正确使用方法。

4. 通过测定不同浓度的金溶胶样品的吸光度，加深对朗伯-比尔定律的理解。

二、实验原理

"胶体"最早是由英国科学家 T.Graham 于 1861 年提出的，胶体是指具有高度分散的分散体系。分散体系一般是指将一种或者数种物质分散在另一种物质中所构成的体系。在胶体中含有两种不同状态的物质，被分散的物质称为分散质，起分散作用的物质称为分散介质。胶体中分散质的颗粒大小在 1～100nm，属于非均相分散体系。胶体分散体系包括溶胶和缔合胶体。

金溶胶是一种多功能纳米材料，它在传感器技术、生物医学诊断以及工业催化等多个领域展现出重要作用。这种材料的化学稳定性和生物相容性使其在与生物组织接触时表现出低毒性和良好的耐受性。此外，金溶胶的光学性质，特别是其表面等离子体共振效应，赋予了其能在光学传感器中有独特应用，例如在早孕试纸等快速检验试纸中的应用，这些试纸利用金溶胶的光学变化来检测特定的生物标志物。金溶胶的催化性能也使其能在化学反应中作为催化剂，提高反应速率和效率。因此，金溶胶的这些特性综合起来，为其在现代科技和工业中的广泛应用提供了坚实的基础。

实验室制备金溶胶常用的方法是化学还原法，其制备过程简单，重现性好，且合成得到的金溶胶尺寸和形态十分稳定。利用具有还原性的无机或有机物（如过氧化氢、硼氢化钠、柠檬酸钠等）在室温或者加热条件下还原氯金酸获得金纳米粒子，反应式如下：

$$AuCl_4^- + 3e^- \longrightarrow Au(s) + 4Cl^-$$

因尺寸减小到纳米大小，金溶胶的很多性质与块体金材料不一样，较明显的是颜色变化，不同尺寸的金纳米粒子由于光吸收性的不同，呈现出不同的颜色，如金纳米颗粒尺寸在 $10 \sim 20nm$ 时，因表面等离子共振吸收效应而呈现紫红色。

此外，金溶胶具有与其他胶体一样的性质，如动力性质、电学性质与光学性质。光学性质中较明显的是丁达尔效应，当入射光的波长大于分散质粒子的尺寸时，能观察到一条光的"通路"，这是光散射现象的结果。

本次实验利用金溶胶的颜色特性，通过紫外可见分光光度计测定金溶胶的吸光度，运用朗伯-比尔定律求算金溶胶的浓度。

用一束平行单色光照射溶液，其中一部分光能被吸收，另一部分光能则透过溶液。设入射光的强度为 I_0，吸收光的强度为 I_a，透射光的强度为 I_t，则

$$I_0 = I_a + I_t \tag{8-22}$$

溶液对光的吸收程度，与溶液的浓度、液层厚度及入射波长等因素有关。假设入射光保持不变，则溶液对光的吸收程度只与溶液的浓度及液层厚度有关。

用一束强度为 I_0 的平行单色光垂直照射液层厚度为 L，浓度为 c 的溶液时，由于一部分光被溶液中的分子吸收，通过溶液后光的强度减弱为 I_t，则

$$A = \lg \frac{I_t}{I_0} = \varepsilon L c \tag{8-23}$$

式中，A 为吸光度，是无量纲的；ε 为吸收物种的吸收系数。A 越大，说明溶液对光的吸收越强，ε 值随 L、c 所取单位不同而异。

三、仪器耗材和试剂

1. 仪器耗材：电子天平，加热式磁力搅拌器，磁转子，紫外可见分光光度计（包含石英比色皿），pH 计，移液器，激光笔，锥形瓶，容量瓶（50mL），烧杯，锡纸。

2. 试剂：氯金酸溶液（浓度待测），柠檬酸钠（1kg/L），HCl 溶液，去离子水。

四、实验步骤

1. 清洗器皿

用清水清洗所需的玻璃器皿后，用去离子水冲洗三遍，再用稀盐酸溶液浸泡锥形瓶约 10min，用去离子水冲洗干净后迅速烤干。

2. 合成金溶胶原液

（1）用移液器准确移取 50mL HAuCl₄ 溶液装入容积为 100mL 的锥形瓶中，加入磁转子，用锡纸将锥形瓶瓶口密封，将其置于加热式磁力搅拌器上加热搅拌至 100℃煮沸。

（2）小心揭开锡纸，迅速向上述沸腾的 HAuCl₄ 溶液中加入 1mL 1kg/L 的柠檬酸钠溶液，并立即用锡纸将锥形瓶口密封，继续在 100℃下加热搅拌 20min，最终得到金溶胶原液（标记为 1 号样品），实验过程中注意观察溶液颜色的变化。

（3）用激光笔初判金溶胶原液是否有丁达尔效应。

（4）金溶胶原液冷却至室温后，用移液器量取原液体积，若不足 50mL，需加去离子水补充至 50mL。

3. 配制不同浓度的金溶胶样品

用移液器分别移取 15mL、10mL、5mL、2mL 金溶胶原液置于四个容量瓶（标记为 2、3、4、5 号样品）中，定容至 50mL，备用；金溶胶原液直接使用。

4. 测量金溶胶原液（1 号样品）的 pH 值

5. 测量不同浓度金溶胶样品的吸光度

（1）比色皿需用去离子水冲洗并用待测样品润洗。

（2）测量不同浓度金溶胶样品的吸光度：用紫外可见分光光度计分别测量 1～5 号样品的吸光度 A，并作出 A-c 的曲线图（注意需加一个去离子水参比溶液）。

五、数据收集

1. 数据记录

将实验所得数据记录在表 8-20 中。

表 8-20 合成金溶胶实验的数据

金溶胶样品编号	L/cm	c/(g/L)	A	ε/[L/(g·cm)]
1				
2				
3				
4				
5				

2. 作出 A-c 的线性关系图

六、思考题

1. 合成金溶胶的过程中，柠檬酸钠溶液起什么作用？柠檬酸钠溶液的加入量对金溶胶的尺寸有无影响？

2. 如何快速地鉴别真溶液、大分子溶液和溶胶？请阐述原因。

3. 本次实验使用紫外可见分光光度计测定金溶胶样品的吸光度，能否使用玻璃吸收池（比色皿）？为什么？

实验二十 水凝胶的制备和性能测试

（4 学时）

一、实验目的

1. 掌握水凝胶的交联方法和修复机理。
2. 学习使用电子万能试验机测试水凝胶的机械性能。
3. 掌握水凝胶的自愈性能和可塑性能的测试方法。

二、实验原理

水凝胶（hydrogel）是一种具有三维网络结构的亲水性凝胶，它具备在水中迅速溶胀并维持大量水组分而不发生溶解的能力。这种材料的吸水性与其三维网络结构中的交联度有着直接的关系：较低的交联度导致较高的吸水量，而较高的交联度则相反，吸水量较低。水凝胶的这种特性使其在一定程度上模拟了软组织的物理行为。水凝胶中的水分含量极易变化，可以从低至百分之几到高达 99%。在物理状态上，水凝胶表现出既非完全固体也非完全液体的特性：它们在一定条件下能够保持特定的形状和体积，表现出固体的性质，同时溶质也能在其中扩散或渗透，展现出液体的行为。例如，日常生活中使用的退热贴就是基于水凝胶的这些特性来设计的。

水凝胶是通过化学交联或物理交联方法制备的一类能够在水中溶胀的高分子材料。这些高分子材料根据其来源可以分为天然和合成两大类。天然亲水性高分子主要包括多糖类（如淀粉、纤维素、海藻酸、透明质酸、壳聚糖等）和多肽类（如聚 L-赖氨酸、聚 L-谷氨酸等）。而合成亲水性高分子则包括醇类、丙烯酸及其衍生物类（例如聚丙烯酸、聚甲基丙烯酸、聚丙烯酰胺、聚 N-取代丙烯酰胺等）。这些高分子材料在交联后形成的水凝胶具有不同的物理和化学特性，适用于多种应用领域。

水凝胶的交联方式如图 8-11 所示。

具有自修复能力的水凝胶，能够在受到损伤后恢复到原始状态，这一特性使其在多个领域，如生物医药、表面处理和柔性电子设备等，展现出巨大的应用潜力。这种自修复过程通常发生在水溶液环境中，这得益于水凝胶的聚合网状结构中存在的可逆且强效的物理相互作用。这些相互作用包括静电相互作用、氢键、疏水作用以及主客体相互作用等。当水凝胶受到外力或损伤时，这些可逆的相互作用使得网络结构能够在适当条件下重新连接，从而实现自我修复。这种独特的性质为设计智能材料和系统提供了重要的基础。

本次实验中，如图 8-12 所示，在水凝胶的制备中，聚乙烯醇（PVA）-硼酸酯作为第一网络，而琼脂糖作为第二网络，共同构成了一种具有自修复能力的双网络结构。硼酸能够与 PVA 中的羟基形成络合物，产生大量的动态共价键。这些动态共价键地快速断裂与复原是凝胶自修复的关键。由于硼酸酯键的可逆性，PVA 链在水凝胶中仍然保持一定的流动性，这使得 PVA-硼酸酯水凝胶在机械性能上相对较弱，稳定性有限。为了克服这些限制，引入琼脂糖构建的第二网络是有效的策略。当溶液冷却时，琼脂糖通过氢键形成交联的聚合物网络，同时与 PVA 形成氢键，增强了凝胶的整体稳定性和形状保持能力。这种基于双网络的水凝胶在自修复性能和机械强度上都表现出色，适用于多种应用场景。

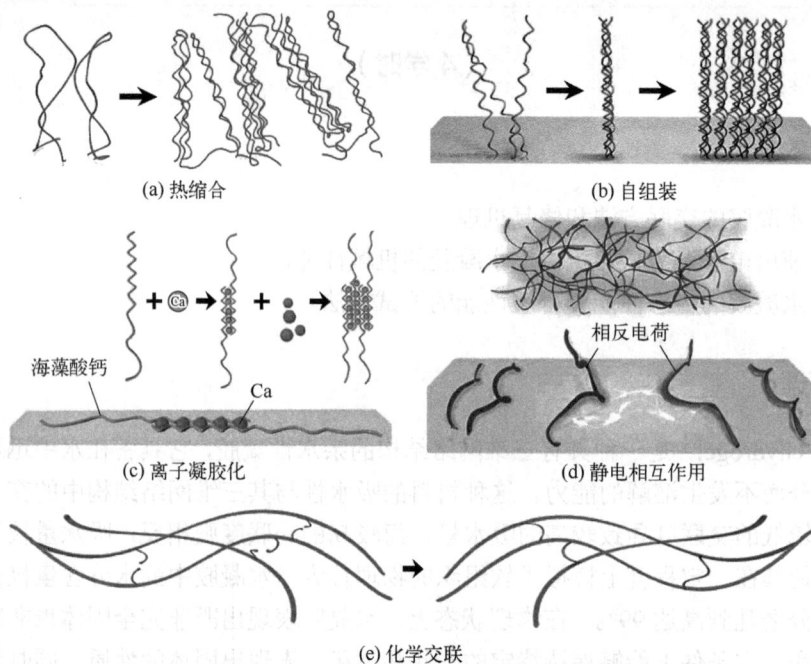

(a) 热缩合

(b) 自组装

海藻酸钙

Ca

(c) 离子凝胶化

相反电荷

(d) 静电相互作用

(e) 化学交联

图 8-11　水凝胶的交联方式（另见文后彩图）

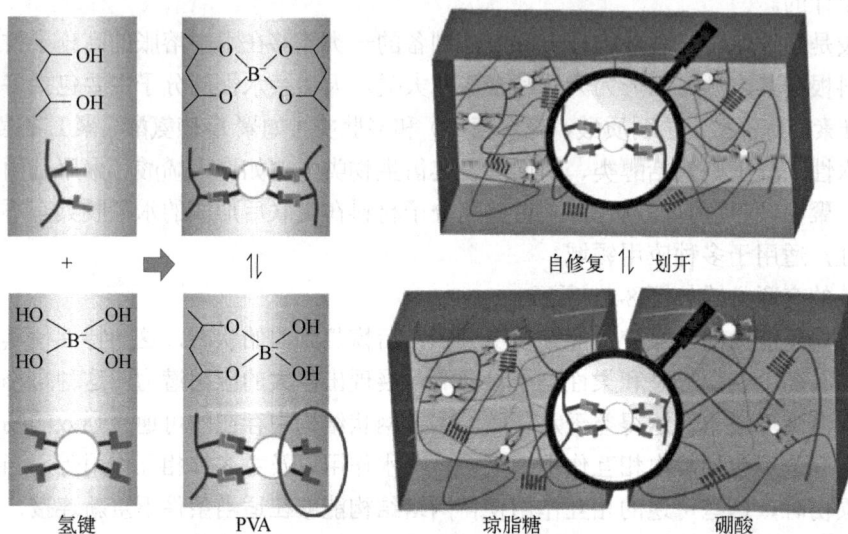

氢键　　　　PVA　　　　琼脂糖　　　　硼酸

自修复　划开

图 8-12　琼脂糖/PVA 水凝胶的制备和自修复机理示意图（另见文后彩图）

三、仪器耗材与试剂

1. 仪器耗材：力学性能试验机，万用表，电热恒温鼓风干燥箱，电子天平，油浴锅，电热恒温鼓风干燥箱，烧瓶，烧杯，小刀，量筒，模具等。

2. 试剂：聚乙烯醇（PVA，低黏度型），十水合四硼酸钠（硼砂），琼脂糖，去离子水。

四、实验步骤

1. PVA 基水凝胶的制备

首先，称量 10g PVA 和 0.5g 琼脂糖，加入 40mL 去离子水搅拌溶解。将前述溶液置于 90℃ 的热水浴中并搅拌 2h，确保溶解完全，可得琼脂糖-PVA 溶液。随后将溶液转移到烧杯中，加入 40mL 0.04mol/L 的硼砂溶液并搅拌均匀。溶液的黏度会随着硼砂的加入逐渐增加，并最终形成凝胶。接下来，将凝胶注入模具中进行成型，成型完成后，将其放入 70℃ 的电热恒温鼓风干燥箱中干燥 90min。取出后，在室温下自然冷却 30min，最终得到所需的样品。

2. 机械性能测试

使用万能试验机对水凝胶的力学性能进行测量。为此，制备尺寸为 5cm×1.3cm×0.5cm 的水凝胶样品。在测试过程中，将样品夹持在拉伸机上，并以 100mm/min 的拉伸速率进行拉伸，以获得拉伸强度数据。为了确保数据的准确性，对 5 个平行样品进行测量，并取其平均值。

3. 自愈性能测试

将水凝胶样品随机切成两半，然后将这两部分水凝胶的切口分别与空气和水接触，观察其自愈合能力。注意，在愈合过程中，不施加任何额外的压力或外部刺激。在经过相同的时间后，对水凝胶进行再次拉伸试验，以评估其愈合效果。

4. 可塑性能测试

将水凝胶加热至 90℃，然后将其放置在不同形状的模具中，并静置 30min 自然冷却，观察其在不同条件下的可塑性能，确定水凝胶在高温条件下的稳定性。

五、思考题

1. 讨论琼脂糖/PVA 水凝胶的自修复机理。
2. 为什么琼脂糖/PVA 水凝胶在空气中愈合速度比在水中要快？
3. 查阅相关文献资料，除了本实验中的水凝胶，你还接触过或了解过哪些类型的水凝胶？

实验二十一　水硬度的测定

（4 学时）

一、实验目的

1. 了解水硬度测定的意义，掩蔽干扰离子的条件及方法。
2. 学习配位滴定法的原理并学会用配位滴定法测定水中钙、镁含量。
3. 掌握铬黑 T、钙指示剂的使用条件和滴定终点变化。

二、实验原理

水硬度一般是指水中钙、镁离子的含量，通常分为暂时硬度和永久硬度。其中，暂时硬度主要由钙、镁的碳酸氢盐形成，可通过加热除去；永久硬度则由钙和镁的硫酸盐、硝酸盐或氯化物等盐类形成，不能用加热分解的方式除去。水硬度的表示方法有多种，如德国度、法国度、美国度、英国度等，它们都是将水中的钙、镁离子含量换算成相应的 CaO 或 $CaCO_3$ 的质量来表示，我国通常采用 1L 水中含有相应碳酸钙 $CaCO_3$ 的质量（mg）来表示，生活用水中 $CaCO_3$ 含量不得超过 450mg/L。

水硬度的测试对于工业和生活用水都非常重要。水硬度高可能会影响工业设备的效率和使用寿命，同时也会影响洗涤效果，危害人体健康。因此，水硬度是水质检测分析的重要指标，通过标准化的测试方法，可以确保水的适用性和安全性。

实验室常用乙二胺四乙酸（EDTA）络合滴定法测试水硬度值，EDTA 是乙二胺四乙酸（ethylenediamine tetraacetic acid）的缩写，它是一种多齿配体，含有多个羧基和氨基，这些官能团可以提供多个配位点，能够与金属离子形成稳定的螯合物，从而减少自由金属离子的浓度。EDTA 滴定法是实验室常用的检测水样中金属离子浓度的分析化学方法。此方法使用设备简单、快速。

1. 总硬度的测定：在水样中加入 NH_3-NH_4Cl 缓冲溶液，使体系 pH 值调节至 10 左右，随后加入铬黑 T 作为指示剂，此时水样中的钙离子和镁离子立刻与铬黑 T 指示剂形成络合物，溶液从无色转变成酒红色，开始用 EDTA 进行滴定。随着 EDTA 的滴入，金属离子与其形成更稳定的螯合物，因此铬黑 T 指示剂被释放出来游离在溶液中，使溶液颜色逐渐从酒红色转变成蓝色，当溶液颜色变成纯蓝色即为滴定终点。通过滴定过程消耗的 EDTA 溶液的体积即可计算出水样的总硬度。

2. 钙硬度的测定：在水样中加入 NaOH 溶液，使体系呈强碱性，调节 pH 值为 13 左右，目的是使镁离子以氢氧化物沉淀的形式存在，不参与滴定反应。随后加入钙指示剂，此时溶液呈酒红色。用 EDTA 开始滴定，直至溶液从酒红色变为纯蓝色即为滴定终点。通过滴定反应所消耗的 EDTA 的体积即可计算出水样中钙离子的含量，从而求出钙硬度。

3. 镁硬度的测定：由总硬度与钙硬度差减法计算而得。

本实验滴定时用三乙醇胺掩蔽 Fe^{3+}、Al^{3+}、Ti^{4+}；以 Na_2S 掩蔽 Cu^{2+}、Pb^{2+}、Zn^{2+}、Cd^{2+}、Mn^{2+}等干扰离子，消除对铬黑 T 指示剂的掩蔽作用。（掩蔽是指干扰的离子或分子不需进行分离，只需加入某些试剂使其与干扰的离子或分子发生化学反应，比如形成络合物，即可不再干扰分析反应的过程。）

三、仪器耗材与试剂

1. 仪器耗材：滴定管（50mL，通用型），锥形瓶（250mL，3 个），容量瓶（250mL，1 个），具嘴烧杯（50mL、100mL），移液管（25mL），表面皿，量筒（5mL、100mL），洗瓶，玻璃棒，一次性滴管，洗耳球，电子天平，电加热器。

2. 试剂：EDTA 溶液（乙二胺四乙酸二钠盐溶液，约 0.01mol/L，需标定），$CaCO_3$（固体），三乙醇胺溶液（200g/L），盐酸（浓盐酸与水体积比 1∶1），镁溶液（0.5%质量分数），NaOH 溶液（10%质量分数），钙指示剂（粉末），Na_2S 溶液（20g/L），NH_3-NH_4Cl 缓冲溶液

（pH=10），铬黑 T 指示剂（0.5%质量分数），去离子水，自来水。

四、实验步骤

1. 0.01mol/L 钙标准溶液的配制

用电子天平称取 0.2500g $CaCO_3$（准确记录实际质量）置于具嘴烧杯内，加入几滴水使 $CaCO_3$ 湿润形成糊状。盖上表面皿。通过杯嘴用滴管沿着杯壁慢慢把盐酸（3～5mL）滴进烧杯中使 $CaCO_3$ 溶解。注意不可使反应过于剧烈而造成飞溅。可用手指按住表面皿同时轻轻转动烧杯底加速 $CaCO_3$ 的溶解，并将可能溅到表面皿上的溶液用少量去离子水淋洗入杯中，加 20mL 去离子水，小火加热溶液微沸约 1～2min，除去 CO_2，冷却后转移入 250mL 容量瓶中，加水稀释至刻线，定容、摇匀。

2. EDTA 标准溶液的标定

用烧杯接取适量 EDTA 溶液（35～50mL），移液管移取 25.00mL 钙标准溶液于锥形瓶中，量取约 25mL 去离子水，加入锥形瓶内；依次向锥形瓶加入 2mL 镁溶液（滴定终点判断：酒红色变到纯蓝色。如只有钙离子，终点为溶液颜色由酒红色变到纯蓝色）、5mL NaOH 溶液（10%质量浓度）、0.001g（约）钙指示剂，合并摇匀。用 EDTA 溶液进行滴定，直至溶液颜色由酒红色变至纯蓝色时即为终点。记录所消耗的 EDTA 溶液的体积，平行滴定 3 次。

3. 水样总硬度的测定

移取自来水水样 25.00mL 于锥形瓶中，依次向锥形瓶加入 5mL 三乙醇胺溶液、5mL NH_3-NH_4Cl、1mL Na_2S、铬黑 T 指示剂（2～4 滴），摇匀，用 EDTA 标准溶液滴定至溶液由酒红色至纯蓝色即为终点，记录所消耗 EDTA 溶液的体积，平行滴定 3 次。

4. 钙硬度测定

移取自来水水样 25.00mL 于锥形瓶中，加入 1mL NaOH 溶液，摇匀；再加入约 0.001g（约）钙指示剂，用 EDTA 溶液滴定至锥形瓶溶液由酒红色至纯蓝色为终点。记录所消耗 EDTA 溶液的体积，平行滴定 3 次。

5. 镁硬度计算（差减法）

6. 整理实验仪器及台面

五、数据收集与计算

1. EDTA 浓度的标定

$$c_{EDTA} = \frac{c_{Ca} \times V_{Ca}}{V_{EDTA}} \tag{8-24}$$

式中 c_{EDTA} ——待标定 EDTA 溶液的浓度，mol/L；

       c_{Ca} ——钙标准溶液的浓度，mol/L；

       V_{Ca} ——钙标准溶液的体积，mL；

       V_{EDTA} ——消耗 EDTA 溶液的体积，mL。

2. 计算总硬度

$$总硬度 = \frac{V_{1EDTA} \times c_{EDTA} \times M_{CaCO_3} \times 1000}{V_{水样}} \tag{8-25}$$

式中　V_{1EDTA}——消耗 EDTA 的体积，mL；

　　　c_{EDTA}——EDTA 溶液的浓度，mol/L；

　　　M_{CaCO_3}——碳酸钙的摩尔质量，g/mol；

　　　$V_{水样}$——自来水水样的体积，mL。

$$钙硬度 = \frac{V_{2EDTA} \times c_{EDTA} \times M_{Ca} \times 1000}{V_{水样}} \tag{8-26}$$

式中　V_{2EDTA}——消耗 EDTA 的体积，mL；

　　　c_{EDTA}——EDTA 溶液的浓度，mol/L；

　　　M_{Ca}——钙的摩尔质量，g/mol；

　　　$V_{水样}$——自来水水样的体积，mL。

$$镁硬度 = \frac{c_{EDTA} \times (V_{1EDTA} - V_{2EDTA}) \times M_{Mg} \times 1000}{V_{水样}} \tag{8-27}$$

式中　M_{Mg}——镁的摩尔质量，g/mol。

六、注意事项

1. 掩蔽剂要在指示剂之前加入。

2. 络合滴定较酸碱反应慢得多，故滴定速度要慢，特别是临近终点时应逐滴加入，并充分摇动，否则会使终点过早出现，结果偏低。

3. 水样中加缓冲溶液后，为防止 Ca^{2+}、Mg^{2+} 产生沉淀，必须立即滴定，在 5min 之内完成。

4. 废液分类回收并记录。

七、思考题

1. 为什么测定钙、镁总量时，要控制 pH=10？叙述它的测定条件。

2. 测定总硬度时，溶液中发生了哪些反应，它们如何竞争？

3. 如果待测液中只含有 Ca^{2+}，能否用铬黑 T 为指示剂进行测定？

4. 测定钙硬度时，为什么加 NaOH 溶液使溶液的 pH=12~13？叙述它的测定条件。

5. 如果水样中含有 Al^{3+}、Fe^{3+}、Cu^{2+}，能否用铬黑 T 指示剂进行测定？如果可以，实验应该如何做？

实验二十二　DNS 法测定淀粉水解产物的含量

（4 学时）

一、实验目的

1. 掌握淀粉水解的反应及水解产物。

2. 掌握利用 DNS 法测定还原糖含量的方法。

二、实验原理

淀粉是生物质糖的一种，是葡萄糖分子聚合而成的高分子碳水化合物，分子式为 $(C_6H_{10}O_5)_n$。在酸的催化作用下，淀粉在水溶液中会发生水解反应，高分子的淀粉会分解成葡萄糖，反应式（8-28）为：

$$(C_6H_{10}O_5)_n + nH_2O \longrightarrow n(C_6H_{12}O_6) \qquad (8\text{-}28)$$

但葡萄糖在持续的反应中，会经过异构化反应转化成果糖，并继续在酸的催化下脱水得到 5-羟甲基糠醛，再经过水合反应降解生成甲酸和乙酰丙酸。

为了测定淀粉的水解产物葡萄糖的含量，本实验使用 DNS（二硝基水杨酸）法进行测定，并绘制葡萄糖含量的标准曲线，进而得到水解产率。

DNS 法是一种基于氧化还原反应的比色法，用于测定还原糖含量。其原理如下：在碱性和煮沸条件下，二硝基水杨酸与还原糖反应生成棕红色的 3-氨基-5-硝基水杨酸。在一定浓度范围内，随着还原糖含量的增加，3-氨基-5-硝基水杨酸的颜色越来越深。利用紫外可见分光光度计测试可发现，3-氨基-5-硝基水杨酸在 540nm 处显示出较大的光吸收峰，并且该吸收峰越高，3-氨基-5-硝基水杨酸的颜色越深。需要注意的是，3-氨基-5-硝基水杨酸的颜色只与还原基团的数量有关，而与还原糖的种类无关，因此当多糖水解产生多种还原糖时，可以用 DNS 法来测定该体系中的还原糖含量。

三、仪器耗材与试剂

1. 仪器耗材：三口圆底烧瓶，回流冷凝管，油浴锅，水浴锅，温度计，磁力搅拌子，电子天平，分光光度计，移液枪，1L 容量瓶，100mL 容量瓶，50mL 容量瓶，25mL 容量瓶，100mL 烧杯，50mL 锥形瓶，玻璃样品瓶，碱式滴定管，量筒，烧杯，药勺若干，比色皿。

2. 试剂：可溶性淀粉，H_2SO_4 溶液（0.5mol/L），NaOH 溶液（2mol/L），苯酚，葡萄糖溶液（1mg/mL），二硝基水杨酸，酒石酸钾钠，亚硫酸钠，酚酞试剂，去离子水。

四、实验步骤

1. 将 250mL 0.5mol/L 的 H_2SO_4 溶液小心地倒入 500mL 三口圆底烧瓶中，然后加入磁力搅拌子。

2. 搭建实验装置，并将烧瓶浸入油浴中，然后向回流冷凝管中通入冷却水，打开油浴加热将 H_2SO_4 溶液预热至 90℃。

3. 将 12.5g 淀粉小心加入三口圆底烧瓶中，并记为反应开始时间。

4. 观察淀粉在 H_2SO_4 溶液中的变化，分别在反应开始后的 20min、40min、60min、90min 和 120min 取 5mL 水解液样品于 10mL 的玻璃样品瓶中，马上塞紧瓶盖并在冷油浴中使之迅速冷却至室温。

5. 对于步骤 4 中不同反应时间得到的水解液，分别按以下方法进行处理：用移液枪准确量取水解液 2mL，放入 50mL 锥形瓶中，并加入 9mL 去离子水和 1 滴酚酞试剂，用 2mol/L NaOH 溶液中和至溶液呈微红色，并定容到 50mL 待测。

6. 取完最后一个样品后关闭加热并停止磁力搅拌；取出三口圆底烧瓶，冷却反应液后清洗三口圆底烧瓶，收拾实验台面。

7. DNS 试剂的准备：将 182g 酒石酸钾钠充分溶于 0.5L 的热水中，再依次加入 6.3g 二硝基水杨酸、0.262L 2mol/L 的氢氧化钠、苯酚和亚硫酸钠各 5g，充分搅拌使所有原料在热水中溶解。然后将溶液自然冷却，倒入 1L 的容量瓶中定容。最后将得到的试剂倒入棕色瓶中储存 1 周后使用（此步骤可由实验教师提前准备好）。

8. 用 DNS 法测定和绘制葡萄糖含量的标准曲线。如表 8-21 所示，用移液枪量取一定量的浓度为 1mg/mL 的葡萄糖标准液、去离子水和 DNS 试剂加入玻璃样品瓶中，混合均匀后放入沸水浴中加热 5min，然后取出迅速冷却至常温，将冷却后的溶液倒入 25mL 容量瓶中定容。量取 3mL 定容后的溶液加入比色皿中，在 540nm 波长下测定吸光度，并将数值记录到表 8-21 中。根据以上方法，依次配制不同葡萄糖含量的反应液并测定葡萄糖的含量，将吸光度值记录到表格中，绘制葡萄糖含量的标准曲线。

9. 测定各水解液样品中的葡萄糖含量并计算水解得率。测定时，将 1mL 经 NaOH 中和后的水解液、1mL 去离子水、1.5mL DNS 试剂混合均匀，在沸水浴中加热 5min，然后取出迅速冷却至常温，倒入 25mL 容量瓶中定容。量取 3mL 定容后的溶液加入比色皿，在 540nm 波长下测定吸光度，并将数值记录到表 8-22 中。根据样品的吸光度值，用标准曲线公式计算相应的葡萄糖含量。

表 8-21　葡萄糖标准曲线测试记录表

管号	1mg/mL 葡萄糖标准液体积/mL	去离子水体积/mL	DNS 试剂体积/mL	葡萄糖含量/mg	吸光度值
0	0	2	1.5	0	
1	0.2	1.8	1.5	0.2	
2	0.4	1.6	1.5	0.4	
3	0.6	1.4	1.5	0.6	
4	0.8	1.2	1.5	0.8	
5	1.0	1.0	1.5	1.0	

五、数据收集

表 8-22　葡萄糖含量测定记录表

编号	样品反应时间	吸光度	葡萄糖含量
1	20min		
2	40min		
3	60min		
4	90min		
5	120min		

六、注意事项

1. 磁力搅拌子应小心从三口圆底烧瓶口侧面滑入，避免直接竖直投入其中。开启搅拌时一定要缓慢，避免直接将转速调高。

2. 加入淀粉的时候应尽量避免将淀粉沾到三口圆底烧瓶内壁。

3. 搭建实验装置时一般从下往上，从左往右搭建。玻璃仪器注意轻拿轻放，磨口处可涂抹少量凡士林（注意不能涂抹过多凡士林）。

4. 冷凝水应保证下进上出，并避免将水滴入油浴锅。

七、思考题

1. 除了淀粉，还有什么天然的生物质糖，请举例。

2. 反应前应该先加水还是先加淀粉，为什么？

3. 除了酸可以催化淀粉水解，还可以用什么办法促使淀粉水解生成葡萄糖？

实验二十三　基于 RCA 法的硅片清洗

（4 学时）

一、实验目的

1. 了解硅片清洗的重要性。

2. 了解硅片表面污染物的种类和来源。

3. 学习如何配制硅片表面清洁溶液。

4. 学习使用光学显微镜观察硅片的表面洁净度。

二、实验原理

硅片清洗是制作集成电路和光电器件的基础。清洗的效果直接影响器件和集成电路的可靠性。在加工过程中硅片表面容易吸附外界的杂质粒子，导致硅片表面被污染，颗粒杂质会引起硅片性能的改变，导致电路失效。芯片制造对硅晶片的表面洁净度要求非常高，不允许存在任何颗粒、金属离子、微量的有机污染层、氧化层。因此，硅片清洗工艺极其重要。Kern 等人于 1965 年提出了 RCA 清洗法，按照 H_2O_2 与浓硫酸的溶液（SPM）、HF 水溶液（DHF）、H_2O_2 与氨水的溶液（SC-1）、H_2O_2 与盐酸的溶液（SC-2）顺序的 RCA 清洗技术基本上满足了大部分硅片洁净度的要求，而且使硅片表面钝化。

本实验改用有机溶剂和配制的 SC-2 溶液，在超声波条件下，用有机溶剂清除硅片表面物理吸附的有机物；用 SC-2 溶液清除硅片表面的金属与金属化合物的微小颗粒污染物；并学习使用光学显微镜观察清洗前后的表面洁净度，了解硅片清洗的机理。

三、仪器耗材与试剂

1. 仪器耗材：烧杯，超声清洗机，光学显微镜，接触角测量仪，硅片。

2. 试剂：丙酮，乙醇，25%盐酸，30%过氧化氢，去离子水，氮气。

四、实验步骤

1. 把硅片切割成数小片，使用光学显微镜，观察清洗前硅片表面的微观污染物，并用接触角测量仪记录硅片清洗前的水接触角。

2. 配制 SC-2 溶液：采用去离子水、30%过氧化氢、25%盐酸，按体积比 6：1：1 配制出 SC-2 溶液。

3. 依次把硅片浸泡在丙酮和乙醇溶剂中，并利用超声清洗机清洗 5min，再用去离子水冲洗，然后用氮气吹干。

4. 把硅片转移到 SC-2 溶液，在超声波下清洗 15min。

5. 用去离子水冲洗多次之后，吹干硅片。

6. 使用光学显微镜，观察清洗后硅片的洁净度。

五、数据收集

1. 使用接触角测量仪记录硅片清洗前后的水接触角。

2. 使用光学显微镜记录清洁前硅片表面微小颗粒物的光学照片（5 个不同区域），并估算 $1cm^2$ 内微小颗粒物的个数。

3. 使用光学显微镜记录清洁后硅片的表面形貌。

六、思考题

1. 硅片表面有哪些种类的污染源？

2. 分别写出清洗液 SPM（H_2O_2 与浓硫酸的溶液）、DHF（HF 水溶液）、SC-1（H_2O_2 与氨水的溶液）、SC-2（H_2O_2 与盐酸的溶液）适用于清除哪类杂质。并写出其去除杂质的原理。

3. 如果硅片表面含有化学吸附的有机物，有什么方法可以去除这类有机物杂质？

实验二十四　表面改性与接触角测量

（4 学时）

一、实验目的

1. 了解简单的表面改性方法。

2. 学会运用表面亲疏水理论，加深对亲水-亲水和疏水-疏水相互作用的理解，增强对有实际意义的表面改性方法的认识。

3. 了解液体在固体表面的湿润过程及接触角的含义与应用。

4. 掌握接触角测量仪、等离子清洗机、超声清洗机等仪器的使用方法。

二、实验原理

在绝大多数情况下，我们只是与材料的表面接触，而表面一般是指液相与气相及固相与气相之间的厚度不超过 100nm 的区域。这部分表面直接影响材料的许多性质与性能，如手感、生物相容性、亲水/疏水性等等。

本实验通过改变表面的亲水、疏水性质来研究表面改性的方法与意义。表面改性是利用物理、化学、机械等方法对表面进行处理，使其表面物理、化学性质发生改变或赋予其新的功能，以满足不同应用领域对表面的要求的加工技术。常用的表面改性的方法有物理涂覆、化学包覆、沉淀反应等，本次实验使用物理涂覆的方法，利用不同亲水性及疏水性的高聚物对光滑玻璃表面进行处理，并通过测量处理后的表面的接触角来研究其表面性质的变化。

固体材料的接触角 θ 是指气-液界面与固-液界面两切线把液相夹在其中时所成的角，如图 8-13（a）所示。将液体滴在固体表面上，由于固体的性质不同，有的液滴会平铺展开，如图 8-13（b）所示，有的则黏附在表面上形成凸透镜形状，如图 8-13（c）所示，这种现象称为湿润作用。如果液体不黏附而保持椭球形状，则称为不润湿，如图 8-13（d）所示。

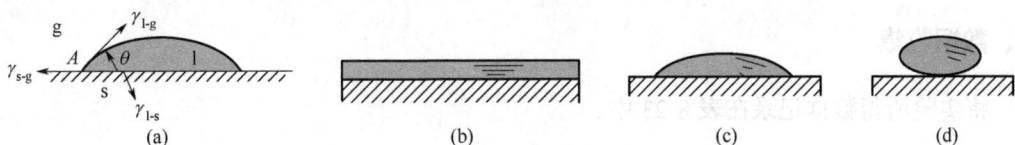

图 8-13　接触角（a）与液滴在固体表面形成的形状（b～d）

通过测量接触角可以准确判断固体表面的湿润程度。

当 $0° < \theta < 90°$ 时，液体能润湿固体表面。当 $\theta = 0°$，则为完全润湿。

当 $90° < \theta < 180°$ 时，液体不能润湿固体表面。当 $\theta = 180°$，则为完全不润湿。

式（8-29）是非常著名的 Young 方程，Young 方程表达了接触角与表面张力的关系：

$$\cos\theta = \frac{\gamma_{s-g} - \gamma_{l-s}}{\gamma_{l-g}} \qquad (8-29)$$

式中，γ_{s-g} 表示固-气界面的表面张力；γ_{l-s} 表示液-固界面的表面张力；γ_{l-g} 表示液-气界面的表面张力。

综上所述，润湿是固体与液体接触后，液体取代原来固体表面上的气体而产生固-液界面的过程。湿润作用与液体和固体有密切的关系。原则上说，极性固体易为极性液体所润湿，而非极性固体易为非极性液体所润湿。通过改变固体的表面性质，可赋予其新的功能。

三、仪器耗材与试剂

1. 仪器耗材：接触角测量仪，超声清洗机，等离子清洗机，超纯水机，玻璃缸（含支架），玻璃载玻片（5 片），塑料支架。

2. 试剂：聚乙二醇溶液（20mg/mL，水为溶剂），聚苯乙烯溶液（5mg/mL，二氯甲烷为溶剂），二氯甲烷，乙醇，丙酮，去离子水。

四、实验步骤

1. 将接触角测量仪通电预热。

2. 以水为溶剂，配制浓度为 20mg/mL 聚乙二醇溶液；以二氯甲烷为溶剂，配制浓度为

5mg/mL 的聚苯乙烯溶液，备用。

3. 取 5 片空白载玻片，用清水清洗晾干，取其中一片标记为 1#，备用。测量液滴滴在 1# 载玻片上的接触角，并记录数据。

4. 将步骤 3 中剩余的 4 片空白载玻片按去离子水、丙酮、乙醇的顺序分别超声清洗 20min，置于空气中晾干，取其中一片标记为 2#，备用。测量液滴滴在 2#载玻片上的接触角，并记录数据。

5. 将步骤 4 剩余的 3 片空白载玻片置于等离子清洗机中抽真空清洗 10s 后取出，取其中一片标记为 3#，备用。测量液滴滴在 3#载玻片上的接触角，并记录数据。

6. 用聚乙二醇溶液、聚苯乙烯溶液分别滴加到步骤 5 中剩余的 2 片空白载玻片（分别标记为 4#、5#）上 15s，晾干。分别测量液滴滴在 4#、5#载玻片的接触角，并记录数据。

7. 每次接触角的测量需平行测 5 次，去掉一个最大值和一个最小值后求平均值。

五、数据收集

将实验所得数据记录在表 8-23 中。

表 8-23　样品接触角记录表

项目		编号				
		1#	2#	3#	4#	5#
接触角θ/°	测量值 1					
	测量值 2					
	测量值 3					
	平均值					
润湿程度						

六、思考题

1. 本实验中，滴到载玻片表面上的液滴的大小对接触角的测量数值是否有影响？请阐述原因。

2. 本实验中，高聚物涂覆不均匀的表面对液滴的接触角大小有什么影响？请具体说明。

3. 用等离子清洗技术处理与没处理的玻璃表面张力有什么不同？

4. 请举例说明亲水性和疏水性物质在日常生产生活中的应用。

实验二十五　硅片表面亲疏水改性

（4 学时）

一、实验目的

1. 了解硅片表面亲疏水性改性的意义。

2. 学习如何在硅片表面制备疏水性的自组装分子膜。

3. 学习使用接触角测量仪，验证自组装分子膜是否形成。

二、实验原理

硅片表面亲疏水改性是集成电路制造中光刻工艺的其中一步。在光刻的过程中，为了提高光刻胶与硅片的黏附力，抑制刻蚀液进入掩模与基底的侧向刻蚀，常常需要在旋涂光刻胶之前，通过真空蒸镀的方式，在硅片表面形成一层六甲基二硅胺（HMDS），硅片表面从亲水性转变成疏水性，HMDS 的分子结构如图 8-14（a）所示。

十八烷基三氯硅烷（OTS）是两亲分子，具有较大烷基（$C_{18}H_{37}$—）和极性头部基团（$SiCl_3$—），OTS 的分子结构如图 8-14（b）所示。OTS 常用于各类材料表面的化学改性，如纳米颗粒、金属氧化物、硅化物等，调控其表面的亲疏水性、附着力、摩擦性能和化学特性，被用于微机电系统、生物传感器、微流控系统等中。

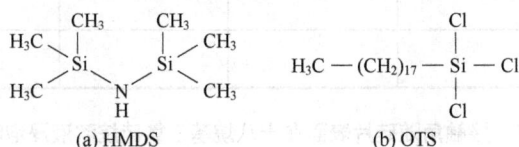

图 8-14　六甲基二硅胺（HMDS）和十八烷基三氯硅烷（OTS）分子结构

本实验采用溶液法，在硅片表面形成十八烷基三氯硅烷自组装分子膜，实现硅片从亲水性到疏水性的化学改性，并通过学习使用接触角测量仪，验证自组装分子膜是否形成。

三、仪器耗材与试剂

1. 仪器耗材：烧杯，接触角测试仪，紫外臭氧清洗机，硅片，超声清洗机。
2. 试剂：十八烷基三氯硅烷，甲苯，氮气，去离子水，丙酮，无水乙醇。

四、实验步骤

1. 依次把硅片浸入丙酮和无水乙醇溶剂中，分别用超声波清洗 5min，再用去离子水冲洗，然后用氮气吹干。
2. 把清洗后的硅片放在紫外臭氧清洗机中处理 0～30min。
3. 以甲苯为溶剂，配制 1mmol/L 十八烷基三氯硅烷溶液。由于十八烷基三氯硅烷容易水解，配制过程要避免接触水分。
4. 在室温下，把处理后的硅片置于十八烷基三氯硅烷溶液中，浸泡 1～60min。
5. 取出硅片，用丙酮清洗后吹干。
6. 使用接触角测量仪测量硅片表面的水接触角，验证硅片表面的亲疏水性是否发生转变。

五、数据收集

1. 记录硅片表面清洁前后的接触角。
2. 记录在不同紫外光照时间（0、2min、10min、20min、30min）下，硅片表面的水接触角的变化。

　　3. 记录在不同浸泡时间（1min、5min、20min、40min、60min）下，硅片表面的水接触角的变化。

　　将实验所得数据记录在表 8-24 与表 8-25 中。

表 8-24　硅片表面经紫外照射后的接触角

项目		照射前	照射 2min	照射 10min	照射 20min	照射 30min
接触角 θ /(°)	测量值 1					
	测量值 2					
	测量值 3					
	平均值					
亲/疏水性						

表 8-25　接触角随硅片表面在十八烷基三氯硅烷溶液浸泡时间的变化

项目		浸泡 1min	浸泡 5min	浸泡 20min	浸泡 40min	浸泡 60min
接触角 θ /(°)	测量值 1					
	测量值 2					
	测量值 3					
	平均值					
亲/疏水性						

六、思考题

　　1. 写出 HMDS 和 OTS 分子与硅片表面的化学反应方程。
　　2. 为什么要用紫外臭氧清洗机处理硅片表面？
　　3. 自组装分子膜的厚度是多少？如何测量？
　　4. 紫外线照射能否破坏 OTS 自组装分子膜的结构？如何验证？

实验二十六　导电高分子 PEDOT：PSS 薄膜的制备与薄膜厚度的测量

（4 学时）

一、实验目的

　　1. 掌握匀胶旋涂仪和紫外臭氧（UV-Ozone）表面清洗机的使用方法及其工作原理。
　　2. 熟悉清洗玻璃等刚性衬底的流程。
　　3. 熟悉使用椭圆偏振光谱仪测量膜的厚度的过程。

二、实验原理

1. PEDOT：PSS

PEDOT：PSS，即聚（3,4-亚乙二氧基噻吩）-聚苯乙烯磺酸酯，是一种由聚（3,4-亚乙二氧基噻吩）和聚苯乙烯磺酸酯混合而成的透明导电聚合物。它具有多项优势，如可调节的导电性、对可见光的高透明度、优异的热稳定性和良好的生物相容性，这些特性使其在静电涂层、柔性电子、生物电子、能量储存和组织工程等领域得到了广泛应用。商业化的 PEDOT：PSS 通常以水基分散体的形式出现，与多种基于溶液的制造工艺相兼容，包括涂层技术（浸涂、滴涂、旋涂、喷涂）、印刷技术（喷墨印刷、丝网印刷）和光刻技术（软光刻、纳米压印光刻）。在过去的 20 年中，关于 PEDOT：PSS 的研究迅速增长，科研人员开发出了有不同成分掺杂和化学修饰的聚合物，以满足多样化的应用需求。

2. 旋涂

匀胶旋涂仪是一种在衬底表面均匀涂覆液体样品的设备。其工作原理是基于离心力的作用，在预设的转速下，匀胶旋涂仪利用离心力将液体样品均匀地分布在衬底上，随后通过溶剂的蒸发使得样品形成一层薄膜，厚度可以从几纳米到几微米不等。在旋涂开始之前，需要将衬底置于旋转台上，并设定旋转速度与时间。此后，根据滴加样品的时间，旋涂可以分为"静态滴加"和"动态滴加"两种。静态滴加指的是将样品滴加至衬底上，再点击开始按钮，动态滴加指先点击开始，让衬底旋转起来后，再让样品滴加到旋转着的衬底上。

旋涂过程大致分为沉积、旋起、剥离和蒸发四个步骤。旋涂技术在多个领域有着广泛的应用，适用于不同尺寸的基材，如从几毫米到直径可达一米或更大的平板显示器。该技术能够涂覆多种材料，包括光敏电阻、绝缘体、有机半导体、合成金属、纳米材料、金属及其氧化物前体、透明导电氧化物等，是半导体和纳米技术研发中不可或缺的技术之一。

一般来说，薄膜的厚度与旋转速度的平方根的倒数成正比，如公式（8-30）所示。

$$h_f \propto \frac{1}{\sqrt{\omega}} \tag{8-30}$$

式中，ω 是角速度/旋转速度；h_f 是薄膜最终的厚度。

薄膜的确切厚度取决于材料浓度和溶剂蒸发速率（这又取决于溶剂黏度、蒸气压力、温度和局部湿度）。因此，新溶液的旋转厚度曲线通常由经验确定。一般来说，旋涂的所成薄膜的厚度可以通过台阶仪或椭圆偏振光谱仪（本实验）来测量。

3. 椭圆偏振光谱仪测量原理

本实验所采用的主要仪器是反射式椭圆偏振光谱仪（以下简称椭偏仪）。椭偏仪通过测定偏振光反射前后偏振状态的改变来获得薄膜材料的光学性质和厚度。该仪器的主要部件包括：光源、偏振发生器、样品、偏振分析器和检测器。其基本工作原理是基于椭圆偏振光的特性，即当偏振光通过样品时振幅和相位会发生变化，然后通过检测器记录光的振幅和相位信息，将该信息与已知的输入偏振光进行比较，以确定由样品反射引起的偏振变化。通过分析样品对光的影响，椭偏仪可以确定样品的光学性质，如折射率、吸收系数、旋光度等。实验中，通常测得反射前后偏振状态变化的椭偏参量 Ψ 和 Δ，再通过数学拟合等手段可以获得介质的复折射率，从而可以得到材料的折射率和消光系数等重要光学参数。已知的偏振从样品反射或透射，并测量输出的偏振。偏振的变化可通过椭偏仪测得，它们之间的关系通常写为：

$$\rho = \tan(\Psi)e^{i\Delta} \tag{8-31}$$

式中，ρ 是 p 波分量和 s 波分量总反射系数之比；$\tan(\Psi)$ 和 Δ 分别是它的模和幅角，即 $\tan(\Psi)$ 表示相对振幅衰减，Δ 表示相位差。

图 8-15 中显示了一个椭偏测量原理的示意图。入射光是线性的，有 p 和 s 两种成分。反射光经历了 p 和 s 偏振光的振幅和相位变化，通过椭偏仪测量它们的变化。

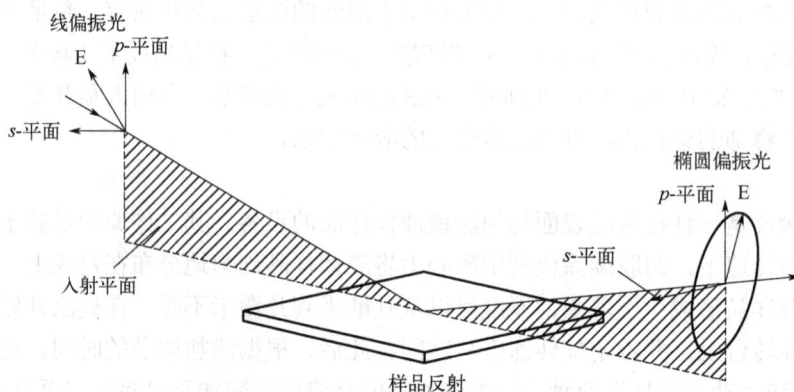

图 8-15　椭偏仪测量原理示意图

常见的椭偏仪配置包括旋转分析器（RAE）、旋转偏振器（RPE）、旋转补偿器（RCE）和相位调制器（PME）。

RAE 的配置如图 8-16 所示。光源产生非偏振光，然后通过偏振器传输。偏振器允许首选电场方向的光通过。偏振器的轴线在 p 和 s 平面之间，使得两者都到达样品表面。线性偏振光从样品表面反射，变成椭圆偏振，并通过一个连续旋转的偏振器（被称为分析器）传播。检测器的功能是监测由样品反射所引起的偏振变化。这就是椭偏仪对 Ψ 和 Δ 的测量。

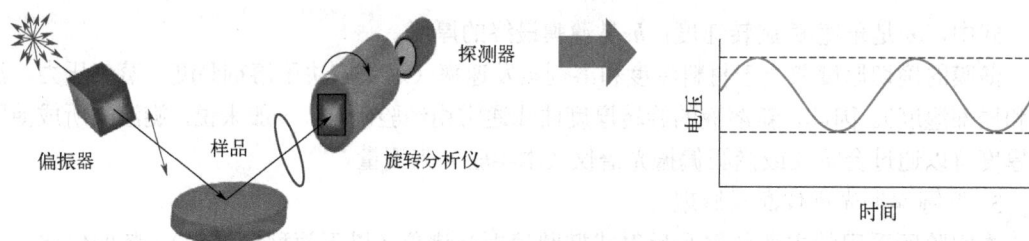

图 8-16　RAE 原理示意图（另见文后彩图）

膜厚测量：除了测量常用的光学参数，椭偏仪也可以用于测量薄膜的厚度 d，其测量范围在亚纳米到几微米。其基本原理仍然是通过从表面反射的光和穿过薄膜的光之间的干涉来确定 d 值：根据椭偏参量 Ψ 和 Δ 的测量值，可以确定一个对此波长没有吸收的介质的折射率及其厚度 d。反之，也可以通过已知厚度和折射率，来求出介质复折射率的实部和虚部。对于未知量更多的情况，例如欲求对光有吸收的介质的厚度及折射率，可以选取适当数目的不同入射角来增加数据量从而拟合出 Ψ 和 Δ。

薄膜的厚度 d 是由从表面反射的光和穿过薄膜的光之间的干涉决定的。Δ 的相位信息对低至亚单层厚度的薄膜非常敏感。椭偏仪通常用于厚度从亚纳米到几微米的薄膜。当薄膜的厚度超过几十微米时，干涉振荡变得越来越难解决，除非是更长的红外波。在这种情况下，首选其他表征技术。厚度测量也需要一部分光穿过整个薄膜并返回到表面。如果材料吸收光线，光学仪器的厚度测量将被限制在薄的、半不透明的层。这种限制可以通过在吸收率较低的光谱区域进行测量来规避。例如，有机薄膜可能强烈吸收紫外光和红外光，但在可见光中段保持透明。对于在所有波长都有强烈吸收的金属，用于测定厚度的最大层通常是 100nm 左右。

三、仪器耗材与试剂

1. 仪器耗材：超声波清洗机，匀胶旋涂仪，UV-Ozone 表面清洗机，加热磁力搅拌器，万用表，玻璃刀，烘箱，样品盒，注射器，针式过滤器，蒸发皿，反射式椭圆偏振光谱仪，ITO 玻璃片，热台，镊子。

2. 试剂：去离子水，丙酮，异丙醇，PEDOT：PSS 水溶液，清洁剂。

四、实验步骤

1. 基底清洗

（1）使用万用表确定玻璃片含导电性（ITO）的一面，然后用玻璃刀在含有 ITO 的玻璃片背面的左下角刻画标记，防止在后续的步骤中因正反面错乱而导致实验失败，也可起到区分记录样品信息的作用。

（2）将衬底置于超声波清洗机中，加入清洁剂清洗 10min，除去灰尘、油脂等杂质后，再用去离子水超声清洗 5min，除去衬底上可能残留的清洁剂。

（3）用异丙醇（或乙醇）超声清洗 5min。

（4）清洗好的衬底放入烘箱烘干待用。

2. 旋涂

（1）将之前清洗好的衬底（ITO 面朝上）放置在样品盒里。

（2）从冰箱取出 PEDOT：PSS 水溶液，注意使用前需先把溶液摇匀，用注射器吸取部分溶液，后用针式过滤器套住。

（3）将匀胶旋涂仪旋转速度设为 5000r/min，旋转时间设为 30s。

（4）把 ITO 面朝上，打开真空泵的开关，用镊子拨弄衬底边缘，观察是否可以移动，以确保衬底被牢牢吸住，然后推动针管，将 PEDOT：PSS 溶液滴加到衬底中间位置，再利用针管口处的溶液拉动衬底上的溶液，使其均匀涂覆到整个衬底表面，这时可以按下开始按钮。

（5）旋涂结束后，将样品放在已经预热至 120℃ 的热台上进行退火，退火的目的是除去残留溶剂并使薄膜致密，退火时间不低于 10min，随后将样品置于蒸发皿中。

3. 椭偏仪测量薄膜的厚度

（1）开机：按照要求依次打开仪器电源、光源电源、计算机电源。

（2）放样：在样品台上放好被测样品，调节平台高度调节钮，从观测窗观看光束，使观测窗中的光点最亮最圆。

（3）调节及测试：调节好样品台后，先置 1/4 波片快轴于+45°，转动起偏器、检偏器刻度盘手轮，目测光强变化。当光强最小时，将观测窗盖严，然后将转镜手轮转到光电接收位置，观察放大器指示表，反复交叠转动起偏器、检偏器手轮使表的示值最小（对应消光）。从起偏刻度盘及游标盘上读出起偏器方位角 P，从检偏刻度盘及游标盘上读出检偏方位角 A。再置 1/4 波片快轴于-45°，同上再测出另一组消光位置的方位角度读数。利用椭偏仪内置程序中的数据处理功能，将所测得的方位角数据输入到程序页面，将厚度值的上下限（估测）输入系统（通常下限高于 10nm，上限低于 100nm），点击"作图"按钮，就可以从结果中读出厚度值。

五、思考题

1. 为什么要用 UV-Ozone 表面清洗机对 ITO 玻璃进行表面预处理？
2. 为什么要将旋涂过后的 PEDOT:PSS 薄膜进行热退火处理？
3. 薄膜厚度超过椭偏仪测量范围时应选用其他何种仪器进行测量？

实验二十七　维生素中铁的测定

（4 学时）

一、实验目的

1. 掌握比色法的使用和朗伯-比尔定律（Lambert-Beer law），利用分光光度计测定含铁维生素片中铁的含量。
2. 掌握标准溶液的配制方法。

二、实验原理

维生素补充剂包含多种维生素和矿物质。维生素是我们身体中每个器官所需的关键成分，铁是血红蛋白的主要成分。饮食中缺铁是世界上重要的营养缺乏问题，并且是导致贫血的常见原因。贫血是一种血液中不能携带足够氧所引起的疾病。这可能是因为红细胞比正常情况下要少，或者说是因为每个细胞中的血红蛋白不够多。铁元素是人体必须的营养元素之一，对人体的正常工作非常重要，特别是对于女性。通常来讲，铁可以从蔬菜、谷物、动物产品中获得。

分析样品中铁元素的常用方法是比色法。在比色分析中，被分析的样品必须吸收可见光，并且必须有颜色。当一束可见光穿过某种物质时，该物质通常会吸收其中的部分能量。这将导致传输光束的强度下降。如果吸收光的物质是溶液中的溶质，那么改变溶液的浓度就会改变光路上的溶质数量。换句话说，溶液中吸收颜色的溶质的浓度越大，溶液的颜色就越浓，被吸收的光就越多。

电磁辐射是由电场和磁场在空间传播的能量。它一般用波长和频率等参数来描述。电磁辐射包括我们熟悉的无线电波、雷达、可见光和 X 射线等。每一种都代表不同能量和波长的电磁辐射。可见光本身只占整个光谱的一小部分，其波长范围从蓝光的 380nm 到红光的 750nm（1nm=10^{-9}m）。当辐射在真空中移动时，其速度用符号 c 表示，约等于 $2.9979×10^8$m/s。如果辐射在除真空以外的其他介质中移动，那么速度为 c/n，其中 n 是介质的折射率（无量纲）。电磁辐射的速度和波长是由频率决定的。

即如公式（8-32）表示：

$$\frac{c}{n} = \upsilon\lambda \tag{8-32}$$

或者变换成公式（8-33）来表示：

$$\upsilon = \frac{c}{n} × \frac{1}{\lambda} \tag{8-33}$$

式中，λ 是波长，m；υ 是频率，s^{-1}。

在上述关于光的讨论中，隐含着这样一个假设：光的行为像波一样。电磁辐射作为一种波，只能部分地描述它的全部性质。在某些情况下，将其行为解释为光子的粒子流更为方便。光子的能量（E）可以用公式（8-34）来表示：

$$E = h\upsilon \tag{8-34}$$

式中，h 是普朗克常数，$6.6261×10^{-34}$J·s。

把公式（8-33）代入公式（8-34）即：

$$E = \frac{hc}{n\lambda} \tag{8-35}$$

因此，辐射的能量与频率成正比，与波长成反比。高能量的辐射具有短波长（如 X 射线）；低能量的辐射具有长波长（如微波）。

辐射的强度与频率和波长无关，它与光束中的光子数量成正比。因为本实验涉及的是可见光与物质的相互作用，所以本实验的其余部分将只使用可见光作为例子。然而，这一现象普遍适用于整个电磁波谱，是光谱学所有领域的基础。

描述物质对光的吸收的数学表达式可以表述为：

$$\frac{I}{I_0} = 10^{-\varepsilon Lc} \tag{8-36}$$

或者

$$\lg\frac{I}{I_0} = \varepsilon Lc \tag{8-37}$$

式中，I/I_0 被称为透射率，即溶液透射的光的比例；ε 是吸收系数；L 是光束通过的溶液的长度；c 是溶液的浓度，mol/L。

这个公式通常被称为朗伯-比尔定律。

在实际使用中，对前面的方程式稍作修改。其中"$\lg\frac{I}{I_0}$"被命名为吸光度，用符号 A 表示。由于吸光度是无量纲的，这个方程右边的单位必须抵消。如果 L 以 cm 为单位，浓度以 mol/L 为单位，那么吸收系数以希腊字母 ε 表示，称为摩尔消光系数或吸收率，则它的单位是 L/(mol·cm)。经过这些修改后，朗伯-比尔定律的公式（8-38）为：

$$A=\varepsilon Lc \tag{8-38}$$

吸收性化合物的摩尔消光系数是所使用的特定波长光的函数。如果将溶液的吸光度与波长作对比，可以通过光吸收强度随波长的变化得到物质的吸收光谱，而吸收光谱通常能够像指纹一样是物质特有的光学性质。例如，图 8-17 是 MnO_4^- 的完整吸收光谱。

根据朗伯-比尔定律，吸光度与浓度成正比，吸光度（在特定波长下测量）与浓度关系的函数图像是一个通过原点的直线图。找到最强吸光度所对应的波长，记录同一波长下吸光度随浓度的变化，可以得到朗伯-比尔定律图的最大斜率，并且可以检测到最小浓度。

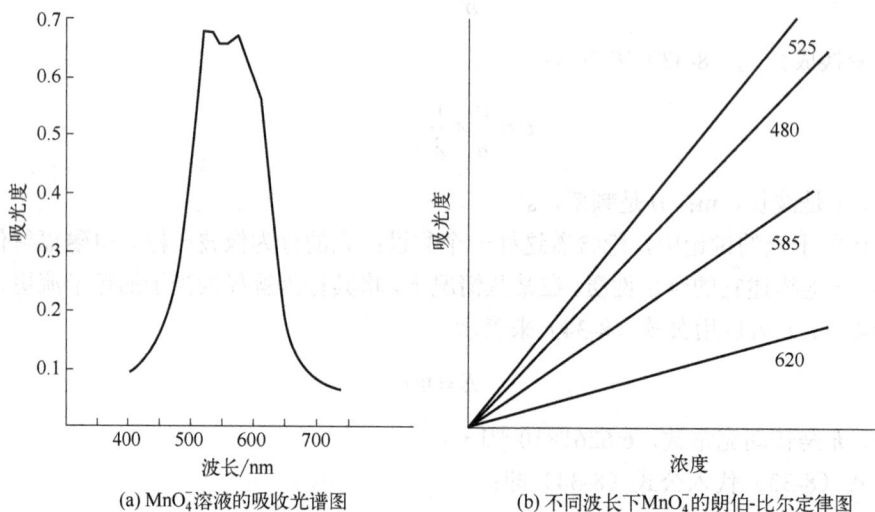

(a) MnO_4^- 溶液的吸收光谱图　　(b) 不同波长下 MnO_4^- 的朗伯-比尔定律图

图 8-17　MnO_4^- 的吸收光谱及朗伯-比尔定律图

补铁维生素片中的铁（Ⅲ）首先被还原成铁（Ⅱ）离子，铁（Ⅱ）离子与作为配体的双吡啶形成颜色强烈的络合物。铁（Ⅲ）离子和双吡啶之间不会形成类似的络合物。通过使用不吸收可见光的还原剂，将铁（Ⅲ）离子还原为铁（Ⅱ）离子，在本实验中，使用的是抗坏血酸（维生素 C）。当双吡啶加入溶液中时，就形成了红紫色的三双吡啶铁（Ⅱ）复合物（图 8-18）。

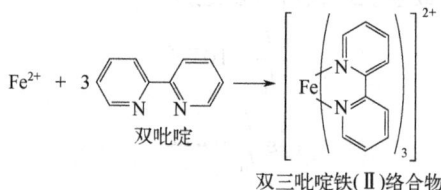

图 8-18　铁（Ⅱ）与双吡啶反应生成三双吡啶铁（Ⅱ）复合物

三、仪器耗材与试剂

1. 仪器耗材：紫外可见分光光度计，比色皿，容量瓶，抽滤装置移液管，锥形瓶，烧杯，表面皿，磁力加热搅拌器，磁子，玻璃棒。

2. 试剂：含铁的维生素片，盐酸（6mol/L），0.5%双吡啶溶液，缓冲液（pH=4），$FeSO_4$

（0.0005mol/L），维生素 C，去离子水。

四、实验步骤

取含铁的维生素片，记录每片中所标识的 Fe 的含量（mg）。将约 25mL 的 6mol/L 的盐酸倒入干净且干燥的 100mL 烧杯中。加入维生素片，用表面皿盖住，（在通风橱内）慢慢加热约 14min。冷却后将溶液直接抽滤到 100mL 容量瓶中，用去离子水清洗烧杯，过滤数次以完成定量转移。用去离子水将容量瓶中的溶液稀释至标线，并将其转移到一个干净且干燥的 125mL 的锥形瓶中，并将其标记为"溶液 A"。

用 5mL 的移液管，将 5mL 的"溶液 A"转移到清洁的 50mL 容量瓶中。用去离子水稀释至标线，并将溶液转移到一个干净且干燥的 125mL 的锥形瓶中。将其标记为"溶液 B"。

铁的比色分析：用 5mL 的移液管，将 5mL 的"溶液 B"转移到一个干净的 25mL 容量瓶中，接着加入 5mL 的 0.5%双吡啶溶液、5mL 的 pH=4 的缓冲液；然后将 10mg 抗坏血酸用适量水溶解后转移至容量瓶中，最后用去离子水将此溶液稀释至标线。搅拌均匀，将溶液转移到一个干净且干燥的小烧瓶中。标记为"未知溶液 C"，络合物会在 5min 内形成。将一部分"未知溶液 C"转移到一个试管中。

标准溶液的制备：准备一系列铁（Ⅱ）的标准溶液，方法如下。在润洗过的 25mL 容量瓶中，量取 2mL 的 0.0005mol/L 的 $FeSO_4$。加入 5mL 双吡啶溶液和 5mL 缓冲溶液，用去离子水稀释至标线，转移到一个干净且干燥的锥形瓶中，将该溶液标记为"标液 1"。重复上述步骤，量取 4mL 和 6mL 的 0.0005mol/L 的 $FeSO_4$ 重复制备标准溶液，分别标记为"标液 2"和"标液 3"。

在一个小烧杯中准备空白溶液，将 2mL 0.0005mol/L 的 $FeSO_4$、5mL 缓冲溶液和 18mL 去离子水混合。

紫外可见分光光度计插电预热 5min 后，将波长设置为 520nm。在一个比色皿中加入约一半的空白溶液。比色皿中的溶液在放入紫外可见分光光度计后会升温。为了获得可重复的结果，所有的吸光度读数和设置应在比色皿放入样品架后的固定的时间内进行（如 15s）。调整紫外可见分光光度计顶部的灵敏度控制旋钮，使透光率为 100%（吸光度为 0）。取出装有空白样品的比色皿。

在第二个比色皿中加入"标液 1"，并将其放入紫外可见分光光度计中，记录吸光度和透光率。用空白样品重复校准，如果吸光度为零，则测量结果准确；如果不为零，则应重复上述步骤。依次重复上述步骤测量每个标准溶液和"未知溶液 C"，记录每种溶液的吸光度和透光率。

五、数据收集

将实验所得数据记录在表 8-26 中。

表 8-26   不同溶液的实验数据记录表

实验样品	c/(mol/L)	吸光度 A	透光率/%
标液 1			
标液 2			
标液 3			
溶液 C			

六、思考题

本实验中，在铁的比色分析步骤中加入试剂是否有顺序要求？为什么？

实验二十八　碘量法测定过氧化氢的浓度

（4 学时）

一、实验目的

1. 掌握利用碘量法测定过氧化氢浓度的过程。
2. 掌握标准溶液的配制方法。
3. 熟悉移液枪的使用。
4. 掌握紫外可见分光光度计的使用方法。

二、实验原理

过氧化氢（hydrogen peroxide），是一种无机化合物，化学式 H_2O_2，分子量 34.02，无色液体，密度 $1.465g/cm^3$，熔点 $-1℃$，沸点 $152℃$。过氧化氢具有氧化性和还原性，其氧化、还原或分解的产物是水和（或）氧气，是洁净的氧化还原剂。过氧化氢的用途十分广泛，可作氧化剂、漂白剂、消毒剂等，还用于无机、有机过氧化物如过硼酸钠、过氧乙酸的生产。

测定过氧化氢浓度常用的方法是碘量法。过氧化氢分子在酸性条件下与碘离子（I^-）反应生成 I_3^-。含 I_3^- 的溶液呈现出黄色，在 350nm 具有强吸收，根据 350nm 处的吸光度即可测定 H_2O_2 的浓度，化学反应式如下所示：

$$H_2O_2 + 3I^- + 2H^+ \longrightarrow I_3^- + 2H_2O$$

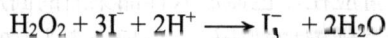

图 8-19 是 I_3^- 的吸收光谱。

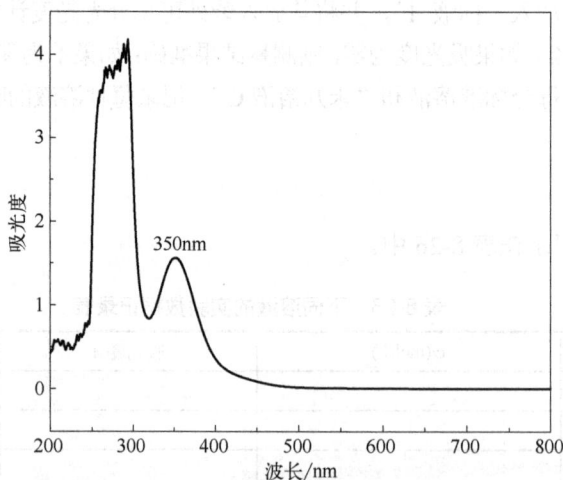

图 8-19　I_3^- 溶液的吸收光谱图

三、仪器耗材与试剂

1. 仪器耗材：紫外可见分光光度计，比色皿，移液枪，10mL 离心管，10mL 容量瓶，玻璃瓶。

2. 试剂：邻苯二甲酸氢钾溶液（0.1mol/L），碘化钾溶液（0.4mol/L），过氧化氢标准溶液（0.1~5mmol/L），待测过氧化氢溶液，去离子水。

四、实验步骤

1. 一系列过氧化氢的标准溶液的制备：

（1）5mmol/L 的过氧化氢标准溶液：在润洗过的 10mL 容量瓶中，量取 56.8μL 的质量分数为 3% 的过氧化氢溶液，用去离子水稀释至标线，转移到一个干净且干燥的玻璃瓶中，将该溶液标记为"标液 1"。

（2）0.5mmol/L 的过氧化氢标准溶液：在润洗过的 10mL 容量瓶中，量取 1mL 的浓度为 5mmol/L 过氧化氢溶液，用去离子水稀释至标线，转移到一个干净且干燥的玻璃瓶中，将该溶液标记为"标液 2"。

（3）0.4mmol/L 的过氧化氢标准溶液：在润洗过的 10mL 容量瓶中，量取 0.8mL 的浓度为 5mmol/L 过氧化氢溶液，用去离子水稀释至标线，转移到一个干净且干燥的玻璃瓶中，将该溶液标记为"标液 3"。

（4）0.3mmol/L 的过氧化氢标准溶液：在润洗过的 10mL 容量瓶中，量取 0.6mL 的浓度为 5mmol/L 过氧化氢溶液，用去离子水稀释至标线，转移到一个干净且干燥的玻璃瓶中，将该溶液标记为"标液 4"。

（5）0.2mmol/L 的过氧化氢标准溶液：在润洗过的 10mL 容量瓶中，量取 0.4mL 的浓度为 5mmol/L 过氧化氢溶液，用去离子水稀释至标线，转移到一个干净且干燥的玻璃瓶中，将该溶液标记为"标液 5"。

（6）0.1mmol/L 的过氧化氢标准溶液：在润洗过的 10mL 容量瓶中，量取 0.2mL 的浓度为 5mmol/L 过氧化氢溶液，用去离子水稀释至标线，转移到一个干净且干燥的玻璃瓶中，将该溶液标记为"标液 6"。

2. 量取 3mL 的过氧化氢标准溶液装入 10mL 的离心管中。

3. 向装有过氧化氢溶液的离心管中继续加入 1mL 浓度为 0.1mol/L 的邻苯二甲酸氢钾水溶液和 1mL 浓度为 0.4mol/L 的碘化钾水溶液，摇晃使其混合均匀。

4. 将离心管拧紧后，放入黑暗处保持 60min，进行显色反应。

5. 取出反应后的离心管，摇晃使溶液颜色分布均匀后，量取 3.5mL 溶液至比色皿中，使用紫外可见分光光度计测量，将紫外可见分光光度计的测量波长设置为 350nm，记录对应的吸光度。使用 3.5mL 的去离子水用作空白样品。

6. 重复上述步骤，量取不同浓度的过氧化氢标准溶液，记录每个标准溶液所对应的吸光度，并根据这些数据画出标准曲线图。

7. 量取 3.5mL 待测的过氧化氢溶液，重复上述步骤，记录吸光度数值，并根据标准曲线计算出待测溶液的过氧化氢浓度。

五、数据收集

将实验所得数据记录在表 8-27 中。

表 8-27　不同溶液的吸光度记录表

实验样品	$c/(mmol/L)$	吸光度 A
标液 1		
标液 2		
标液 3		
标液 4		
标液 5		
标液 6		
待测溶液 A		

六、思考题

1. 本实验中，在比色分析步骤中加入试剂是否有顺序要求？为什么？
2. 本实验中，在加入所有试剂后，为什么需要在黑暗中反应？
3. 本实验中，黑暗反应时间对显色测量结果会有影响吗？为什么？

实验二十九　食品中亚硝酸盐的测定

（4 学时）

一、实验目的

1. 掌握分光光度法定量测定食品中亚硝酸盐的基本原理。
2. 熟悉亚硝酸盐的化学性质及定性、定量分析方法。
3. 熟悉分光光度计的使用方法。

二、实验原理

亚硝酸盐广泛存在于多种食品中，其来源主要有两个：一是在蔬菜的腌制或烹饪过程中，硝酸盐在还原菌的作用下被还原成亚硝酸盐；二是由于亚硝酸盐具有抗菌和抗氧化功能，作为食品添加剂被广泛应用于香肠等肉制品中。然而，亚硝酸盐的过量摄入可能对人体造成影响，有间接的致癌、致畸、致突变风险，单次摄入超过 0.3g 即可引起中毒甚至死亡。因此，为了确保食品安全，许多国家和地区近年来都制定了严格的亚硝酸盐含量标准，使得食品中亚硝酸盐的准确检测变得至关重要。

目前，国内外检测食品中亚硝酸盐的方法众多，随着实验技术的发展和研究的深入，这些方法也在不断优化，以提高检测限、检测精度和适用范围。亚硝酸盐的检测方法主要有光度法、色谱法、化学发光法、电化学法和滴定法等。光度法包括可见分光光度法、紫外分光光度法和荧光光度法等，这些方法以操作简便和成本低为共同特点。分光光度法是一种通过测定物质在特定波长或一定波长范围内的光吸收度进行定性和定量分析的方法，它具有灵敏度高、操作简便和快速的优点，是生物化学实验中常用的方法之一。

在分光光度计中，通过将不同波长的光连续照射到一定浓度的样品溶液上，可以得到与不同波长相对应的吸收强度。尽管亚硝酸盐本身对可见光无吸收，但通过沉淀蛋白质、去除脂肪后，在弱酸条件下亚硝酸盐可与对氨基苯磺酸反应生成重氮盐，再与盐酸萘乙二胺偶合生成紫红色偶氮染料，便可以测定其在 540nm 处的吸光度。样品中亚硝酸盐的含量与该吸光度成正比，通过标准曲线可以实现对亚硝酸盐含量的定量分析。

三、仪器耗材与试剂

1. 仪器耗材：电子天平，数显恒温水浴锅，紫外可见分光光度计，烧杯，锥形瓶，容量瓶，具塞比色管，比色杯，滴管，玻璃棒，离心机，滤纸。

2. 试剂：饱和硼砂溶液（50g/L），$FeSO_4$ 溶液（80g/L），乙酸锌溶液（220g/L），对氨基苯磺酸溶液（4g/L），盐酸萘乙二胺（2g/L），亚硝酸钠标准溶液（200μg/mL），亚硝酸钠标准使用液（1.0μg/mL），水，试样。

四、实验内容

1. 蛋白质的沉淀与脂肪的去除

（1）准确称取 5.0g（精确到 0.0001g）的试样，放入 50mL 的烧杯中，加入 12.5mL 的饱和硼砂溶液，搅拌均匀。随后，使用 70℃约 300mL 的水将试样洗入 500mL 的锥形瓶中，并将其置于 90℃的数显恒温水浴锅中加热 15min。加热后，将锥形瓶移至冷水浴中冷却至室温。

（2）将上述提取液转移到 500mL 的容量瓶中，加入 5mL 的 $FeSO_4$ 溶液，摇匀，再加入 5mL 的乙酸锌溶液以沉淀蛋白质。加水至刻度线，摇匀后放置 30min，使用滴管吸取除去上层脂肪。上清液通过滤纸过滤，弃去初滤液的前 30mL，剩余滤液留作后续使用。

2. 亚硝酸盐的测定

（1）从净化后的滤液中吸取 40.0mL，放入 50mL 的具塞比色管中。同时，另取 0.00、1.00、2.00、3.00、4.00、5.00、7.50、10.00、12.50、15.00mL 的亚硝酸钠标准使用液（相当于 0.0、1.0、2.0、3.0、4.0、5.0、7.5、10.0、12.5、15.0μg 亚硝酸钠），分别置于 50mL 的具塞比色管中。

（2）向标准管和试样管中分别加入 2mL 的对氨基苯磺酸溶液，混匀后静置 3～5min，然后各加入 1mL 的盐酸萘乙二胺溶液，加水至刻度线，混匀后静置 15min。

（3）使用紫外可见分光光度计在 538nm 波长处测量吸光度。绘制标准曲线和回归方程，要求相关系数 R^2 大于 0.990，以确保测定结果的准确性。

（4）试样中亚硝酸盐（以亚硝酸钠计）的含量计算公式为：

$$X = \frac{mV_1}{AV_2} \tag{8-39}$$

式中，X 为试样中亚硝酸盐含量，mg/kg；A 为试样质量，kg；m 为测定样品液中亚硝酸盐的质量，mg；V_1 为样品处理液总体积，mL；V_2 为测定样品液体积，mL。

注意：分光光度法检测亚硝酸盐的检出限为 1mg/kg，结果保留两位有效数字。在重复性条件下获得的两次独立测定结果的绝对差值不得超过算术平均值的 10%。

五、思考题

1. 饱和硼砂溶液和硫酸锌溶液的作用分别是什么？
2. 在蛋白质的沉淀与脂肪的去除步骤中，为什么要水浴 15min？
3. 采用滤纸过滤出清液后，为什么前 30mL 滤液要弃去？

实验三十　未知有机物的分离和鉴定

（4 学时）

一、实验目的

1. 学习从混合物中提取有机物。
2. 学习使用傅里叶变换红外光谱（FTIR）鉴定有机物。

二、实验原理

分析鉴定未知物质是一项重要的科研工作，它涉及到化学成分的分离、结构分析、表征技术等。未知物质的分析鉴定广泛应用于不同领域，如环境监测、食品安全、医药、材料研发等。通过分析未知成分配方，可以分析出样品的产品配方；通过检测未知成分，可以优化样品的产品性能；通过分析鉴定未知成分，可以指导产品的生产工艺。同时，未知物质分析鉴定还用于司法鉴定、文物鉴定等。未知物质具有不同的形态，例如晶体、粉末、纤维、液体等。因此，要对未知物质进行分离与提取，首先应根据未知物质的形貌特征，如尺寸、形态、含量等，采取适当的鉴定方法和手段，如傅里叶变换红外光谱（FTIR）、扫描电镜/能谱（SEM/EDX）、X 射线荧光光谱（XRF）、X 射线光电子能谱（XPS）、X 射线衍射（XRD）、气相色谱-质谱（GC-MS）、液相色谱-质谱（LC-MS）等。

通过本实验，学习和掌握从混合物中分离提取未知有机物，有机物的分离提取主要包括物理方法和化学方法，例如蒸馏、萃取、过滤、凝固以及化学反应等。本实验采用萃取方法，从沙子混合物中提取未知有机物，并使用 FTIR 法对未知有机物进行分析鉴定。

三、仪器耗材与试剂

1. 仪器耗材：烧杯，一次性吸管，加热板，FTIR，玻璃棒，沙子，混有硅油的沙子，混有矿物油的沙子。
2. 试剂：己烷，硅油，矿物油。

四、实验步骤

1. 把掺混未知种类油（硅油或者矿物油）的沙子加入到烧杯中，加入己烷，搅拌静置分层。
2. 使用一次性吸管取上层溶液，并转移到另一个烧杯中。
3. 在通风橱中，使用加热板蒸发除去溶液中的溶剂，得到剩余物。
4. 学习使用 FTIR 仪器。
5. 使用 FTIR 仪器对剩余物进行测试，得到 FTIR 图谱。
6. 分析图谱，判断剩余物是什么有机物。

五、数据收集

1. 收集未知有机物的 FTIR 谱图，标注 FTIR 谱图中特征吸收峰所对应的官能团。
2. 并通过图谱分析，判断出剩余物是什么物质。

六、思考题

1. 除了己烷，还有什么溶剂可以萃取硅油和矿物油？
2. 简述 FTIR 的原理。
3. FTIR 可用于有机物鉴定，能否用于无机物鉴定？

附录 A
数据处理方法涉及的相关判定常数

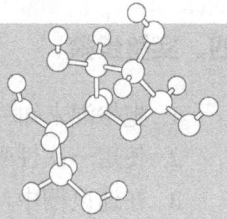

A.1 极差法

表 A-1 极差法中的 $A(\alpha, n, m)$ 值($\alpha=0.05$)

m	n		
	2	3	4
15	—	1.777	1.221
16	—	1.790	1.243
17	—	1.802	1.252
18	—	1.811	1.260
19	—	1.820	1.266
20	3.582	1.827	1.273
21	3.597	1.837	1.282
22	3.602	1.846	1.289
23	3.608	1.855	1.296
24	3.613	1.863	1.302
25	3.623	1.870	1.309
26	3.633	1.877	1.315
27	3.640	1.883	1.320
28	3.647	1.888	1.326
29	3.652	1.894	1.331
30	3.657	1.898	1.335
31	3.666	1.905	—
32	3.675	1.912	—
33	3.683	1.921	—
34	3.690	1.926	—
35	3.696	1.928	—
36	3.702	—	—
37	3.707	—	—
38	3.714	—	—
39	3.716	—	—
40	3.720	—	—

资料来源：中华人民共和国有色金属行业标准 YS/T 409—2012《有色金属产品分析用标准样品技术规范》附录 C。

注：m 为组间样品数；n 为组内样品重复测试次数；α 为显著性水平。

A.2　方差齐性检验（F检验）

表A-2　F分布临界值 $F_\alpha(\alpha=0.01)$

ν_2 \ ν_1	1	2	3	4	5	6	7	8	9	10	12	14	16	18	20	22	24	26	28	30	35	40	45	50	60	80	100	200	500	∞
1	405	500	540	563	576	586	593	598	602	606	611	614	617	619	621	622	623	624	625	626	628	629	630	630	631	633	633	635	636	637
2	98.5	99.2	99.2	99.2	99.3	99.3	99.4	99.4	99.4	99.4	99.4	99.4	99.4	99.4	99.4	99.5	99.5	99.5	99.5	99.5	99.5	99.5	99.5	99.5	99.5	99.5	99.5	99.5	99.5	99.5
3	34.1	30.8	29.5	28.7	28.2	27.9	27.7	27.5	27.3	27.2	27.1	26.9	26.8	26.8	26.7	26.6	26.6	26.6	26.5	26.5	26.5	26.4	26.4	26.4	26.3	26.3	26.2	26.2	26.1	26.1
4	21.2	18.0	16.7	16.0	15.5	15.2	15.0	14.8	14.7	14.5	14.4	14.2	14.2	14.1	14.0	14.0	13.9	13.9	13.9	13.8	13.8	13.8	13.7	13.7	13.7	13.6	13.6	13.5	13.5	13.5
5	16.3	13.3	12.1	11.4	11.0	10.7	10.5	10.3	10.2	10.1	9.89	9.77	9.68	9.61	9.55	9.51	9.47	9.43	9.40	9.38	9.33	9.29	9.26	9.24	9.20	9.16	9.13	9.08	9.04	9.02
6	13.7	11.0	9.78	9.15	8.75	8.47	8.26	8.10	7.98	7.87	7.72	7.60	7.52	7.45	7.40	7.35	7.31	7.28	7.25	7.23	7.18	7.14	7.11	7.09	7.06	7.01	6.99	6.93	6.90	6.88
7	12.2	9.55	8.45	7.85	7.46	7.19	6.99	6.84	6.72	6.62	6.47	6.36	6.27	6.21	6.16	6.11	6.07	6.04	6.02	5.99	5.94	5.91	5.88	5.86	5.82	5.78	5.75	5.70	5.67	5.65
8	11.3	8.65	7.59	7.01	6.63	6.37	6.18	6.03	5.91	5.81	5.67	5.56	5.48	5.41	5.36	5.32	5.28	5.25	5.22	5.20	5.15	5.12	5.00	5.07	5.03	4.90	4.96	4.91	4.88	4.86
9	10.6	8.02	6.99	6.42	6.06	5.80	5.61	5.47	5.35	5.26	5.11	5.00	4.92	4.86	4.81	4.77	4.72	4.70	4.67	4.65	4.60	4.57	4.54	4.52	4.48	4.44	4.42	4.36	4.33	4.31
10	10.0	7.56	6.55	5.99	5.64	5.39	5.20	5.06	4.94	4.85	4.71	4.60	4.52	4.46	4.41	4.36	4.33	4.30	4.27	4.25	4.20	4.17	4.14	4.12	4.08	4.04	4.01	3.96	3.93	3.91
11	9.65	7.21	6.22	5.67	5.32	5.07	4.89	4.74	4.63	4.54	4.40	4.29	4.21	4.15	4.10	4.06	4.02	3.99	3.96	3.94	3.89	3.86	3.83	3.81	3.78	3.73	3.71	3.66	3.62	3.60
12	9.33	6.93	5.95	5.41	5.06	4.82	4.64	4.50	4.39	4.30	4.16	4.05	3.97	3.91	3.86	3.82	3.78	3.75	3.72	3.70	3.65	3.62	3.59	3.57	3.54	3.49	3.47	3.41	3.38	3.36
13	9.07	6.70	5.74	5.21	4.86	4.62	4.44	4.30	4.19	4.10	3.96	3.86	3.78	3.71	3.66	3.62	3.59	3.56	3.53	3.51	3.46	3.43	3.40	3.38	3.34	3.30	3.27	3.22	3.19	3.17
14	8.86	6.52	5.56	5.04	4.70	4.46	4.28	4.14	4.03	3.94	3.80	3.70	3.62	3.56	3.51	3.46	3.43	3.40	3.37	3.35	3.30	3.27	3.24	3.22	3.18	3.14	3.11	3.06	3.03	3.00
15	8.68	6.36	5.42	4.89	4.56	4.32	4.14	4.00	3.90	3.81	3.67	3.56	3.49	3.42	3.37	3.33	3.29	3.26	3.24	3.21	3.17	3.13	3.10	3.08	3.05	3.00	2.98	2.92	2.89	2.87

续表

v_1

v_2	1	2	3	4	5	6	7	8	9	10	12	14	16	18	20	22	24	26	28	30	35	40	45	50	60	80	100	200	500	∞
16	8.53	6.23	5.29	4.77	4.44	4.20	4.03	3.89	3.78	3.69	3.55	3.45	3.37	3.31	3.26	3.22	3.18	3.15	3.12	3.10	3.05	3.02	2.99	2.97	2.93	2.89	2.86	2.81	2.78	2.75
17	8.40	6.11	5.19	4.67	4.34	4.10	3.93	3.79	3.68	3.59	3.46	3.35	3.27	3.21	3.16	3.12	3.08	3.05	3.03	3.00	2.96	2.92	2.89	2.87	2.84	2.79	2.76	2.71	2.68	2.65
18	8.29	6.01	5.09	4.58	4.25	4.02	3.84	3.71	3.60	3.51	3.37	3.27	3.19	3.13	3.08	3.03	3.00	2.97	2.94	2.92	2.87	2.84	2.81	2.78	2.75	2.70	2.68	2.62	2.59	2.57
19	8.18	5.93	5.01	4.50	4.17	3.94	3.77	3.63	3.52	3.43	3.30	3.19	3.12	3.05	3.00	2.96	2.92	2.89	2.87	2.84	2.80	2.76	2.73	2.71	2.67	2.63	2.60	2.55	2.51	2.49
20	8.10	5.85	4.94	4.43	4.10	3.87	3.70	3.56	3.46	3.37	3.23	3.13	3.05	2.99	2.94	2.90	2.86	2.83	2.80	2.78	2.73	2.70	2.67	2.64	2.61	2.56	2.54	2.48	2.44	2.42
21	8.02	5.78	4.87	4.37	4.04	3.81	3.64	3.51	3.40	3.31	3.17	3.07	2.99	2.93	2.88	2.84	2.80	2.77	2.74	2.72	2.67	2.64	2.61	2.58	2.55	2.50	2.48	2.42	2.38	2.36
22	7.95	5.72	4.82	4.31	3.99	3.76	3.59	3.45	3.35	3.26	3.12	3.02	2.94	2.88	2.83	2.78	2.75	2.72	2.69	2.67	2.62	2.58	2.55	2.53	2.50	2.45	2.42	2.36	2.33	2.31
23	7.88	5.66	4.77	4.26	3.94	3.71	3.54	3.41	3.30	3.21	3.07	2.97	2.89	2.83	2.78	2.74	2.70	2.67	2.64	2.62	2.57	2.54	2.51	2.48	2.45	2.40	2.37	2.32	2.28	2.26
24	7.82	5.61	4.72	4.22	3.90	3.67	3.50	3.36	3.26	3.17	3.03	2.93	2.85	2.79	2.74	2.70	2.66	2.63	2.60	2.58	2.53	2.49	2.46	2.44	2.40	2.36	2.33	2.27	2.24	2.21
25	7.77	5.57	4.68	4.18	3.86	3.63	3.46	3.32	3.22	3.13	2.99	2.89	2.81	2.75	2.70	2.66	2.62	2.59	2.56	2.54	2.49	2.45	2.42	2.40	2.36	2.32	2.29	2.23	2.19	2.17
26	7.72	5.53	4.64	4.14	3.82	3.59	3.42	3.29	3.18	3.09	2.96	2.86	2.78	2.72	2.66	2.62	2.58	2.55	2.53	2.50	2.45	2.42	2.39	2.36	2.33	2.28	2.25	2.19	2.16	2.13
27	7.68	5.49	4.60	4.11	3.78	3.56	3.39	3.26	3.15	3.06	2.93	2.82	2.75	2.68	2.63	2.59	2.55	2.52	2.49	2.47	2.42	2.38	2.35	2.33	2.29	2.25	2.22	2.16	2.12	2.10
28	7.64	5.45	4.57	4.07	3.75	3.53	3.36	3.23	3.12	3.03	2.90	2.79	2.72	2.65	2.60	2.56	2.52	2.49	2.46	2.44	2.39	2.35	2.32	2.30	2.26	2.22	2.19	2.13	2.09	2.06
29	7.60	5.42	4.54	4.04	3.73	3.50	3.33	3.20	3.09	3.00	2.87	2.77	2.69	2.63	2.57	2.53	2.49	2.46	2.44	2.41	2.36	2.33	2.30	2.27	2.23	2.19	2.16	2.10	2.06	2.03
30	7.56	5.39	4.51	4.02	3.70	3.47	3.30	3.17	3.07	2.98	2.81	2.74	2.66	2.60	2.55	2.51	2.47	2.44	2.41	2.39	2.34	2.30	2.27	2.25	2.21	2.16	2.13	2.07	2.03	2.01
32	7.50	5.34	4.46	3.97	3.65	3.43	3.26	3.13	3.02	2.93	2.80	2.70	2.62	2.55	2.50	2.46	2.42	2.39	2.36	2.34	2.29	2.25	2.22	2.20	2.16	2.11	2.08	2.02	1.98	1.96
34	7.44	5.29	4.42	3.93	3.61	3.39	3.22	3.09	2.98	2.89	2.76	2.66	2.58	2.51	2.46	2.42	2.38	2.35	2.32	2.30	2.25	2.21	2.18	2.16	2.12	2.07	2.04	1.98	1.94	1.91
36	7.40	5.25	4.38	3.89	3.57	3.35	3.18	3.05	2.95	2.86	2.72	2.62	2.54	2.48	2.43	2.38	2.35	2.32	2.29	2.26	2.21	2.17	2.14	2.12	2.08	2.03	2.00	1.94	1.90	1.87
38	7.35	5.21	4.34	3.86	3.54	3.32	3.15	3.02	2.92	2.83	2.69	2.59	2.51	2.45	2.40	2.35	2.32	2.28	2.26	2.23	2.18	2.14	2.11	2.09	2.05	2.00	1.97	1.90	1.86	1.84

续表

v_2 \ v_1	1	2	3	4	5	6	7	8	9	10	12	14	16	18	20	22	24	26	28	30	35	40	45	50	60	80	100	200	500	∞
40	7.31	5.18	4.31	3.83	3.51	3.29	3.12	2.99	2.89	2.80	2.66	2.56	2.48	2.42	2.37	2.33	2.29	2.26	2.23	2.20	2.15	2.11	2.08	2.06	2.02	1.97	1.94	1.87	1.83	1.80
42	7.28	5.15	4.29	3.80	3.49	3.27	3.10	2.97	2.86	2.78	2.64	2.54	2.46	2.40	2.34	2.30	2.26	2.23	2.20	2.18	2.13	2.09	2.06	2.03	1.99	1.94	1.91	1.85	1.80	1.78
44	7.25	5.12	4.26	3.78	3.47	3.24	3.08	2.95	2.84	2.75	2.62	2.52	2.44	2.37	2.32	2.28	2.24	2.21	2.18	2.15	2.10	2.06	2.03	2.01	1.97	1.92	1.89	1.82	1.78	1.75
46	7.22	5.10	4.24	3.76	3.44	3.22	3.06	2.93	2.82	2.73	2.60	2.50	2.42	2.35	2.30	2.26	2.22	2.19	2.16	2.13	2.08	2.04	2.01	1.99	1.95	1.90	1.86	1.80	1.75	1.73
48	7.20	5.08	4.22	3.74	3.43	3.20	3.04	2.91	2.80	2.72	2.58	2.48	2.40	2.33	2.28	2.24	2.20	2.17	2.14	2.12	2.06	2.02	1.99	1.97	1.93	1.88	1.84	1.78	1.73	1.70
50	7.17	5.06	4.20	3.72	3.41	3.19	3.02	2.89	2.79	2.70	2.56	2.46	2.38	2.32	2.27	2.22	2.18	2.15	2.12	2.10	2.05	2.01	1.97	1.95	1.91	1.86	1.82	1.76	1.71	1.68
60	7.08	4.98	4.13	3.65	3.34	3.12	2.95	2.82	2.72	2.63	2.50	2.39	2.31	2.25	2.20	2.15	2.12	2.08	2.05	2.03	1.98	1.94	1.90	1.88	1.84	1.78	1.75	1.68	1.63	1.60
80	6.96	4.88	4.04	3.56	3.26	3.04	2.87	2.74	2.64	2.55	2.42	2.31	2.23	2.17	2.12	2.07	2.03	2.00	1.97	1.94	1.89	1.85	1.81	1.79	1.75	1.69	1.66	1.58	1.53	1.49
100	6.90	4.82	3.98	3.51	3.21	2.99	2.82	2.69	2.59	2.50	2.37	2.26	2.19	2.12	2.07	2.02	1.98	1.94	1.92	1.89	1.84	1.80	1.76	1.73	1.69	1.63	1.60	1.52	1.47	1.43
125	6.84	4.78	3.94	3.47	3.17	2.95	2.79	2.66	2.55	2.47	2.33	2.23	2.15	2.08	2.03	1.98	1.94	1.91	1.88	1.85	1.80	1.76	1.72	1.69	1.65	1.59	1.55	1.47	1.41	1.37
150	6.81	4.75	3.92	3.45	3.14	2.92	2.76	2.63	2.53	2.44	2.31	2.20	2.12	2.06	2.00	1.96	1.92	1.88	1.85	1.83	1.77	1.73	1.69	1.66	1.62	1.56	1.52	1.43	1.38	1.33
200	6.76	4.71	3.88	3.41	3.11	2.89	2.73	2.60	2.50	2.41	2.27	2.17	2.09	2.02	1.97	1.93	1.89	1.85	1.82	1.79	1.74	1.69	1.66	1.63	1.58	1.52	1.48	1.39	1.33	1.28
300	6.72	4.68	3.85	3.38	3.08	2.86	2.70	2.57	2.47	2.38	2.24	2.14	2.06	1.99	1.94	1.89	1.85	1.82	1.79	1.76	1.71	1.66	1.62	1.59	1.55	1.48	1.44	1.35	1.28	1.22
500	6.69	4.65	3.82	3.36	3.05	2.84	2.68	2.55	2.44	2.36	2.22	2.12	2.04	1.97	1.92	1.87	1.83	1.79	1.76	1.74	1.68	1.63	1.60	1.56	1.52	1.45	1.41	1.31	1.23	1.16
1000	6.66	4.63	3.80	3.34	3.04	2.82	2.66	2.53	2.43	2.34	2.20	2.10	2.02	1.95	1.90	1.85	1.81	1.77	1.74	1.72	1.66	1.61	1.57	1.54	1.50	1.43	1.38	1.28	1.19	1.11
∞	6.63	4.61	3.78	3.32	3.02	2.80	2.64	2.51	2.41	2.32	2.18	2.08	2.00	1.93	1.88	1.83	1.79	1.76	1.72	1.70	1.64	1.59	1.55	1.52	1.47	1.40	1.36	1.25	1.15	1.00

资料来源：中华人民共和国国家计量技术规范 JJF 1343—2022《标准物质的定值及均匀性、稳定性评估》附录 D 表 D.1。

注：v_1，v_2 为自由度；α 为显著性水平。

表 A-3　F 分布临界值 $F_\alpha(\alpha=0.05)$

v_1

v_2	1	2	3	4	5	6	7	8	9	10	12	14	16	18	20	22	24	26	28	30	35	40	45	50	60	80	100	200	500	∞
1	161	200	216	225	230	234	237	239	241	242	244	245	246	247	248	249	249	249	250	250	251	251	251	252	252	252	253	254	254	254
2	18.5	19.0	19.2	19.2	19.3	19.3	19.4	19.4	19.4	19.4	19.4	19.4	19.4	19.4	19.4	19.5	19.5	19.5	19.5	19.5	19.5	19.5	19.5	19.5	19.5	19.5	19.5	19.5	19.5	19.5
3	10.1	9.55	9.28	9.12	9.01	8.94	8.89	8.85	8.81	8.79	8.74	8.71	8.69	8.67	8.66	8.65	8.64	8.63	8.62	8.62	8.60	8.59	8.59	8.58	8.57	8.56	8.55	8.54	8.53	8.53
4	7.71	6.94	6.59	6.39	6.26	6.16	6.09	6.04	6.00	5.96	5.91	5.87	5.84	5.82	5.80	5.79	5.77	5.76	5.75	5.75	5.73	5.72	5.71	5.70	5.69	5.67	5.66	5.65	5.64	5.63
5	6.61	5.79	5.41	5.19	5.05	4.95	4.88	4.82	4.77	4.74	4.68	4.64	4.60	4.58	4.56	4.54	4.53	4.52	4.50	4.50	4.48	4.46	4.45	4.44	4.43	4.41	4.41	4.39	4.37	4.37
6	5.99	5.14	4.76	4.53	4.39	4.28	4.21	4.15	4.10	4.06	4.00	3.96	3.92	3.90	3.87	3.86	3.84	3.83	3.82	3.81	3.79	3.77	3.76	3.75	3.74	3.72	3.71	3.69	3.68	3.67
7	5.59	4.74	4.35	4.12	3.97	3.87	3.79	3.73	3.68	3.64	3.57	3.53	3.49	3.47	3.44	3.43	3.41	3.40	3.39	3.38	3.36	3.34	3.33	3.32	3.30	3.29	3.27	3.25	3.24	3.23
8	5.32	4.46	4.07	3.84	3.69	3.58	3.50	3.44	3.39	3.35	3.28	3.24	3.20	3.17	3.15	3.13	3.12	3.10	3.09	3.08	3.06	3.04	3.03	3.02	3.01	2.99	2.97	2.95	2.94	2.93
9	5.12	4.26	3.86	3.63	3.48	3.37	3.29	3.23	3.18	3.14	3.07	3.03	2.99	2.96	2.94	2.92	2.90	2.89	2.87	2.86	2.84	2.83	2.81	2.80	2.79	2.77	2.76	2.73	2.72	2.71
10	4.96	4.10	3.71	3.48	3.33	3.22	3.14	3.07	3.02	2.98	2.91	2.86	2.83	2.80	2.77	2.75	2.74	2.72	2.71	2.70	2.68	2.66	2.65	2.64	2.62	2.60	2.59	2.56	2.55	2.54
11	4.84	3.98	3.59	3.36	3.20	3.09	3.01	2.95	2.90	2.85	2.79	2.74	2.70	2.67	2.65	2.63	2.61	2.59	2.58	2.57	2.55	2.53	2.52	2.51	2.49	2.47	2.46	2.43	2.42	2.40
12	4.75	3.89	3.49	3.26	3.11	3.00	2.91	2.85	2.80	2.75	2.69	2.64	2.60	2.57	2.54	2.52	2.51	2.49	2.48	2.47	2.44	2.43	2.41	2.40	2.38	2.36	2.35	2.32	2.31	2.30
13	4.67	3.81	3.41	3.18	3.03	2.92	2.83	2.77	2.71	2.67	2.60	2.55	2.51	2.48	2.46	2.44	2.42	2.41	2.39	2.38	2.36	2.34	2.33	2.31	2.30	2.27	2.26	2.23	2.22	2.21
14	4.60	3.74	3.34	3.11	2.96	2.85	2.76	2.70	2.65	2.60	2.53	2.48	2.44	2.41	2.39	2.37	2.35	2.33	2.32	2.31	2.28	2.27	2.25	2.24	2.22	2.20	2.19	2.16	2.14	2.13
15	4.54	3.68	3.29	3.06	2.90	2.79	2.71	2.64	2.59	2.54	2.48	2.42	2.35	2.30	2.33	2.31	2.29	2.27	2.26	2.25	2.22	2.20	2.19	2.18	2.16	2.14	2.12	2.10	2.08	2.07
16	4.49	3.63	3.24	3.01	2.85	2.74	2.66	2.59	2.54	2.49	2.42	2.37	2.33	2.30	2.28	2.25	2.24	2.22	2.21	2.19	2.17	2.15	2.14	2.12	2.11	2.08	2.07	2.04	2.02	2.01
17	4.45	3.59	3.20	2.96	2.81	2.70	2.61	2.55	2.49	2.45	2.38	2.33	2.29	2.26	2.23	2.21	2.19	2.17	2.16	2.15	2.12	2.10	2.09	2.08	2.06	2.03	2.02	1.99	1.97	1.96
18	4.41	3.55	3.16	2.93	2.77	2.66	2.58	2.51	2.46	2.41	2.34	2.29	2.25	2.22	2.19	2.17	2.15	2.13	2.12	2.11	2.08	2.06	2.05	2.04	2.02	1.99	1.98	1.95	1.93	1.92
19	4.38	3.52	3.13	2.90	2.74	2.63	2.54	2.48	2.42	2.38	2.31	2.26	2.21	2.18	2.16	2.13	2.11	2.10	2.08	2.07	2.05	2.03	2.01	2.00	1.98	1.96	1.94	1.91	1.89	1.88
20	4.35	3.49	3.10	2.87	2.71	2.60	2.51	2.45	2.39	2.35	2.28	2.22	2.18	2.15	2.12	2.10	2.08	2.07	2.05	2.04	2.01	1.99	1.98	1.97	1.95	1.92	1.91	1.88	1.86	1.84
21	4.32	3.47	3.07	2.84	2.68	2.57	2.49	2.42	2.37	2.32	2.25	2.20	2.16	2.12	2.10	2.07	2.05	2.04	2.02	2.01	1.98	1.96	1.95	1.94	1.92	1.89	1.88	1.84	1.82	1.81
22	4.30	3.44	3.05	2.82	2.66	2.55	2.46	2.40	2.34	2.30	2.23	2.17	2.13	2.10	2.07	2.05	2.03	2.01	2.00	1.98	1.96	1.94	1.92	1.91	1.89	1.86	1.85	1.82	1.80	1.78
23	1.28	3.42	3.03	2.80	2.64	2.53	2.44	2.37	2.32	2.27	2.20	2.15	2.11	2.07	2.05	2.02	2.00	1.99	1.97	1.96	1.93	1.91	1.90	1.88	1.86	1.84	1.82	1.79	1.77	1.76
24	1.26	3.40	3.01	2.78	2.62	2.51	2.42	2.36	2.30	2.25	2.18	2.13	2.09	2.05	2.03	2.00	1.98	1.97	1.95	1.94	1.91	1.89	1.88	1.86	1.84	1.82	1.80	1.77	1.75	1.73
25	4.24	3.39	2.99	2.76	2.60	2.49	2.40	2.34	2.28	2.24	2.16	2.11	2.07	2.04	2.01	1.98	1.96	1.95	1.93	1.92	1.89	1.87	1.86	1.84	1.82	1.80	1.78	1.75	1.73	1.71

续表

v_2 \ v_1	1	2	3	4	5	6	7	8	9	10	12	14	16	18	20	22	24	26	28	30	35	40	45	50	60	80	100	200	500	∞
26	4.23	3.37	2.98	2.74	2.59	2.47	2.39	2.32	2.27	2.22	2.15	2.09	2.05	2.02	1.99	1.97	1.95	1.93	1.91	1.90	1.87	1.85	1.84	1.82	1.80	1.78	1.76	1.73	1.71	1.69
27	4.21	3.35	2.96	2.73	2.57	2.46	2.37	2.31	2.25	2.20	2.13	2.08	2.04	2.00	1.97	1.95	1.93	1.91	1.90	1.88	1.86	1.84	1.82	1.81	1.79	1.76	1.74	1.71	1.69	1.67
28	4.20	3.34	2.95	2.71	2.56	2.45	2.36	2.29	2.24	2.19	2.12	2.06	2.02	1.99	1.96	1.93	1.91	1.90	1.88	1.87	1.84	1.82	1.80	1.79	1.77	1.74	1.73	1.69	1.67	1.65
29	4.18	3.33	2.93	2.70	2.55	2.43	2.35	2.28	2.22	2.18	2.10	2.05	2.01	1.97	1.94	1.92	1.90	1.88	1.87	1.85	1.83	1.81	1.79	1.77	1.75	1.73	1.71	1.67	1.65	1.64
30	4.17	3.32	2.92	2.69	2.53	2.42	2.33	2.27	2.21	2.16	2.09	2.04	1.99	1.96	1.93	1.91	1.89	1.87	1.85	1.84	1.81	1.79	1.77	1.76	1.74	1.71	1.70	1.66	1.64	1.62
32	4.15	3.29	2.90	2.67	2.51	2.40	2.31	2.24	2.19	2.14	2.07	2.01	1.97	1.94	1.91	1.88	1.86	1.85	1.83	1.82	1.79	1.77	1.75	1.74	1.71	1.69	1.67	1.63	1.61	1.59
34	4.13	3.28	2.88	2.65	2.49	2.38	2.29	2.23	2.17	2.12	2.05	1.99	1.95	1.92	1.89	1.86	1.84	1.82	1.80	1.80	1.77	1.75	1.73	1.71	1.69	1.66	1.65	1.61	1.59	1.57
36	4.11	3.26	2.87	2.63	2.48	2.36	2.28	2.21	2.15	2.11	2.03	1.98	1.93	1.90	1.87	1.85	1.82	1.81	1.79	1.78	1.75	1.73	1.71	1.69	1.67	1.64	1.62	1.59	1.56	1.55
38	4.10	3.24	2.85	2.62	2.46	2.35	2.26	2.19	2.14	2.09	2.02	1.96	1.92	1.88	1.85	1.83	1.81	1.79	1.77	1.76	1.73	1.71	1.69	1.68	1.65	1.62	1.61	1.57	1.54	1.53
40	4.08	3.23	2.84	2.61	2.45	2.34	2.25	2.18	2.12	2.08	2.00	1.95	1.90	1.87	1.84	1.81	1.79	1.77	1.76	1.74	1.72	1.69	1.67	1.66	1.64	1.61	1.59	1.55	1.53	1.51
42	4.07	3.22	2.83	2.59	2.44	2.32	2.24	2.17	2.11	2.06	1.99	1.93	1.89	1.86	1.83	1.80	1.78	1.76	1.74	1.73	1.70	1.68	1.66	1.65	1.62	1.59	1.57	1.53	1.51	1.49
44	4.06	3.21	2.82	2.58	2.43	2.31	2.23	2.16	2.10	2.05	1.98	1.92	1.88	1.84	1.81	1.79	1.77	1.75	1.73	1.72	1.69	1.67	1.65	1.63	1.61	1.58	1.56	1.52	1.49	1.48
46	4.05	3.20	2.81	2.57	2.42	2.30	2.22	2.15	2.09	2.04	1.97	1.91	1.87	1.83	1.80	1.78	1.76	1.74	1.72	1.71	1.68	1.65	1.64	1.62	1.60	1.57	1.55	1.51	1.48	1.46
48	4.04	3.19	2.80	2.57	2.41	2.29	2.21	2.14	2.08	2.03	1.96	1.90	1.86	1.82	1.79	1.77	1.75	1.73	1.71	1.70	1.67	1.64	1.62	1.61	1.59	1.56	1.54	1.49	1.47	1.45
50	4.03	3.18	2.79	2.56	2.40	2.29	2.20	2.13	2.07	2.03	1.95	1.89	1.85	1.81	1.78	1.76	1.74	1.72	1.70	1.69	1.66	1.63	1.61	1.60	1.58	1.54	1.52	1.48	1.46	1.44
60	4.00	3.15	2.76	2.53	2.37	2.25	2.17	2.10	2.04	1.99	1.92	1.86	1.82	1.78	1.75	1.72	1.70	1.68	1.66	1.65	1.62	1.59	1.57	1.56	1.53	1.50	1.48	1.44	1.41	1.39
80	3.96	3.11	2.72	2.49	2.33	2.21	2.13	2.06	2.00	1.95	1.88	1.82	1.77	1.73	1.70	1.68	1.65	1.63	1.62	1.60	1.57	1.54	1.52	1.51	1.48	1.45	1.43	1.38	1.35	1.32
100	3.94	3.09	2.70	2.46	2.31	2.19	2.10	2.03	1.97	1.93	1.85	1.79	1.75	1.71	1.68	1.65	1.63	1.61	1.59	1.57	1.54	1.52	1.49	1.48	1.45	1.41	1.39	1.34	1.31	1.28
125	3.92	3.07	2.68	2.44	2.29	2.17	2.08	2.01	1.96	1.91	1.83	1.77	1.72	1.69	1.65	1.63	1.60	1.58	1.57	1.55	1.52	1.49	1.47	1.45	1.42	1.39	1.36	1.31	1.27	1.25
150	3.90	3.06	2.66	2.43	2.27	2.16	2.07	2.00	1.94	1.89	1.82	1.76	1.71	1.67	1.64	1.61	1.59	1.57	1.55	1.53	1.50	1.48	1.45	1.44	1.41	1.37	1.34	1.29	1.25	1.22
200	3.89	3.04	2.65	2.42	2.26	2.14	2.06	1.98	1.93	1.88	1.80	1.74	1.69	1.66	1.62	1.60	1.57	1.55	1.53	1.52	1.48	1.46	1.43	1.41	1.39	1.35	1.32	1.26	1.22	1.19
300	3.87	3.03	2.63	2.40	2.24	2.13	2.04	1.97	1.91	1.86	1.78	1.72	1.68	1.64	1.61	1.58	1.55	1.53	1.51	1.50	1.46	1.43	1.41	1.39	1.36	1.32	1.30	1.23	1.19	1.15
500	3.86	3.01	2.62	2.39	2.23	2.12	2.03	1.96	1.90	1.85	1.77	1.71	1.66	1.62	1.59	1.56	1.54	1.52	1.50	1.48	1.45	1.42	1.40	1.38	1.34	1.30	1.28	1.21	1.16	1.11
1000	3.85	3.00	2.61	2.38	2.22	2.11	2.02	1.95	1.89	1.84	1.76	1.70	1.65	1.61	1.57	1.55	1.53	1.51	1.49	1.47	1.44	1.41	1.38	1.36	1.33	1.29	1.26	1.19	1.13	1.08
∞	3.84	3.00	2.60	2.37	2.21	2.10	2.01	1.94	1.88	1.83	1.75	1.69	1.64	1.60	1.57	1.54	1.52	1.50	1.48	1.46	1.42	1.39	1.37	1.35	1.32	1.27	1.24	1.17	1.11	1.00

资料来源：中华人民共和国国家计量技术规范 JJF 1343—2022《标准物质的定值及均匀性、稳定性评估》附录 D 表 D.2。

注：v_1、v_2 为自由度；α 为显著性水平。

A.3 平均值一致性检验（ *t* 检验）

表 A-4 *t* 检验法中的临界值 $t_\alpha(v)$

v	α		v	α		v	α		v	α	
	0.01	0.05		0.01	0.05		0.01	0.05		0.01	0.05
1	63.7	12.7	10	3.17	2.23	19	2.86	2.09	28	2.76	2.05
2	9.93	4.30	11	3.11	2.20	20	2.85	2.09	29	2.76	2.05
3	5.84	3.18	12	3.06	2.18	21	2.83	2.08	30	2.75	2.04
4	4.60	2.78	13	3.01	2.16	22	2.82	2.07	40	2.70	2.02
5	4.03	2.57	14	2.98	2.15	23	2.81	2.07	60	2.66	2.00
6	3.71	2.45	15	2.95	2.13	24	2.8	2.06	120	2.62	1.98
7	3.50	2.37	16	2.92	2.12	25	2.79	2.06	CO	2.58	1.96
8	3.36	2.31	17	2.90	2.11	26	2.78	2.06			
9	3.25	2.26	18	2.88	2.10	27	2.77	2.05			

资料来源：中华人民共和国国家计量技术规范 JJF 1343—2022《标准物质的定值及均匀性、稳定性评估》附录 E 表 E.1。

注：v 为自由度，$v = n_1 + n_2 - 2$；n_1、n_2 分别为两组数据的重复性测量次数；α 为显著性水平。

A.4 格拉布斯（Grubbs）检验

表 A-5 格拉布斯法（Grubbs）中的 $\lambda(\alpha, n)$ 数值

n	α		n	α	
	1%	5%		1%	5%
3	1.155	1.155	16	2.852	2.585
4	1.496	1.481	17	2.894	2.620
5	1.764	1.715	18	2.932	2.651
6	1.973	1.887	19	2.968	2.681
7	2.139	2.020	20	3.001	2.709
8	2.274	2.126	21	3.031	2.733
9	2.387	2.215	22	3.060	2.758
10	2.482	2.290	23	3.087	2.781
11	2.564	2.355	24	3.112	2.802
12	2.636	2.412	25	3.135	2.822
13	2.699	2.462	26	3.157	2.841
14	2.755	2.507	27	3.178	2.859
15	2.806	2.549	28	3.199	2.876

续表

n	α		n	α	
	1%	5%		1%	5%
29	3.218	2.893	65	3.592	3.230
30	3.236	2.908	66	3.598	3.235
31	3.253	2.924	67	3.605	3.241
32	3.270	2.938	68	3.610	3.246
33	3.286	2.953	69	3.617	3.252
34	3.301	2.965	70	3.622	3.257
35	3.316	2.979	71	3.627	3.262
36	3.330	2.991	72	3.633	3.267
37	3.343	3.003	73	3.638	3.272
38	3.356	3.014	74	3.643	3.278
39	3.369	3.025	75	3.648	3.282
40	3.381	3.036	76	3.654	3.287
41	3.393	3.046	77	3.658	3.291
42	3.404	3.057	78	3.663	3.297
43	3.415	3.067	79	3.669	3.301
44	3.425	3.075	80	3.673	3.305
45	3.435	3.085	81	3.677	3.309
46	3.445	3.094	82	3.682	3.315
47	3.455	3.103	83	3.687	3.319
48	3.464	3.111	84	3.691	3.323
49	3.474	3.120	85	3.695	3.327
50	3.483	3.128	86	3.699	3.331
51	3.491	3.136	87	3.704	3.335
52	3.500	3.143	88	3.708	3.339
53	3.507	3.151	89	3.712	3.343
54	3.516	3.158	90	3.716	3.347
55	3.524	3.166	91	3.720	3.350
56	3.531	3.172	92	3.725	3.355
57	3.539	3.180	93	3.728	3.358
58	3.546	3.186	94	3.732	3.362
59	3.553	3.193	95	3.736	3.365
60	3.560	3.199	96	3.739	3.369
61	3.566	3.205	97	3.744	3.372
62	3.573	3.212	98	3.747	3.377
63	3.579	3.218	99	3.750	3.380
64	3.586	3.224	100	3.754	3.383

资料来源：中华人民共和国国家计量技术规范 JJF 1343—2022《标准物质的定值及均匀性、稳定性评估》附录 B 表 B.1、中华人民共和国有色金属行业标准 YS/T 409—2012《有色金属产品分析用标准样品技术规范》附录 G。

注：α 为显著性水平；n 为测试次数。

A.5　科克伦（Cochran）检验

表 A-6　科克伦检验临界值（显著性水平 $\alpha=0.01$）

m	v													
	1	2	3	4	5	6	7	8	9	10	16	36	144	∞
2	0.9999	0.9950	0.9794	0.9586	0.9373	0.9172	0.8998	0.8823	0.8674	0.8539	0.7949	0.7067	0.6062	0.5000
3	0.9933	0.9423	0.8831	0.8335	0.7933	0.7606	0.7335	0.7107	0.6912	0.6743	0.6059	0.5153	0.4230	0.3333
4	0.9676	0.8643	0.7814	0.7112	0.6761	0.6410	0.6129	0.5897	0.5702	0.5536	0.4884	0.4057	0.3251	0.2500
5	0.9279	0.7885	0.6957	0.6329	0.5875	0.5531	0.5259	0.5037	0.4854	0.4697	0.4094	0.3351	0.2644	0.2000
6	0.8828	0.7218	0.6258	0.5635	0.5195	0.4866	0.4608	0.4401	0.4229	0.4084	0.3529	0.2858	0.2229	0.1667
7	0.8376	0.6644	0.5685	0.5080	0.4659	0.4347	0.4105	0.3911	0.3751	0.3616	0.3105	0.2494	0.1925	0.1429
8	0.7945	0.6152	0.5209	0.4627	0.4226	0.3932	0.3704	0.3522	0.3373	0.3248	0.2779	0.2214	0.1700	0.1250
9	0.7544	0.5727	0.4810	0.4251	0.3870	0.3592	0.3378	0.3207	0.3067	0.2950	0.2514	0.1992	0.1521	0.1111
10	0.7175	0.5358	0.4469	0.3934	0.3572	0.3308	0.3106	0.2945	0.2813	0.2704	0.2297	0.1811	0.1376	0.1000
12	0.6528	0.4751	0.3919	0.3428	0.3099	0.2861	0.2680	0.2535	0.2419	0.2320	0.1961	0.1535	0.1157	0.0833
15	0.5747	0.4069	0.3317	0.2882	0.2593	0.2386	0.2228	0.2104	0.2002	0.1918	0.1612	0.1251	0.0934	0.0667
20	0.4799	0.3297	0.2654	0.2288	0.2048	0.1877	0.1748	0.1646	0.1567	0.1501	0.1248	0.0960	0.0709	0.0500
24	0.4247	0.2871	0.2295	0.1970	0.1759	0.1608	0.1495	0.1406	0.1338	0.1283	0.1060	0.0810	0.0595	0.0417
30	0.3632	0.2412	0.1913	0.1635	0.1454	0.1327	0.1232	0.1157	0.1100	0.1054	0.0867	0.0658	0.0480	0.0333
40	0.2940	0.1915	0.1508	0.1281	0.1135	0.1033	0.0957	0.0898	0.0853	0.0816	0.0668	0.0503	0.0363	0.0250
60	0.2151	0.1371	0.1069	0.0902	0.0796	0.0722	0.0668	0.0625	0.0594	0.0567	0.0461	0.0344	0.0245	0.0167
120	0.1225	0.0759	0.0585	0.0489	0.0429	0.0387	0.0357	0.0334	0.0316	0.0302	0.0242	0.0178	0.0125	0.0083
∞	0	0	0	0	0	0	0	0	0	0	0	0	0	0

资料来源：中华人民共和国国家计量技术规范 JJF 1343—2022《标准物质的定值及均匀性、稳定性评估》附录 D 表 D.3。

注：$v=n-1$；n 为每组实验重复测量次数；m 为实验测量组数。

表A-7　科克伦检验临界值（显著性水平 $\alpha=0.05$）

m	v														
	1	2	3	4	5	6	7	8	9	10	16	36	144	∞
2	0.9985	0.9750	0.9302	0.9057	0.8772	0.8534	0.8332	0.8159	0.8010	0.7880	0.7341	0.6602	0.5813	0.5000
3	0.9669	0.8709	0.7977	0.7457	0.7071	0.6771	0.6530	0.6333	0.6167	0.6025	0.5466	0.4748	0.4031	0.3333
4	0.9065	0.7679	0.6841	0.6287	0.5895	0.5538	0.5365	0.5175	0.5017	0.4884	0.4366	0.3720	0.3093	0.2500
5	0.8412	0.6838	0.5981	0.5441	0.5065	0.4783	0.4564	0.4387	0.4241	0.4118	0.3645	0.3066	0.2513	0.2000
6	0.7808	0.6161	0.5321	0.4803	0.4447	0.4184	0.3980	0.3817	0.3682	0.3568	0.3135	0.2612	0.2119	0.1667
7	0.7271	0.5612	0.4800	0.4307	0.3974	0.3726	0.3535	0.3384	0.3259	0.3154	0.2756	0.2278	0.1833	0.1429
8	0.6798	0.5157	0.4377	0.3910	0.3595	0.3362	0.3185	0.3043	0.2926	0.2829	0.2462	0.2022	0.1616	0.1250
9	0.6385	0.4775	0.4027	0.3584	0.3285	0.3067	0.2901	0.2768	0.2659	0.2568	0.2226	0.1820	0.1446	0.1111
10	0.6020	0.4450	0.3733	0.3311	0.3029	0.2823	0.2666	0.2541	0.2439	0.2353	0.2032	0.1655	0.1308	0.1000
12	0.5410	0.3924	0.3264	0.2880	0.2624	0.2439	0.2299	0.2187	0.2098	0.2020	0.1737	0.1403	0.1100	0.0833
15	0.4709	0.3346	0.2758	0.2419	0.2195	0.2034	0.1911	0.1815	0.1736	0.1671	0.1429	0.1144	0.0889	0.0667
20	0.3894	0.2705	0.2205	0.1921	0.1735	0.1602	0.1501	0.1422	0.1357	0.1303	0.1108	0.0879	0.0675	0.0500
24	0.3434	0.2354	0.1907	0.1656	0.1493	0.1374	0.1286	0.1216	0.1160	0.1113	0.0942	0.0743	0.0567	0.0417
30	0.2929	0.1980	0.1593	0.1377	0.1237	0.1137	0.1061	0.1002	0.0958	0.0921	0.0771	0.0604	0.0457	0.0333
40	0.2370	0.1576	0.1259	0.1082	0.0968	0.0887	0.0827	0.0780	0.0745	0.0713	0.0595	0.0462	0.0347	0.0250
60	0.1737	0.1131	0.0895	0.0765	0.0682	0.0623	0.0583	0.0552	0.0520	0.0497	0.0411	0.0316	0.0234	0.0167
120	0.0998	0.0632	0.0495	0.0419	0.0371	0.0337	0.0312	0.0292	0.0279	0.0266	0.0218	0.0165	0.0120	0.0083
∞	0	0	0	0	0	0	0	0	0	0	0	0	0	0

资料来源：中华人民共和国国家计量技术规范 JJF 1343—2022《标准物质的定值及均匀性、稳定性评估》附录 D 表 D.3。

注：$v=n-1$；n 为每组实验重复测量次数；m 为实验测量组数。

A.6 正态分布检验（偏态系数和峰态系数法）

表 A-8   偏态系数的临界值 A_1

n	p		n	p		n	p	
	0.95	0.99		0.95	0.99		0.95	0.99
8	0.99	1.42	50	0.53	0.79	300	0.23	0.33
9	0.97	1.41	60	0.49	0.72	350	0.21	0.30
10	0.95	1.39	70	0.46	0.67	400	0.20	0.28
12	0.91	1.34	80	0.43	0.63	450	0.19	0.27
15	0.85	1.26	90	0.41	0.60	500	0.18	0.26
20	0.77	1.15	100	0.39	0.57	550	0.17	0.24
25	0.71	1.06	125	0.35	0.51	600	0.16	0.23
30	0.66	0.98	150	0.32	0.46	650	0.16	0.22
35	0.62	0.92	175	0.30	0.43	700	0.15	0.22
40	0.59	0.87	200	0.28	0.40	750	0.15	0.21
45	0.56	0.82	250	0.25	0.36	800	0.14	0.20
850	0.14	0.20	1400	0.11	0.15	3000	0.07	0.10
900	0.13	0.19	1600	0.10	0.14	3500	0.07	0.10
950	0.13	0.18	1800	0.10	0.13	4000	0.06	0.09
1000	0.13	0.18	2000	0.09	0.13	4500	0.06	0.08
1200	0.12	0.16	2500	0.08	0.11	5000	0.06	0.08

资料来源：中华人民共和国国家计量技术规范 JJF 1343—2022《标准物质的定值及均匀性、稳定性评估》附录 C 表 C.1。
注：n 为复测量次数；p 为置信概率。

表 A-9   峰态系数的临界值 B_1- B_1'

n	p		n	p	
	0.95	0.99		0.95	0.99
7	1.41～3.55	1.25～4.23	50	2.15～3.99	1.95～4.88
8	1.46～3.70	1.31～4.53	75	2.27～3.87	2.08～4.59
9	1.53～3.86	1.35～4.82	100	2.35～3.77	2.18～4.39
10	1.56～3.95	1.39～5.00	125	2.40～3.71	2.24～4.24
12	1.64～4.05	1.46～5.20	150	2.45～3.65	2.29～4.13
15	1.72～4.13	1.55～5.30	200	2.51～3.57	2.37～3.98
20	1.82～4.17	1.65～5.36	250	2.55～3.52	2.42～3.87
25	1.91～4.16	1.72～5.30	300	2.59～3.47	2.46～3.79
30	1.98～4.11	1.79～5.21	350	2.62～3.44	2.50～3.72
35	2.03～4.10	1.84～5.13	400	2.64～3.41	2.52～3.67
40	2.07～4.06	1.89～5.04	450	2.66～3.49	2.55～3.63
45	2.11～4.00	1.93～4.94	500	2.67～3.37	2.57～3.60

续表

n	p		n	p	
	0.95	0.99		0.95	0.99
550	2.69～3.35	2.58～3.57	800	2.74～3.29	2.65～3.46
600	2.70～3.34	2.60～3.54	850	2.74～3.28	2.66～3.45
650	2.71～3.33	2.61～3.52	900	2.75～3.28	2.66～3.43
700	2.72～3.31	2.62～3.50	950	2.76～3.27	2.67～3.42
750	2.73～3.30	2.64～3.48	1000	2.76～3.26	2.68～3.41

资料来源：中华人民共和国国家计量技术规范 JJF 1343—2022《标准物质的定值及均匀性、稳定性评估》附录 C 表 C.2。

注：n 为复测量次数；p 为置信概率。

A.7 控制图法

表 A-10 控制图控制限系数

n	A_2	A_3	B_3	B_4	D_3	D_4
2	1.880	2.659	0	3.267	0	3.267
3	1.023	1.954	0	2.568	0	2.574
4	0.729	1.628	0	2.266	0	2.282
5	0.577	1.427	0	2.089	0	2.114
6	0.483	1.287	0.030	1.970	0	2.004
7	0.419	1.182	0.118	1.882	0.076	1.924
8	0.373	1.099	0.185	1.815	0.136	1.864
9	0.337	1.032	0.239	1.761	0.184	1.816
10	0.308	0.975	0.284	1.716	0.223	1.777
11	0.285	0.927	0.321	1.679	0.256	1.744
12	0.266	0.886	0.354	1.646	0.283	1.717
13	0.249	0.850	0.382	1.618	0.307	1.693
14	0.235	0.817	0.406	1.594	0.328	1.672
15	0.223	0.789	0.428	1.572	0.347	1.653
16	0.212	0.763	0.448	1.552	0.363	1.637
17	0.203	0.739	0.466	1.534	0.378	1.622
18	0.194	0.718	0.482	1.518	0.391	1.608
19	0.187	0.698	0.497	1.503	0.403	1.597
20	0.180	0.680	0.510	1.490	0.415	1.585
21	0.173	0.663	0.523	1.477	0.425	1.575
22	0.167	0.647	0.534	1.466	0.434	1.566
23	0.162	0.633	0.545	1.455	0.443	1.557
24	0.157	0.619	0.555	1.445	0.451	1.548
25	0.153	0.606	0.565	1.435	0.459	1.541

资料来源：中国合格评定国家认可委员会文件 CNAS—GL035：2018《检测和校准实验室标准物质/标准样品验收和期间核查指南》表 B.1。

注：n 为复测量次数；A_2、A_3、B_3、B_4、D_3、D_4 为控制限系数。

附录 B
标准物质验收记录表参考示例

表 B-1　标准物质验收记录表参考示例

序号	标准物质（RM）名称	RM编号	批次/规格	购买数量	包装/标识完好性	是否有对应证书	证书信息			验证方法	验证结果		
							特性量值	不确定度	基体组分		特性量值	不确定度	基体组分

序号	有效期	储存条件	运输是否符合储存条件	安全防护	生产商及是否在合格名录中	购买日期	验收日期	验收人和使用人	验收结论

参 考 文 献

[1] 教育部办公厅. 高等学校实验室安全规范, 教科信厅函〔2023〕5 号.

[2] 中华人民共和国国务院. 危险化学品安全管理条例. 2011.

[3] 国家市场监督管理总局, 国家标准化管理委员会. 中华人民共和国国家标准, 化学品分类和标签规范第 1 部分: 通则, GB 30000.1—2024.

[4] 中华人民共和国国家质量监督检验检疫总局, 中国国家标准化管理委员会. 中华人民共和国国家标准, 化学品分类和标签规范第 2 部分: 爆炸物, GB 30000.2—2013.

[5] 中华人民共和国国家质量监督检验检疫总局, 中国国家标准化管理委员会. 中华人民共和国国家标准, 化学品分类和标签规范第 3 部分: 易燃气体, GB 30000.3—2013.

[6] 中华人民共和国国家质量监督检验检疫总局, 中国国家标准化管理委员会. 中华人民共和国国家标准, 化学品分类和标签规范第 6 部分: 加压气体, GB 30000.6—2013.

[7] 中华人民共和国国家质量监督检验检疫总局, 中国国家标准化管理委员会. 中华人民共和国国家标准, 化学品分类和标签规范第 5 部分: 氧化性气体, GB 30000.5—2013.

[8] 中华人民共和国国家质量监督检验检疫总局, 中国国家标准化管理委员会. 中华人民共和国国家标准, 化学品分类和标签规范第 7 部分: 易燃液体, GB 30000.7—2013.

[9] 中华人民共和国国家质量监督检验检疫总局, 中国国家标准化管理委员会. 中华人民共和国国家标准, 化学品分类和标签规范第 10 部分: 自燃液体, GB 30000.10—2013.

[10] 中华人民共和国国家质量监督检验检疫总局, 中国国家标准化管理委员会. 中华人民共和国国家标准, 化学品分类和标签规范第 8 部分: 易燃固体, GB 30000.8—2013.

[11] 中华人民共和国国家质量监督检验检疫总局, 中国国家标准化管理委员会. 中华人民共和国国家标准, 化学品分类和标签规范第 11 部分: 自燃固体, GB 30000.11—2013.

[12] 中华人民共和国国家质量监督检验检疫总局, 中国国家标准化管理委员会. 中华人民共和国国家标准, 化学品分类和标签规范第 9 部分: 自反应物质和混合物, GB 30000.9—2013.

[13] 中华人民共和国国家质量监督检验检疫总局, 中国国家标准化管理委员会. 中华人民共和国国家标准, 化学品分类和标签规范第 13 部分: 遇水放出易燃气体的物质和混合物, GB 30000.13—2013.

[14] 中华人民共和国国家质量监督检验检疫总局, 中国国家标准化管理委员会. 中华人民共和国国家标准, 化学品分类和标签规范第 14 部分: 氧化性液体, GB 30000.14—2013.

[15] 中华人民共和国国家质量监督检验检疫总局, 中国国家标准化管理委员会. 中华人民共和国国家标准, 化学品分类和标签规范第 15 部分: 氧化性固体, GB 30000.15—2013.

[16] 中华人民共和国国家质量监督检验检疫总局, 中国国家标准化管理委员会. 中华人民共和国国家标准, 化学品分类和标签规范第 16 部分: 有机过氧化物, GB 30000.16—2013.

[17] 中华人民共和国国家质量监督检验检疫总局, 中国国家标准化管理委员会. 中华人民共和国国家标准, 化学品分类和标签规范第 25 部分: 特异性靶器官系统毒性 一次接触, GB 30000.25—2013.

[18] 中华人民共和国国家质量监督检验检疫总局, 中国国家标准化管理委员会. 中华人民共和国国家标准, 化学品分类和标签规范第 26 部分: 特异性靶器官系统毒性 反复接触, GB 30000.26—2013.

[19] 中华人民共和国国家质量监督检验检疫总局, 中国国家标准化管理委员会. 中华人民共和国国家标准, 化学品分类和标签规范第 22 部分: 生殖细胞致突变性, GB 30000.22—2013.

[20] 中华人民共和国国家质量监督检验检疫总局，中国国家标准化管理委员会. 中华人民共和国国家标准，化学品分类和标签规范第 17 部分：金属腐蚀物，GB 30000.17—2013.

[21] 中华人民共和国国家质量监督检验检疫总局，中国国家标准化管理委员会. 中华人民共和国国家标准，气瓶颜色标志，GB/T 7144—2016.

[22] 全国人民代表大会常务委员会. 中华人民共和国特种设备安全法.2014.

[23] 中华人民共和国国家市场监督管理总局. 气瓶安全技术规程，TSG 23—2021.

[24] 中华人民共和国国家质量监督检验检疫总局，中国国家标准化管理委员会. 中华人民共和国国家标准，实验室废弃化学品收集技术规范，GB/T 31190—2014.

[25] 中华人民共和国生态环境部等. 国家危险废物名录（2021 年版）.2021.

[26] 柯以侃，王桂花. 大学化学试验. 2 版. 北京：化学工业出版社，2010.

[27] 王芳. 大学化学. 北京：北京大学出版社，2014.

[28] 中华人民共和国国家质量监督检验检疫总局. 中华人民共和国国家计量技术规范，通用计量术语及定义，JJF 1001—2011.

[29] 中国合格评定国家认可委员会. 化学分析中不确定度的评估指南，CNAS—GL006：2019.

[30] 中华人民共和国国家质量监督检验检疫总局，中国国家标准化管理委员会. 中华人民共和国国家标准，数值修约规则与极限数值的表示和判定，GB/T 8170—2008.

[31] 山西省市场监督管理局. 山西省地方标准，食品理化检测中有效数字应用指南，DB 14/T 2276—2021.

[32] 中华人民共和国国家质量监督检验检疫总局，中国国家标准化管理委员会. 中华人民共和国国家标准，化学试剂 标准滴定溶液的制备，GB/T 601—2016.

[33] 中华人民共和国工业和信息化部. 中华人民共和国有色金属行业标准，有色金属产品分析用标准样品技术规范，YS/T 409—2012.

[34] 中华人民共和国国家质量监督检验检疫总局，中国国家标准化管理委员会. 中华人民共和国国家标准，测量方法与结果的准确度（正确度与精密度）第 2 部分：确定标准测量方法重复性与再现性的基本方法，GB/T 6379.2—2004.

[35] 中华人民共和国国家质量监督检验检疫总局，中国国家标准化管理委员会. 中华人民共和国国家标准，测量方法与结果的准确度（正确度与精密度）第 6 部分：准确度值的实际应用，GB/T 6379.6—2009.

[36] 中华人民共和国国家质量监督检验检疫总局，中国国家标准化管理委员会. 中华人民共和国国家标准，数据的统计处理和解释正态分布均值和方差的估计与检验，GB/T 4889—2008.

[37] 国家市场监督管理总局. 中华人民共和国国家计量技术规范，标准物质的定值及均匀性、稳定性评估，JJF 1343—2022.

[38] 国家市场监督管理总局，国家标准化管理委员会.中华人民共和国国家标准，标准样品工作导则第 3 部分：标准样品 定值和均匀性与稳定性评估，GB/T 15000.3—2023.

[39] 中华人民共和国国家质量监督检验检疫总局，中国国家标准化管理委员会. 中华人民共和国国家标准，检测实验室中常用不确定度评定方法与表示，GB/T 27411—2012.

[40] 国家认证认可监督管理委员会. 中华人民共和国认证认可行业标准，化学分析中测量不确定度评估指南，RB/T 030—2020.

[41] 中国合格评定国家认可委员会. 材料理化检测测量不确定度评估指南及实例，CNAS—GL009: 2018.

[42] 中国合格评定国家认可委员会. 基于质控数据环境检测测量不确定度 评定指南，CNAS—GL022: 2018.

[43] 国家市场监督管理总局，国家标准化管理委员会. 中华人民共和国国家标准，测量不确定度在合格评定中的作用，GB/T 27430—2022.

[44] 中华人民共和国国家质量监督检验检疫总局. 中华人民共和国国家计量技术规范，测量不确定度评定与表示，JJF 1059.1—2012.

[45] 中华人民共和国国家质量监督检验检疫总局, 中国国家标准化管理委员会. 中华人民共和国国家标准, 测量不确定度评定和表示, GB/T 27418—2017.

[46] 董夫银. 用 EXCEL 进行线性回归分析及测量不确定度的计算. 光谱实验室, 2005, 22 (6): 1234—1238.

[47] 国家市场监督管理总局, 国家标准化管理委员会. 中华人民共和国国家标准, 检测和校准实验室能力的通用要求, GB/T 27025—2019.

[48] 中国合格评定国家认可委员会. 检测和校准实验室能力认可准则, CNAS—CL01:2018.

[49] 中国合格评定国家认可委员会. 检测和校准实验室能力认可准则在化学检测领域的应用说明, CNAS—CL01—A002:2020.

[50] 中国合格评定国家认可委员会. 科研实验室认可规则, CNAS—RL09:2019.

[51] 中华人民共和国国家质量监督检验检疫总局. 中华人民共和国国家计量技术规范, 常用玻璃量器检定规程, JJG 196—2006.

[52] 中华人民共和国国家质量监督检验检疫总局. 中华人民共和国国家计量技术规范, 测量仪器特性评定, JJF 1094—2002.

[53] 中国国家认证认可监督管理委员会. 中华人民共和国认证认可行业标准, 检测和校准结果及与规范符合性的报告指南, RB/T 197—2015.

[54] 中国合格评定国家认可委员会. 测量设备期间核查的方法指南, CNAS—GL042:2019.

[55] 中国合格评定国家认可委员会. 化学检测仪器核查指南, CNAS—GL046:2020.

[56] 国家市场监督管理总局, 国家标准化管理委员会. 中华人民共和国国家标准, 合格评定 测量设备期间核查的方法指南, GB/T 27431—2023.

[57] 国家认证认可监督管理委员会. 中华人民共和国认证认可行业标准, 测量设备校准周期的确定和调整方法指南, RB/T 034—2020.

[58] 国家质量监督检验检疫总局. 中华人民共和国国家计量检定规程, 发射光谱仪检定规程, JJG 768—2005.

[59] 国家市场监督管理总局, 国家标准化管理委员会. 中华人民共和国国家标准, 玩具及儿童用品中特定邻苯二甲酸酯增塑剂的测定, GB/T 22048—2022.

[60] 国家质量监督检验检疫总局. 中华人民共和国国家计量技术规范, 四极杆电感耦合等离子体质谱仪校准规范, JJF 1159—2006.

[61] 国家市场监督管理总局. 中华人民共和国国家计量技术规范, 电子天平校准规范, JJF 1847—2020.

[62] 中华人民共和国国家质量监督检验检疫总局, 中国国家标准化管理委员会. 中华人民共和国国家标准, 合格供应商信用评价规范, GB/T 23793—2017.

[63] 中华人民共和国国家质量监督检验检疫总局, 中国国家标准化管理委员会. 中华人民共和国国家标准, 分析实验室用水规格和试验方法, GB/T 6682—2008.

[64] 中国合格评定国家认可委员会. 检测和校准实验室标准物质/标准样品验收和期间核查指南, CNAS—GL035:2018.

[65] 中华人民共和国海关总署. 中华人民共和国出入境检验检疫行业标准, 化学分析实验室标准物质的选择和使用, SN/T 5622—2023.

[66] 国家市场监督管理总局, 国家标准化管理委员会. 中华人民共和国国家标准, 控制图第 2 部分: 常规控制图, GB/T 17989.2—2020.

[67] 中华人民共和国国家质量监督检验检疫总局, 中国国家标准化管理委员会. 中华人民共和国国家标准, 化学试剂 杂质测定用标准溶液的制备, GB/T 602—2002.

[68] 中华人民共和国国家质量监督检验检疫总局, 中国国家标准化管理委员会. 中华人民共和国国家标准, 化学分析方法验证确认和内部质量控制要求, GB/T 32465—2015.

[69] 中华人民共和国国家质量监督检验检疫总局, 中国国家标准化管理委员会. 中华人民共和国国家标准, 合格评定 化学分析方法确认和验证指南, GB/T 27417—2017.

[70] 中华人民共和国国家质量监督检验检疫总局，中国国家标准化管理委员会. 中华人民共和国国家标准，实验室质量控制规范 食品理化检测，GB/T 27404—2008.

[71] 中国合格评定国家认可委员会. 轻工产品化学分析方法确认和验证指南，CNAS—TRL—011: 2020.

[72] 中国合格评定国家认可委员会. 化学分析实验室内部质量控制指南—控制图的应用，CNAS—GL027: 2023.

[73] 中华人民共和国国家质量监督检验检疫总局，中国国家标准化管理委员会. 中华人民共和国国家标准，玩具材料中可迁移六价铬的测定 高效液相色谱-电感耦合等离子体质谱法，GB/T 34435—2017.

[74] 中华人民共和国国家质量监督检验检疫总局，中国国家标准化管理委员会. 中华人民共和国国家标准，基于标准样品的线性校准，GB/T 22554—2010.

[75] 中华人民共和国国家质量监督检验检疫总局，中国国家标准化管理委员会. 中华人民共和国国家标准，化学分析实验室内部质量控制 利用控制图核查分析系统，GB/T 32464—2015.

[76] 中华人民共和国国家质量监督检验检疫总局，中国国家标准化管理委员会. 中华人民共和国国家标准，化学分析方法验证确认和内部质量控制要求，GB/T 32465—2015.

[77] 中华人民共和国国家质量监督检验检疫总局，中国国家标准化管理委员会. 中华人民共和国国家标准，化学分析方法验证确认和内部质量控制 术语及定义，GB/T 32467—2015.

[78] 中华人民共和国国家质量监督检验检疫总局，中国国家标准化管理委员会. 中华人民共和国国家标准，化学分析方法验证确认和内部质量控制实施指南 色谱分析，GB/T 35655—2017.

[79] 中华人民共和国国家质量监督检验检疫总局，中国国家标准化管理委员会. 中华人民共和国国家标准，化学分析方法验证确认和内部质量控制实施指南 报告定性结果的方法，GB/T 35656—2017.

[80] 中华人民共和国国家质量监督检验检疫总局，中国国家标准化管理委员会. 中华人民共和国国家标准，化学分析方法验证确认和内部质量控制实施指南 基于样品消解的金属组分分析，GB/T 35657—2017.

[81] 姚水洪，邹满群. 现场 6S 精益管理实务. 北京：化学工业出版社，2013.

[82] 张凤荣. 质量管理与控制. 2 版. 北京：机械工业出版社，2011.

[83] 王丽丽，郭丽，曹晶晶. 无机化学实验. 北京：化学工业出版社，2022.

[84] 姜健. 无机化学实验. 北京：化学工业出版社，2022.

[85] 李青云，王凡. 大学无机化学实验. 北京：化学工业出版社，2023.

[86] 石建新，巢晖. 无机化学实验. 4 版. 北京：高等教育出版社，2019.

[87] 田玉美，刘晓丽. 新大学化学实验. 4 版，北京：科学出版社，2018.

[88] 周昕，罗红，刘文娟. 大学实验化学. 3 版. 北京：科学出版社，2019.

[89] 孙世刚. 物理化学：下. 2 版. 厦门：厦门大学出版社，2013.

[90] 廖东亮，肖新颜，张会平，等. 溶胶-凝胶法制备纳米二氧化钛的工艺研究. 化学工业与工程，2003，20 (5)：256-260.

[91] X Zhang，W Yang，H Zhang，et al. PEDOT:PSS: From conductive polymers to sensors. Nanotechnology and Precision Engineering，2021，4：045004.

[92] A G Emslie，F T Bonner，L G Peck. Flow of a viscous liquid on a rotating disk. Journal of Applied Physics，1958，29：858-862.

[93] D Meyerhofer. Characteristics of resist films produced by spinning. Journal of Applied Physics，1978，49：3993-3997.

[94] W J Daughton，F L Givens. An investigation of the thickness variation of spun-on thin films commonly associated with the semiconductor industry. Journal of The Electrochemical Society，1982，129：173-179.

[95] J A Woollam，B Johs，C M Herzinger，et al. Overview of variable angle spectroscopic ellipsometry (VASE)：I. Basic theory and typical applications. Optical Metrology：A critical review. SPIE，1999，10294：3-28.

[96] Y Zhang，Q Cao，A Meng，et al. Molecular heptazine-triazine junction over carbon nitride frameworks for artificial photosynthesis of hydrogen peroxide. Advanced Materials，2023，35(48)：2306831.

[97] 侯曼玲. 食品分析. 北京：化学工业出版社，2004.

[98] 张锁秦，张广良，宋志光，等. 基础化学实验：有机化学实验分册. 2 版. 北京：高等教育出版社，2017.

[99] L Y Lin，D S Noh，D E Kim. Characteristics of electrowetting of self-assembled monolayer and Z-tetraol film. International Journal of Precision Engineering and Manufacturing，2006，7：35-38.

[100] L Y Lin，H J Kim，D E Kim.Wetting characteristics of ZnO smooth film and nanowire structure with and without OTS coating. Applied Surface Science，2008，254：7370-7376.

图 1-5　危险废物标签

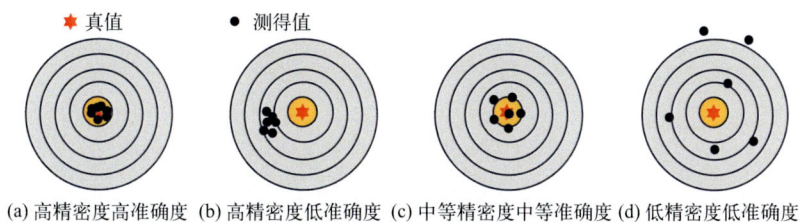

(a) 高精密度高准确度　(b) 高精密度低准确度　(c) 中等精密度中等准确度　(d) 低精密度低准确度

图 2-1　准确度和精密度图

图 3-3　设备标识示例

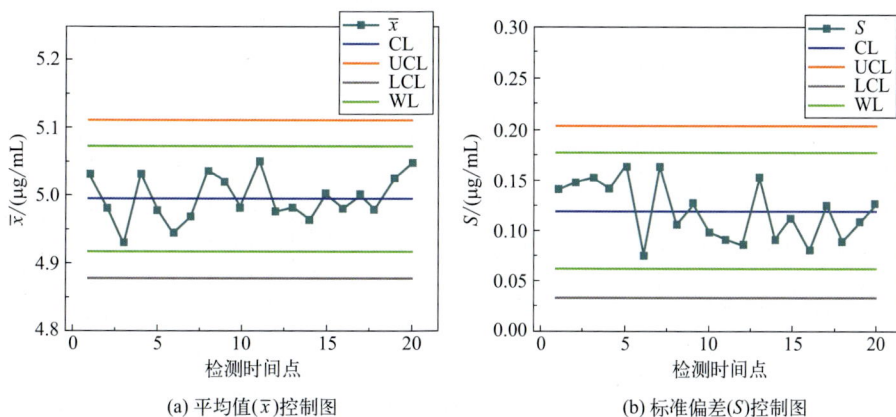

(a) 平均值($\bar{x}$)控制图　　　　　　　　　　(b) 标准偏差(S)控制图

图 3-5　平均值 - 标准偏差控制图（$\bar{x}$-S 图）

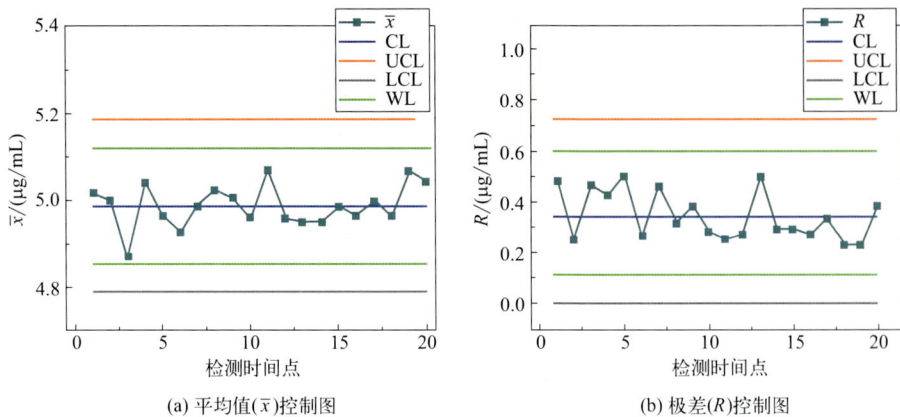

(a) 平均值($\bar{x}$)控制图   (b) 极差(R)控制图

图 3-6　平均值 - 极差控制图（$\bar{x}$-R 图）

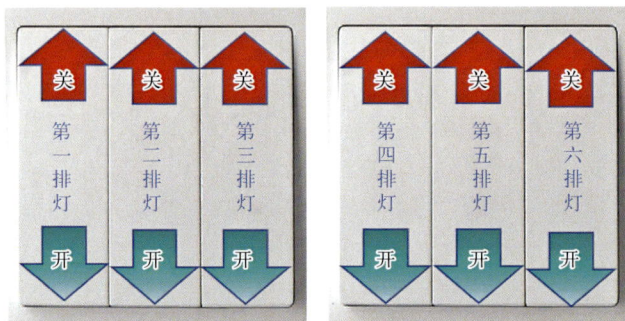

图 4-3　用 6S 管理后的实验室灯开关

图 4-4　常见安全标识

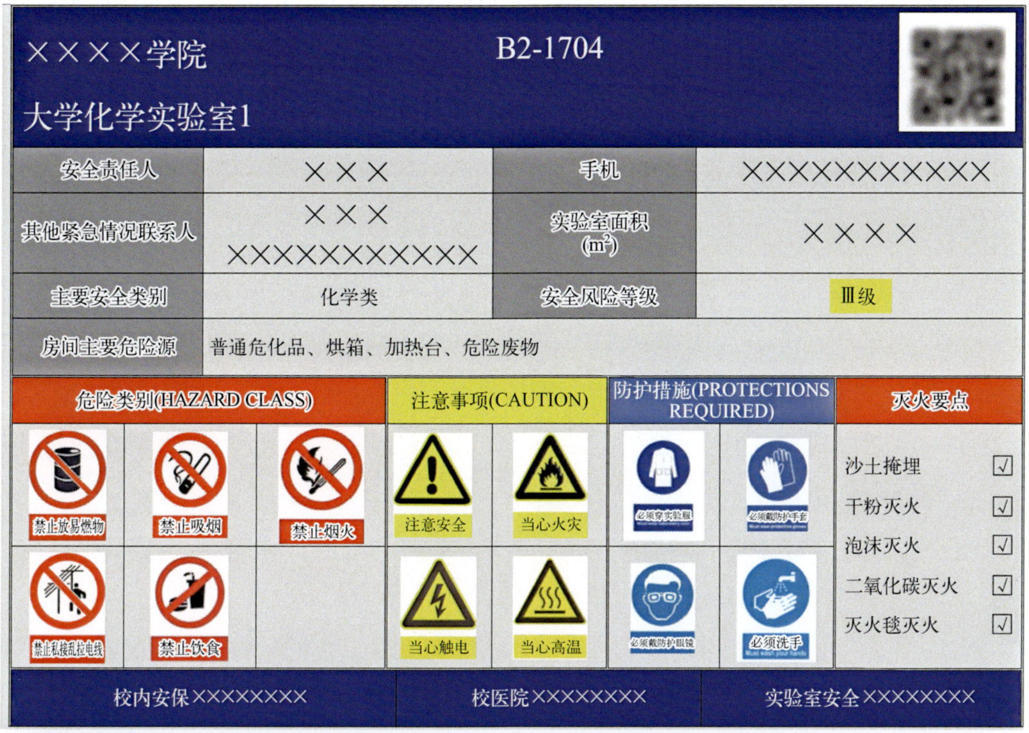

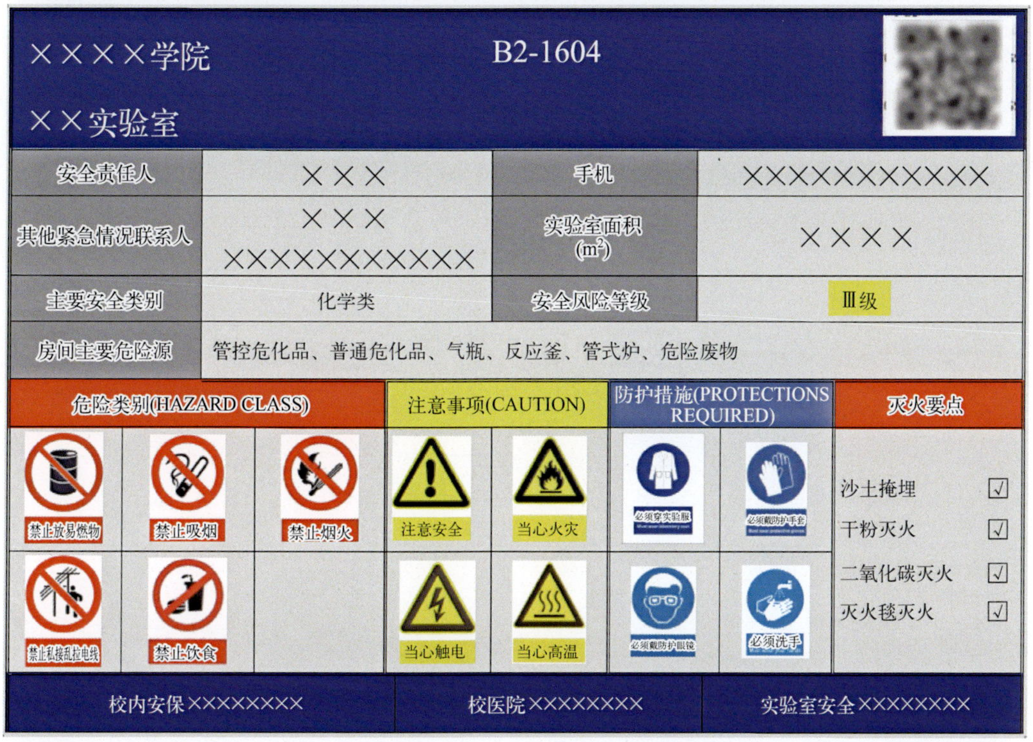

图 4-7 装贴在实验室大门墙上的教学实验室（上图）和科研实验室（下图）的实验室安全信息卡

上图卡片内容：

××××学院	B2-1704
大学化学实验室1	

安全责任人	×××	手机	×××××××××××
其他紧急情况联系人	××× ×××××××××××	实验室面积（m²）	××××
主要安全类别	化学类	安全风险等级	Ⅲ级
房间主要危险源	普通危化品、烘箱、加热台、危险废物		

危险类别(HAZARD CLASS)	注意事项(CAUTION)	防护措施(PROTECTIONS REQUIRED)	灭火要点
禁止放易燃物　禁止吸烟　禁止烟火 禁止私接乱拉电线　禁止饮食	注意安全　当心火灾 当心触电　当心高温	必须穿实验服　必须戴防护手套 必须戴防护眼镜　必须洗手	沙土掩埋 ☑ 干粉灭火 ☑ 泡沫灭火 ☑ 二氧化碳灭火 ☑ 灭火毯灭火 ☑

校内安保×××××××	校医院××××××××	实验室安全××××××××

下图卡片内容：

××××学院	B2-1604
××实验室	

安全责任人	×××	手机	×××××××××××
其他紧急情况联系人	××× ×××××××××××	实验室面积（m²）	××××
主要安全类别	化学类	安全风险等级	Ⅲ级
房间主要危险源	管控危化品、普通危化品、气瓶、反应釜、管式炉、危险废物		

危险类别(HAZARD CLASS)	注意事项(CAUTION)	防护措施(PROTECTIONS REQUIRED)	灭火要点
禁止放易燃物　禁止吸烟　禁止烟火 禁止私接乱拉电线　禁止饮食	注意安全　当心火灾 当心触电　当心高温	必须穿实验服　必须戴防护手套 必须戴防护眼镜　必须洗手	沙土掩埋 ☑ 干粉灭火 ☑ 二氧化碳灭火 ☑ 灭火毯灭火 ☑

校内安保×××××××	校医院××××××××	实验室安全××××××××

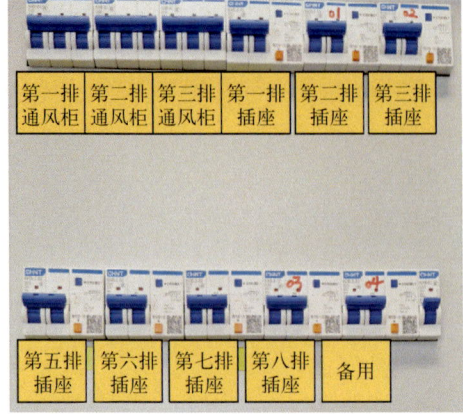

图 4-8　实验室电箱外面（左图）和里面（右图）情况图

图 4-9　实验台

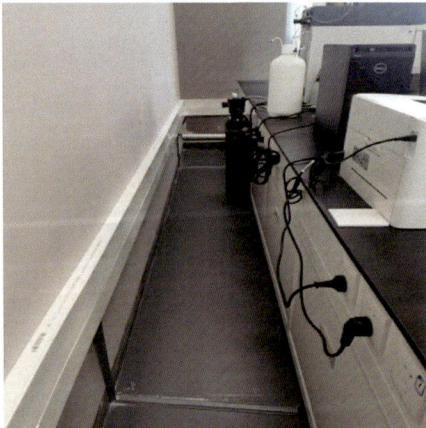

图 4-10　维修通道（左图）和地面垃圾桶（右图）

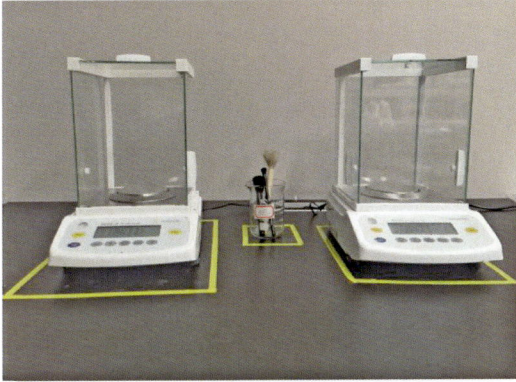

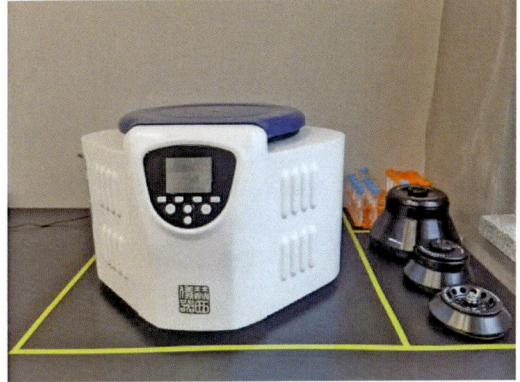

图 4-11　电子天平（左图）和离心机及其转子（右图）

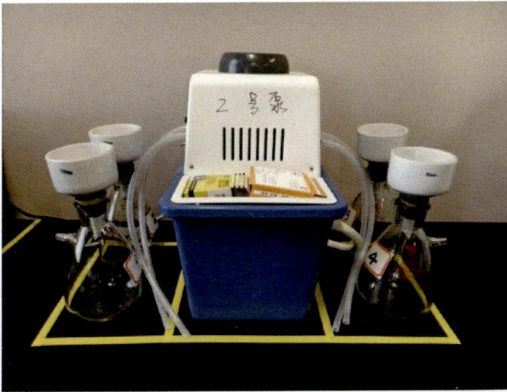

图 4-12　减压过滤装置（左图）和超声波清洗机（右图）

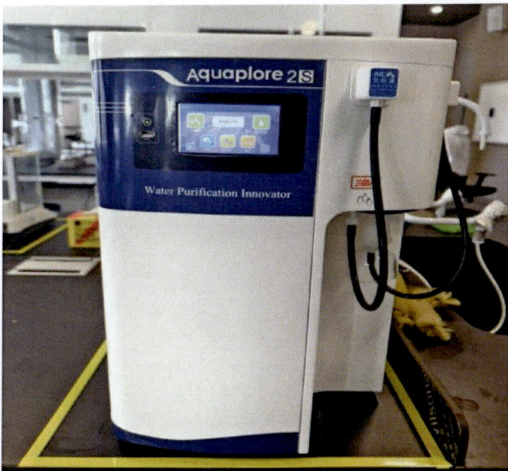

图 4-13　纯水机（左图）和烘箱（右图）

图 4-14　通风柜内反应区、样品处理区、反应瓶处理区和废液收集区

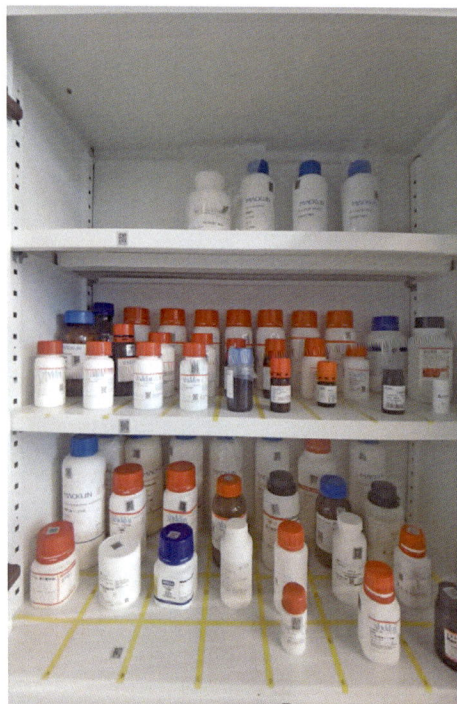

第一层药品：
聚乙二醇4000
碳酸氢钠
硅胶

第二层药品					
A1	无水三氯化铁	A2	8-羟基喹啉	A3	氯化铅
B1	氯化锰四水合物	B2	氯化铝六水合物	B3	氯化镍六水合物
C1	氯化镁四水合物	C2	乙酸锰四水合物	C3	氯化钴六水合物
D1	抗坏血酸	D2	氢氧化钠	D3	氯化铜二水合物
E1	氯化钡二水合物	E2	硝酸汞	E3	亚甲基蓝
F1	无水硫酸钠	F2	无水氯化铝	F3	氯化铜
G1	硫酸亚铁铵六水合物	G2	1,10-非咯啉一水合物	G3	亚硝基铁氰化钠
H1	无水氯化钙	H2	乙酸镍(二)四水合物	H3	亚硝基铁氰化钠
I1	氯化铬六水合物	I2	氯化亚铁	I3	醋酸锌

第三层药品							
A1	氯化钾	A2	碳酸氢二钠十二水合物	A3	DL-酒石酸钾钠		
B1	二苯偶氮碳酰肼	B2	柠檬酸钠	B3	二(羟甲基)氨基甲烷		
C1	氯化钾	C2	二苯氨基脲	C3	表面活性剂S9		
D1	柠檬酸钠二水合物	D2	酒石酸钾钠	D3	聚乙烯吡咯烷酮	D4	N-2-羟乙基哌嗪-N-2-乙磺酸
E1	固体亚硫酸钠	E2	水杨酸钠	E3	聚乙烯吡咯烷酮K30	E4	N-2-羟乙基哌嗪-N-2-乙磺酸
F1	聚乙二醇	F2	氢氧化钠	F3	硫脲	F4	二苯基碳酰二肼

图 4-15　试剂柜

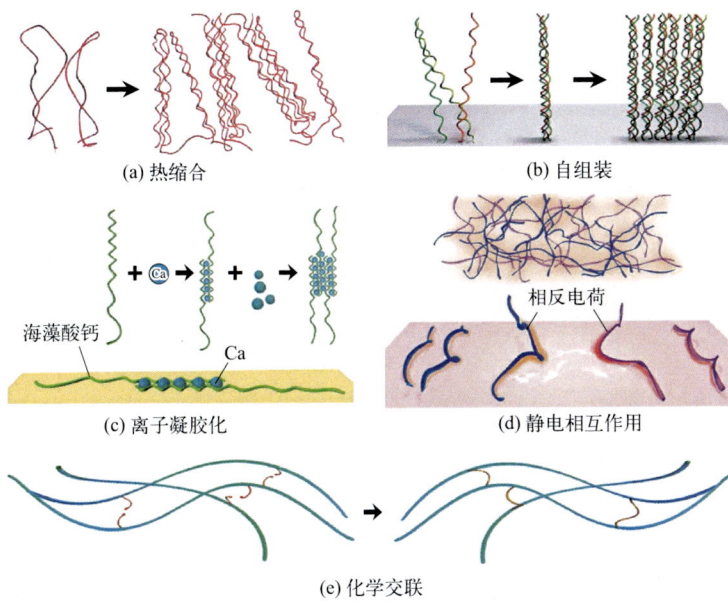

(a) 热缩合

(b) 自组装

海藻酸钙

Ca

(c) 离子凝胶化

相反电荷

(d) 静电相互作用

(e) 化学交联

图 8-11　水凝胶的交联方式

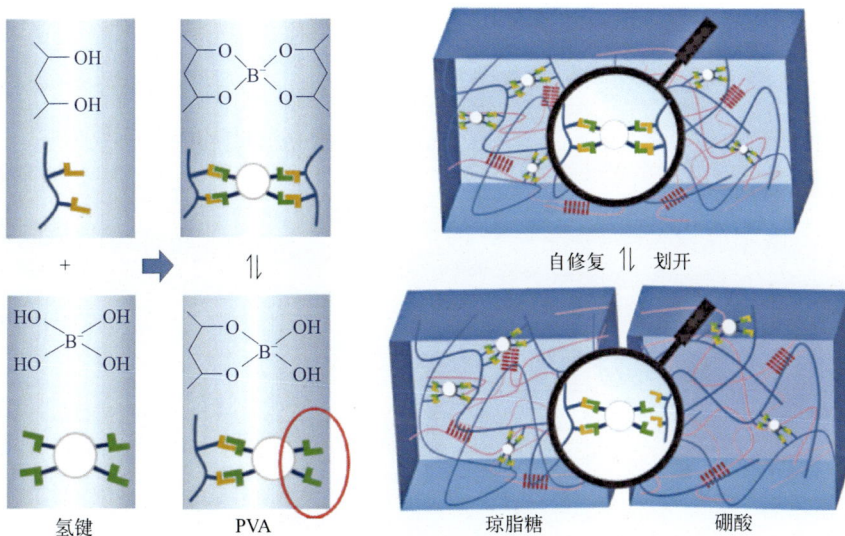

氢键　　　　PVA　　　　琼脂糖　　　硼酸

自修复 ⇅ 划开

图 8-12　琼脂糖 /PVA 水凝胶的制备和自修复机理示意图

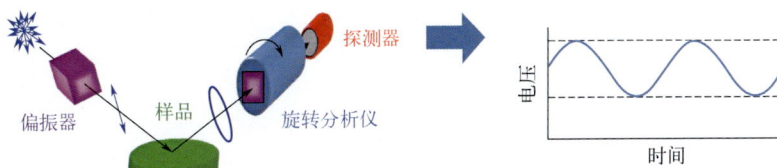

偏振器　　样品　　旋转分析仪　　探测器

电压

时间

图 8-16　RAE 原理示意图

元素周期表

IUPAC 2013

图例说明：

氧化态(单质的氧化态为0，未列入；常见的为红色)

以 $^{12}C=12$ 为基准的原子量 (注▲的是半衰期最长同位素的原子量)

示例：
- $+2,+3,+4,+5,+6$ — 氧化态(单质的氧化态为0)
- 95 — 原子序数(红色的为放射性元素)
- Am — 元素符号(红色的为人造元素)
- 镅▲ — 元素名称(注▲的为人造元素)
- $5f^77s^2$ — 价层电子构型
- 243.06138(2)▲ — 原子量

颜色图例： s区元素 ｜ p区元素 ｜ ds区元素 ｜ d区元素 ｜ f区元素 ｜ 稀有气体

电子层： K L M N O P Q

主表

族	IA	IIA	IIIB	IVB	VB	VIB	VIIB		VIIIB(Ⅷ)		IB	IIB	IIIA	IVA	VA	VIA	VIIA	VIIIA(0)

第1周期
- H 1 氢 $1s^1$ 1.008 （+1，-1）
- He 2 氦 $1s^2$ 4.002602(2)

第2周期
- Li 3 锂 $2s^1$ 6.94 （+1）
- Be 4 铍 $2s^2$ 9.0121831(5) （+2）
- B 5 硼 $2s^22p^1$ 10.81 （+3）
- C 6 碳 $2s^22p^2$ 12.011 （+2，+4，-4）
- N 7 氮 $2s^22p^3$ 14.007
- O 8 氧 $2s^22p^4$ 15.999 （-2）
- F 9 氟 $2s^22p^5$ 18.998403163(6) （-1）
- Ne 10 氖 $2s^22p^6$ 20.1797(6)

第3周期
- Na 11 钠 $3s^1$ 22.98976928(2) （+1）
- Mg 12 镁 $3s^2$ 24.305 （+2）
- Al 13 铝 $3s^23p^1$ 26.9815385(7) （+3）
- Si 14 硅 $3s^23p^2$ 28.085 （+2，+4，-4）
- P 15 磷 $3s^23p^3$ 30.973761998(5)
- S 16 硫 $3s^23p^4$ 32.06 （-2）
- Cl 17 氯 $3s^23p^5$ 35.45 （-1，+7）
- Ar 18 氩 $3s^23p^6$ 39.948(1)

第4周期
- K 19 钾 $4s^1$ 39.0983(1) （+1）
- Ca 20 钙 $4s^2$ 40.078(4) （+2）
- Sc 21 钪 $3d^14s^2$ 44.955908(5) （+3）
- Ti 22 钛 $3d^24s^2$ 47.867(1)
- V 23 钒 $3d^34s^2$ 50.9415(1)
- Cr 24 铬 $3d^54s^1$ 51.9961(6)
- Mn 25 锰 $3d^54s^2$ 54.938044(3)
- Fe 26 铁 $3d^64s^2$ 55.845(2)
- Co 27 钴 $3d^74s^2$ 58.933194(4)
- Ni 28 镍 $3d^84s^2$ 58.6934(4)
- Cu 29 铜 $3d^{10}4s^1$ 63.546(3)
- Zn 30 锌 $3d^{10}4s^2$ 65.38(2)
- Ga 31 镓 $4s^24p^1$ 69.723(1)
- Ge 32 锗 $4s^24p^2$ 72.630(8)
- As 33 砷 $4s^24p^3$ 74.921595(6)
- Se 34 硒 $4s^24p^4$ 78.971(8)
- Br 35 溴 $4s^24p^5$ 79.904
- Kr 36 氪 $4s^24p^6$ 83.798(2)

第5周期
- Rb 37 铷 $5s^1$ 85.4678(3)
- Sr 38 锶 $5s^2$ 87.62(1)
- Y 39 钇 $4d^15s^2$ 88.90584(2)
- Zr 40 锆 $4d^25s^2$ 91.224(2)
- Nb 41 铌 $4d^45s^1$ 92.90637(2)
- Mo 42 钼 $4d^55s^1$ 95.95(1)
- Tc 43 锝 $4d^55s^2$ 97.90721(3)▲
- Ru 44 钌 $4d^75s^1$ 101.07(2)
- Rh 45 铑 $4d^85s^1$ 102.90550(2)
- Pd 46 钯 $4d^{10}$ 106.42(1)
- Ag 47 银 $4d^{10}5s^1$ 107.8682(2)
- Cd 48 镉 $4d^{10}5s^2$ 112.414(4)
- In 49 铟 $5s^25p^1$ 114.818(1)
- Sn 50 锡 $5s^25p^2$ 118.710(7)
- Sb 51 锑 $5s^25p^3$ 121.760(1)
- Te 52 碲 $5s^25p^4$ 127.60(3)
- I 53 碘 $5s^25p^5$ 126.90447(3)
- Xe 54 氙 $5s^25p^6$ 131.293(6)

第6周期
- Cs 55 铯 $6s^1$ 132.90545196(6)
- Ba 56 钡 $6s^2$ 137.327(7)
- La~Lu 57~71 镧系
- Hf 72 铪 $5d^26s^2$ 178.49(2)
- Ta 73 钽 $5d^36s^2$ 180.94788(2)
- W 74 钨 $5d^46s^2$ 183.84(1)
- Re 75 铼 $5d^56s^2$ 186.207(1)
- Os 76 锇 $5d^66s^2$ 190.23(3)
- Ir 77 铱 $5d^76s^2$ 192.217(3)
- Pt 78 铂 $5d^96s^1$ 195.084(9)
- Au 79 金 $5d^{10}6s^1$ 196.966569(5)
- Hg 80 汞 $5d^{10}6s^2$ 200.592(3)
- Tl 81 铊 $6s^26p^1$ 204.38
- Pb 82 铅 $6s^26p^2$ 207.2(1)
- Bi 83 铋 $6s^26p^3$ 208.98040(1)
- Po 84 钋 $6s^26p^4$ 208.98243(2)▲
- At 85 砹 $6s^26p^5$ 209.98715(5)▲
- Rn 86 氡 $6s^26p^6$ 222.01758(2)▲

第7周期
- Fr 87 钫 $7s^1$ 223.01974(2)▲
- Ra 88 镭 $7s^2$ 226.02541(2)▲
- Ac~Lr 89~103 锕系
- Rf 104 𬬻▲ $6d^27s^2$ 267.122(4)▲
- Db 105 𬭊▲ $6d^37s^2$ 270.131(4)▲
- Sg 106 𬭳▲ $6d^47s^2$ 269.129(3)▲
- Bh 107 𬭛▲ $6d^57s^2$ 270.133(2)▲
- Hs 108 𬭶▲ $6d^67s^2$ 277.154(2)▲
- Mt 109 鿏▲ $6d^77s^2$ 278.156(5)▲
- Ds 110 𫟼▲ 281.165(4)▲
- Rg 111 𬬭▲ 281.166(6)▲
- Cn 112 鿔▲ 285.177(4)▲
- Nh 113 鿭▲ 286.182(5)▲
- Fl 114 𫓧▲ 289.190(4)▲
- Mc 115 镆▲ 289.194(6)▲
- Lv 116 𫟷▲ 293.204(4)▲
- Ts 117 鿬▲ 293.208(6)▲
- Og 118 𫠨▲ 294.214(5)▲

★ 镧系

- La 57 镧 $5d^16s^2$ 138.90547(7)
- Ce 58 铈 $4f^15d^16s^2$ 140.116(1)
- Pr 59 镨 $4f^36s^2$ 140.90766(2)
- Nd 60 钕 $4f^46s^2$ 144.242(3)
- Pm 61 钷 $4f^56s^2$ 144.91276(2)▲
- Sm 62 钐 $4f^66s^2$ 150.36(2)
- Eu 63 铕 $4f^76s^2$ 151.964(1)
- Gd 64 钆 $4f^75d^16s^2$ 157.25(3)
- Tb 65 铽 $4f^96s^2$ 158.92535(2)
- Dy 66 镝 $4f^{10}6s^2$ 162.500(1)
- Ho 67 钬 $4f^{11}6s^2$ 164.93033(2)
- Er 68 铒 $4f^{12}6s^2$ 167.259(3)
- Tm 69 铥 $4f^{13}6s^2$ 168.93422(2)
- Yb 70 镱 $4f^{14}6s^2$ 173.045(10)
- Lu 71 镥 $4f^{14}5d^16s^2$ 174.9668(1)

★ 锕系

- Ac 89 锕 $6d^17s^2$ 227.02775(2)▲
- Th 90 钍 $6d^27s^2$ 232.0377(4)
- Pa 91 镤 $5f^26d^17s^2$ 231.03588(2)
- U 92 铀 $5f^36d^17s^2$ 238.02891(3)
- Np 93 镎 $5f^46d^17s^2$ 237.04817(2)▲
- Pu 94 钚 $5f^67s^2$ 244.06421(4)▲
- Am 95 镅 $5f^77s^2$ 243.06138(2)▲
- Cm 96 锔 $5f^76d^17s^2$ 247.07035(3)▲
- Bk 97 锫 $5f^97s^2$ 247.07031(4)▲
- Cf 98 锎 $5f^{10}7s^2$ 251.07959(3)▲
- Es 99 锿 $5f^{11}7s^2$ 252.0830(3)▲
- Fm 100 镄 $5f^{12}7s^2$ 257.09511(5)▲
- Md 101 钔 $5f^{13}7s^2$ 258.09843(3)▲
- No 102 锘 $5f^{14}7s^2$ 259.1010(7)▲
- Lr 103 铹 $5f^{14}6d^17s^2$ 262.110(2)▲